应用型高等院校土建类“十三五”系列教材

安装工程计量与计价

滕道社　孙明利　编著

中国水利水电出版社
www.waterpub.com.cn
·北京·

内容提要

本书以建筑安装工程项目的全过程造价管理理论为指导，依据《建设工程工程量清单计价规范》（GB 50500—2013）以及配套的安装工程计量规范，紧紧围绕安装工程计量与计价的核心，以建设单位的安装工程造价管理为主线，全面系统地介绍了安装工程计量与计价各个方面的内容。

本书注重基本术语和安装工程计量与计价核心内容的凝练，以及本课程知识与相关课程的衔接，体现了安装工程计量与计价职业的工作流程和操作实务，更加贴近应用型高等学校的教学实际和安装工程造价行业的工作实际。本书注重体现“技能型”特点，对目前安装工程定额和清单两种计量与计价方法做了较详细的叙述，重点介绍了电气设备安装工程、给排水工程、消防设备安装工程、采暖与燃气工程、通风空调工程、刷油与绝热工程等常用的安装工程计量与计价的编制办法。同时配有许多相应的工程示例进行讲解。

本书可作为应用型高等院校安装工程类施工管理、工程造价专业的教材，也可作为工程造价管理专业认证考试的辅导教材，同时可供从事各类安装工程施工、监理、造价管理的专业人员学习和参考。

图书在版编目（CIP）数据

安装工程计量与计价 / 滕道社，孙明利编著. -- 北京：中国水利水电出版社，2020.6(2023.2重印)
应用型高等院校土建类“十三五”系列教材
ISBN 978-7-5170-8584-3

Ⅰ. ①安… Ⅱ. ①滕… ②孙… Ⅲ. ①建筑安装－工程造价－高等学校－教材 Ⅳ. ①TU723.32

中国版本图书馆CIP数据核字(2020)第085860号

书　　名	应用型高等院校土建类“十三五”系列教材 **安装工程计量与计价** ANZHUANG GONGCHENG JILIANG YU JIJIA
作　　者	滕道社　孙明利　编著
出版发行	中国水利水电出版社 （北京市海淀区玉渊潭南路1号D座　100038） 网址：www.waterpub.com.cn E-mail：sales@mwr.gov.cn 电话：（010）68545888（营销中心）
经　　售	北京科水图书销售有限公司 电话：（010）68545874、63202643 全国各地新华书店和相关出版物销售网点
排　　版	中国水利水电出版社微机排版中心
印　　刷	清淞永业（天津）印刷有限公司
规　　格	184mm×260mm　16开本　15印张　365千字
版　　次	2020年6月第1版　2023年2月第2次印刷
印　　数	2001—5000册
定　　价	**48.00**元

前　言

本书是一本系统介绍安装工程计量与计价的专业教材。安装工程计量与计价作为一门专业课，与其他相关课程有着密不可分的关系，依存性较强。安装工程制图、安装工程施工技术、安装工程施工工艺、安装工程材料、安装工程项目管理、工程招标与投标、合同管理等课程的知识可作为其支撑课程。

本书以建筑安装工程项目的全过程造价管理理论为指导，依据《建设工程工程量清单计价规范》(GB 50500—2013) 以及《通用安装工程工程量计算规范》(GB 50856—2013) 等，紧紧围绕安装工程计量与计价的核心，以建设单位的安装工程造价管理为主线，全面系统地介绍了安装工程计量与计价等各方面的内容，全面反映了我国现行安装工程造价领域最新的法规、规范及规定，体现了当前我国安装工程造价管理的最新指示精神。

本书作为土木工程相关专业大学生学习安装工程造价管理知识和技能的入门教材，重新构建了知识体系，注重专业基本术语和安装工程计量与计价核心内容的凝练，以及本课程知识与其他相关课程的衔接，体现了安装工程计量与计价职业的工作流程和操作实务，更加贴近应用型高等院校的教学实际和安装工程造价行业的工作实际。本书是应用型高等院校土建类“十三五”系列教材之一，注重体现应用型的特点，以《江苏省安装工程计价定额》(2014 版)、《建设工程工程量清单计价规范》(GB 50500—2013)、《江苏省安装工程工程量清单计价办法》为编写依据，对目前安装工程定额和清单两种计量与计价方法做了较详细的叙述，重点介绍了电气设备安装工程、给排水工程、采暖与燃气工程、消防设备安装工程、通风空调安装工程、刷油与绝热工程等常用的安装工程计量与计价的编制办法。针对规范条文内容，配有相应的工程示例讲解。

本书可作为应用型高等院校安装工程类施工管理、工程造价专业的教材，也可作为工程造价管理专业认证考试的辅导教材，同时可供从事各类安装工程施工、监理、造价管理的专业人员学习和参考。

本书由徐州工程学院滕道社、徐州市云天市政建设工程有限公司孙明利编著，江苏建筑职业技术学院江向东、徐州工程学院梁伟参编，本书共分9章，主要内容包括安装工程计量与计价的基本知识，安装工程的造价构成及计算程序，安装工程造价的依据与计价模式，电气设备安装工程计量与计价，给排水、采暖、燃气工程计量与计价，消防工程的计量与计价，通风空调工程的计量与计价，刷油、防腐蚀、绝热工程的计量与计价，建筑智能化工程的计量与计价等。

本书在编写的过程中参考了大量的文献资料，由于资料繁多，不能一一列出，仅将主要参考文献列于书末。在此向作者和资料提供者表示感谢。

由于编者水平有限，书中有不妥和遗漏之处，敬请读者批评指正。

编者

2019年7月

目　　录

第1章 安装工程计量与计价的基本知识

本章要点

安装工程计量与计价的基本概念、特点及其组成内容；安装工程的工程量计量方法、安装工程计量与计价的计价方法和其他单位工程计量与计价的不同；安装工程项目从项目部组建开始一直到建设项目的全部建成并验收合格交付使用所花费的全部费用的计算方法。

学习目标

1. 掌握安装工程计量与计价的基本概念。

2. 掌握我国现行安装工程造价的构成要素及其组成。

3. 熟悉安装工程计量的方法；熟悉安装工程计价的程序及特点；各种费用的组成及计算方法；掌握安装工程计量与计价和其他单位工程计量与计价的不同之处。

1.1 安装工程造价的概述

1.1.1 工程造价的含义和组成

工程造价通常是指工程项目建设预计或实际支出的费用，是指进行一个工程项目的建造所需要花费的全部费用，即从工程项目确定建设意向直至建成、竣工验收为止的整个建设期间所支出的总费用。工程造价是保证工程项目建造正常进行的必要资金，是建设项目投资中最主要的部分。

工程造价就是工程项目的建造价格。工程项目泛指一切建设工程，其范围和内涵具有很大的不确定性。工程造价有以下两种含义：

第一种含义：工程造价是指建设一项工程预期开支或实际开支的全部固定资产投资费用。显然，这一含义是从投资者（业主）的角度来定义的。投资者选定一个投资项目，为了获得预期的效益，就要通过项目评估进行决策，然后进行设计招标、工程招标，直至竣工验收等一系列投资管理活动。在投资活动中所支付的全部费用形成了固定资产和无形资产。所有这些开支就构成了工程造价。从这个意义上说，工程造价就是工程投资费用，建设项目工程造价就是建设项目固定资产投资。

第二种含义：工程造价是指工程价格，即为建成一项工程，预计或实际在土地市场、设备市场、技术劳务市场，以及承包市场等交易活动中所形成的建筑安装工程的价格和建设工程总价格。显然，工程造价的第二种含义是以商品经济和市场经济为前提的，以工程这种特定的商品形式作为交易对象，通过招标投标或其他交易方式，在进行多次预估的基础上，最终由市场形成的价格。

通常，人们将工程造价的第二种含义认定为工程承发包价格。应该肯定的是，承发包价格是工程造价中一种重要的、最典型的价格形式。它是在建筑市场通过招标投标，由需求主体（投资者）和供给主体（承包人）共同认可的价格。鉴于建筑安装工程价格在项目固定资产中占有50%～60%的份额，又是工程建设中最活跃的部分，以及建筑企业是建设工程的实施者，占有重要的市场主体地位，因此工程承发包价格被界定为工程造价的第二种含义很有现实意义，但这一界定对工程造价的含义理解较狭窄。

以上工程造价的两种含义，是以不同角度把握同一事物的本质。对建设工程的投资者来说，面对市场经济条件下的工程造价就是项目投资，是“购买”项目要付出的价格；同时也是投资者在作为市场供给主体“出售”项目时定价的基础。对于承包人、供应商和规划、设计等机构来说，工程造价是其作为市场供给主体出售商品和劳务的价格的总和，或特指范围的工程造价，如建筑安装工程造价。

工程造价主要是由建设工程项目的直接费用和建设工程项目的其他费用组成。

1.1.2 工程造价的特点

1. 工程造价的动态性

任何一项建设安装工程从决策到竣工验收交付使用，都有很长的建设工期，少则几个月，多则几年、十几年都有，如三峡水利枢纽工程整个工期大约为13年。在这样一个相对较长的时间内，许多动态因素都会影响到工程造价，如设备材料的价格会随市场的变化而变化，人工工资标准、费率、银行利率、汇率等都可能发生变化，还有因各种因素造成的工程的变更等，都必然会影响到工程项目价格的变动。

2. 工程造价的个别性与差异性

任何一个工程项目都有其特定的用途、功能和规模，每个工程因其所处的地区、地段不同，造成不同的建设工程和不同的实物形态都具有差异性，这就决定了工程造价的个别性差异。

3. 工程造价的层次性

一个安装工程项目（如一个食品厂项目）往往是由多个单项工程（如办公楼、厂房、食堂等）组成，每个单项工程又由多个单位工程（如建筑工程、安装工程、装饰工程等）组成，每个单位工程又由多个分部分项工程组成；与此相对应，工程造价也区分了多个层次，如建设项目总造价、单项工程的工程造价、单位工程的工程造价、分部分项工程的工程造价等。

4. 工程造价的数额很大

任何一项工程项目若能够发挥投资的效益，不仅仅实物形态庞大（如三峡工程、某市地铁工程、高铁项目等），而且工程造价高昂。从几十万元到上亿元的工程比比皆是，超大型工程项目的造价可达千亿元。如此巨额的投资必定需要达到相应的经济效益，所以工程造价管理具有重要意义。

1.1.3 工程造价计价的概念

工程造价计价就是计算和确定建设工程项目的工程造价，简称工程计价或工程估价，是指工程造价人员在工程项目实施的各个阶段，根据每个阶段的不同要求，遵循计价原则和计价程序，采用科学的计价方法，对建设工程项目可能实现的合理造价做出科学的计算。

由于工程造价具有很多特点，所以工程计价的内容、方法、表现形式也各不相同。参与工程建设的各个单位均有自己的计价方式和报价，其都是工程计价的不同表现形式。

1.1.4 工程造价计价的基本原理

由于建设工程项目具有单件性、体积大、生产周期长、价值高、交易在先、生产在后的特点，所以建设工程项目的工程造价的形成过程和机制与其他商品不同。每个工程项目大多是由一个或几个单项工程或单位工程组成的集合体，每一个工程项目都需要按照业主的特定需要进行单独设计、单独施工，不像其他商品一样可以批量生产，因此就不能按照整个工程项目来确定价格，只能采用特殊的计价程序和计价方法将整个工程项目进行分解，划分成为可以按照有关技术经济参数测算价格的基本单元子项或分部、分项工程。

因此，工程造价计价就是按照工程的结构进行分解，将每个工程分解到基本项，也就是基本构造要素，就能很容易地计算出每个基本项的费用。一般来说，结构层次分解得越细，基本项就越多，工程造价计价的计算就越精确。

1.1.5 工程造价的计价特征

由于建筑安装工程的周期长、规模大、造价高，因此要按建设程序分阶段进行，相应地也要在不同阶段多次性计价，以保证工程造价确定与控制的科学性。多次性计价是个逐步深化、逐步细化和逐步接近实际造价的过程。某大型工程项目的多次性计价见表 1.1。

表 1.1　　某大型工程项目的多次性计价表

项次	不同的建设阶段	相对应的计价名称
1	项目建议书和可行性研究阶段	投资估算
2	初步设计阶段	设计总概算
3	技术设计阶段	修正概算
4	施工图设计阶段	施工图预算
5	工程招投标阶段	合同价
6	施工准备阶段	成本价核算
7	合同履行阶段	结算价
8	竣工验收阶段	合同价及变更价结算
9	交付使用阶段	竣工决算

1.2 安装工程计量与计价的含义及组成

1.2.1 安装工程、安装工程计量与计价的含义及特点

1. 安装工程的含义

安装工程是指按照工程建设项目施工图纸和施工规范的规定，把各种设备放置并固定在一定的地方，或将工程建设的原材料经过加工处理并安置、装配而形成具有功能价值产品的工作过程。

安装工程所包括的内容广泛，涉及多个不同种类的工程类专业。在建筑行业常见的安装工程有：电气设备安装工程；给排水、采暖、燃气工程；消防及安全防范设备安装、通风空调工程；工业管道工程；刷油、防腐蚀及绝热工程、通信、音响、安防、楼宇智能化工程等。按建设项目的划分原则，这些安装工程均属单位工程，它们具有单独的施工设计文件，并有独立的施工条件，是安装工程造价计算的完整对象。

2. 安装工程项目的建设程序

现阶段，我国工程项目的建设程序是根据国家经济体制改革和投资管理体制深化改革的要求及国家现行政策的规定来实施的，一般大中型投资的工程项目的工程建设程序包括以下几个阶段。

（1）工程项目建议书编制阶段。项目建议书是在项目周期内的最初阶段，提出一个轮廓设想来要求建设某一具体投资项目和做出初步选择的建议性文件。项目建议书从总体和宏观上考察拟建项目的建设必要性、建设条件的可行性和获利的可能性，并做出项目的投资建议和初步设想，以作为国家（地区或企业）选择投资项目的初步决策依据和进行可行性研究的基础。项目建议书一般包括以下内容：

1）项目提出的背景、项目概况以及项目建设的必要性和依据。

2）产品方案、拟建规模和建设地点的初步设想。

3）资源情况、建设条件与周边协调关系的初步分析。

4）投资估算、资金筹措及还贷方案设想。

5）项目的进度安排。

6）经济效益、社会效益的初步估计和环境影响的初步评价。

（2）工程项目可行性研究阶段。可行性研究是项目建议书获得批准后，对拟建设项目在技术、工程和外部协作条件等方面的可行性、经济（包括宏观和微观经济）合理性进行全面分析和深入论证，为项目决策提供依据。项目可行性研究阶段主要包括下列内容：

1）可行性研究。项目建议书一经批准，即可着手进行可行性研究，对项目技术可行性和经济合理性进行科学的分析和论证。凡经可行性研究未获通过的项目，不得进行可行性研究报告的编制和下一阶段的工作。

2）可行性研究报告的编制。可行性研究报告是确定建设项目、编制设计文件的重要依据，因此可行性研究报告的编制必须有相当的深度和准确性。

3）可行性研究报告的审批。审批要看投资方的归属管理方，属于中央投资、中央和

地方合资的大中型和限额以上项目的可行性研究报告要报送国家发展和改革委员会（以下简称“国家发展改革委”）审批。总投资 2 亿元以上的项目都要经国家发展改革委审查后报国务院审批。中央各部门限额以下的项目由各主管部门审批。地方投资限额以下的项目由地方发展改革委审批。可行性研究报告被批准后，不得随意修改和变更。

（3）工程项目的设计阶段。工程建设项目的设计是建设项目的先导，是对拟建工程项目的实施在技术上和经济上所进行的全面而详尽的安排，是组织施工安装的依据；可行性研究报告经批准的建设项目应通过招标投标择优选择设计单位。

根据工程项目建设的不同情况，工程项目设计一般可分为三个阶段：

1）初步设计阶段。初步设计阶段是根据可行性研究报告的要求所做的具体实施方案，其目的是阐明在指定地点、时间和投资控制数额内，拟建项目在技术上的可行性和经济上的合理性，并通过对项目所做出的技术经济规定编制项目总概算。

2）技术设计阶段。技术设计是根据初步设计及详细的调查研究资料编制的，目的是解决初步设计中的重大技术问题。

3）施工图设计阶段。施工图设计是按照批准的初步设计和技术设计的要求，完整地表现建筑物外形、内部空间分割、结构体系及建筑群的组合与周围环境的配合关系等的设计文件。施工图设计阶段应编制施工图预算。

（4）工程项目的开工前准备阶段。工程建设项目在开工之前，建设单位（业主）必须要做好开工前的各项准备工作，其主要内容包括：

1）工程项目所在地块的征地、拆迁工作。

2）完成施工场地的施工用水、施工用电、道路畅通和场地平整等工作（三通一平）。

3）组织设备、材料订货（特别是甲供材料）。

4）工程项目的所有施工图纸。

5）组织施工招标投标，择优选定施工单位和监理单位。

（5）工程项目的实施阶段。工程项目经建设行政主管部门批准开工建设，即进入工程项目的实施阶段。施工单位（承包商）必须要做好各项开工前的准备工作，这一阶段的工作内容包括：

1）承包商要针对工程项目或单项工程的总体规划安排施工活动。

2）承包商要按照工程设计要求、施工合同条款、施工组织设计及投资预算等，在保证工程质量、工期、成本、安全目标的前提下进行施工。

3）承包商要加强环境保护，处理好人、建筑、绿色生态建筑三者之间的协调关系，满足可持续发展的需要。

4）工程建设项目达到竣工验收标准后，由施工承包单位进行初步验收。初步验收合格以后再通知监理单位和业主进行最后的整体建设项目的竣工验收，竣工验收合格后移交给建设单位使用，若不合格，则不得移交。

（6）工程项目的竣工验收阶段。竣工验收是工程建设过程的最后一环，是全面考核基本建设成果、检验设计、施工质量的重要步骤。竣工验收阶段的工作内容包括：

1）检验设计和工程质量，保证项目按设计要求的技术经济指标正常使用。

2）有关部门和单位可以通过工程的验收总结经验教训。

3）对验收合格的项目，建设单位可及时移交使用。

（7）工程项目的后评估阶段。工程项目后评估是建设项目投资管理的最后一个环节，通过工程项目后评估可达到肯定成绩、总结经验、吸取教训、改进工作、提高决策水平的目的，并为制订科学的建设计划提供依据。工程项目后评估主要对以下几个方面进行评估：

1）使用效益和实际发挥情况。

2）投资回收和贷款偿还情况。

3）社会效益和环境效益。

4）其他需要总结的经验。

3. 工程项目的生命周期及层次划分

（1）工程建设项目的生命周期。工程建设项目是指投入一定量的投资，在一定的约束条件下（时间、质量、成本等），经过决策、设计、施工等一系列程序，以形成固定资产为明确目标的一次性事业。一次投资，长期使用，但工程建设项目的使用时间限制和一次性决定了它有确定的开始和结束时间，具有一定的生命周期。

1）概念阶段。概念阶段从项目的构思到批准立项为止，包括项目前期策划和项目决策阶段。

2）规划设计阶段。规划设计阶段从项目批准立项到现场开工为止，包括项目设计准备和项目设计阶段。

3）项目的实施阶段。实施阶段即施工阶段，从项目现场开工到工程竣工并通过验收为止。

4）项目的收尾阶段。收尾阶段从项目的动用开始到进行项目的后评估为止。

（2）工程项目的层次划分。为了适应工程管理和经济核算的需要，建设项目由大到小分解为单项工程、单位工程、分部工程和分项工程。具体项目的层次划分为：

1）建设项目。建设工程项目可以是一个单体工程（如一栋办公楼），也可以是一个住宅小区、一所学校、一座工厂。总之，建设项目可以是一个综合体，也可以是一个单体建筑工程项目。

2）单项工程。单项工程是建设项目的组成部分，是指具有独立性的设计文件，建成后可以独立发挥生产能力或使用效益的工程。

3）单位工程。单位工程是单项工程的组成部分，一般是指具有独立的设计文件或独立的施工条件，但不能独立发挥生产能力或使用效益的工程。如工业厂房中的土建工程、设备安装工程、工业管道工程等分别是单项工程中所包含的不同性质的单位工程。

4）分部工程。分部工程是单位工程的组成部分，是指在单位工程中，按照不同结构、不同工种、不同材料和机械设备划分的工程。

根据《建筑工程施工质量验收统一标准》，建筑工程的分部工程包括地基与基础工程、主体结构工程、建筑装饰装修工程、屋面工程、建筑给水排水及采暖工程、通风与空调工程、建筑电气工程、智能建筑工程、建筑节能工程、电梯工程等。

当分部工程较大或较复杂时，可按材料种类、施工特点、施工程序、专业系统及类别将其划分为若干子分部工程。如地基与基础分部工程又可分为地基、基础、基坑支护、地下水控制、土方、边坡、地下防水等子分部工程；主体结构分部工程又可分为混凝土结构、砌体结构、钢结构、钢管混凝土结构、型钢混凝土结构、铝合金结构、木结构等子分部工程。

5）分项工程。分项工程是分部工程的组成部分，是指分部工程中，按照不同的施工方法、不同的材料、不同的规格进一步划分的最基本的工程项目。如素土、灰土基础、无筋扩展基础、土方开挖、土方回填、模板、钢筋等工程。

4. 安装工程计量与计价的计算过程与方法

安装工程的计量与计价，过去一般称为安装工程的概预算，是反映拟建安装工程经济效果的一种技术性经济文件。该经济文件的计算过程分为两个方面：①计量，就是根据施工图纸、规范的图集按照计算的规则等计算消耗在安装工程中的人工、材料、机械台班数量；编制成工程量清单；②计价，就是依据安装工程项目的施工图纸和图集、计算过的工程量、工程所在地的造价信息、国家或地方规定的计价定额和计价办法，用货币形式反映安装工程各个阶段的工程成本。目前，我国现行的安装工程计价方法有定额计价方法和清单计价方法。

5. 安装工程项目的特点决定安装工程造价的特点

（1）安装工程造价的特点在于，不同的安装工程就有不同的安装工程造价。

（2）安装工程的大额性，能够对国家或地方发挥经济效益的安装工程，一般体量都较大，因此造价也都比较大。

（3）安装工程造价的层次性，一个工程项目大多含有多个单项工程或单位工程，不同的层次就有不同的造价。

（4）安装工程造价的动态性，任何一个工程项目从决策到竣工交付使用经过一个很长的工期，在此期间，与工程造价有关的各种因素会发生各种变化，因此不到最后交付使用都不能最终确定价格。

1.2.2 安装工程在整个寿命周期内的计价活动主要内容及名称

合理确定和有效控制工程造价是安装工程造价管理的核心内容。其范围涉及工程项目建设的项目建议书和可行性研究、初步设计、技术设计、施工图设计、招标投标、合同实施、竣工验收等阶段全过程的工程造价管理。

安装工程建设项目建设的全过程按照先后顺序大致可分为：项目建议书和可行性研究阶段→初步设计阶段→技术设计阶段→施工图设计阶段→工程招投标阶段→施工准备阶段→合同履行阶段→竣工验收阶段→交付使用阶段。每一个阶段的工作内容不同，对应的概预算内容和名称也不同。

1. 项目建议书阶段

按照有关规定，编制初步投资估算。经有关部门批准，作为拟建项目列入国家中长期计划和开展前期工作的控制造价。

2. 可行性研究阶段

按照有关规定编制的投资估算，经有关部门批准，即为该项目控制造价。投资估算是判断项目可行性，进行项目决策的重要依据。

3. 初步设计阶段

设计单位要根据初步设计的总体布置、建设项目，各单项工程的主要结构形式和设备清单，采用有关概算定额或概算指标等，编制初步设计概算。经有关部门批准后的初步设计概算，可作为确定建设项目造价、编制固定资产投资计划、签订建设项目承包合同和贷款合同的依据，使拟建项目的工程造价确定在最高限额范围内。

4. 施工图设计阶段

根据设计的施工图，按规定编制施工图预算，用以核实施工图阶段预算造价是否超过批准的初步设计概算。

5. 招标投标阶段

以施工图预算为基础的招标投标工程，合理的施工图预算作为签订建筑安装工程承包合同价的依据；以工程量清单为基础的招标投标工程，经过评审的投标报价可作为签订建筑安装工程承包合同价的依据和办理建筑安装工程价款结算的依据。

6. 施工准备阶段

按照承包人实际完成的工程量，以合同价为基础，并考虑因物价上涨而引起的造价提高，考虑到设计中难以预计的而在实施阶段实际发生的工程和费用，合理确定工程成本价。

7. 合同履行阶段

按照承包人实际完成的工程量，以合同价为基础，并考虑因物价上涨而引起的造价提高，考虑到设计中难以预计的而在实施阶段实际发生的工程和费用，合理确定工程结算价。

8. 竣工验收阶段

根据工程建设过程中实际发生的全部费用、图纸上的工程量大小、在施工过程中的工程量变更、现场签证等，客观合理地确定该工程建设项目的实际造价。

9. 交付使用阶段

将与该工程项目有关的所有花费统统加起来，形成完整的竣工决算，存档。该竣工决算往往由业主计算。

1.3 安装工程在工程建设项目中的地位及作用

我国现阶段基本建设的内容和建设项目的划分范畴有所不同。基本建设是国民经济各部门固定资产的再生产，即人们使用各种施工机具对各种建筑材料、机械设备等进行建造和安装，使之成为固定资产的过程，其中包括生产性和非生产性固定资产的更新、改建、扩建和新建，与此相关的工作，如征用土地、勘察、设计、筹建机构、培训生产职工等均包括在内。基本建设的内容一般包括5个部分：①建筑工程；②设备安装工程；③设备、工具、器具及生产家具的购置；④勘察设计；⑤其他基本建设工作。根据我国现行规定，基本建设工程分为建设项目、单项工程、单位工程、分部工程、分项工程，它们之间造价的关系如图1.1所示。

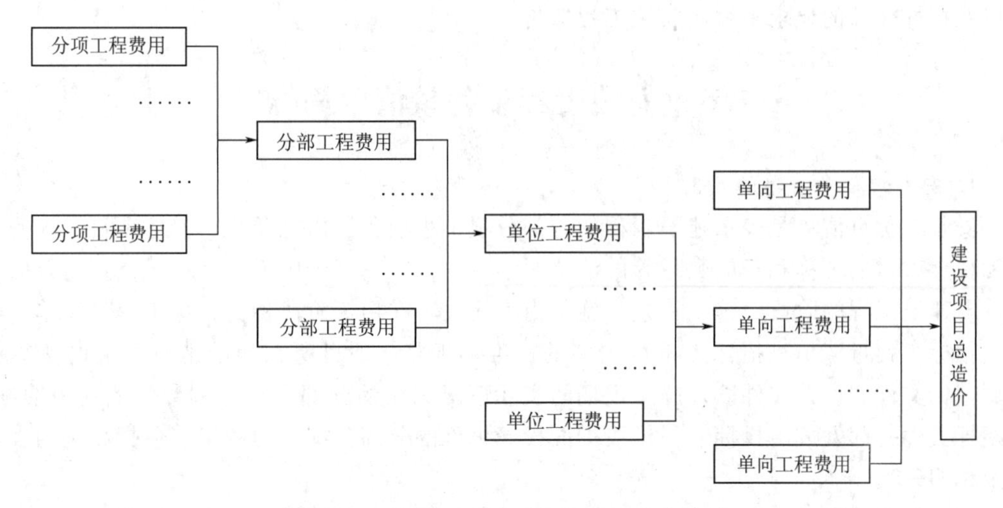

图 1.1　工程建设划分阶段之间的造价关系

1.4　安装工程计量与计价的组成

1.4.1　安装工程计量

工程计量是以某工程项目设计文件、工程签证等为依据，按照一定的计量规则对分部分项工程的数量做出正确的计算、对分部分项工程的特征进行描述，以一定的计量单位表述进行工程量的计算，并以此作为确定工程造价的基础。其内容主要有两项：一是按照计算规则计算工程量；二是依据相关计量文件编制工程量清单。

计量所依据的文件主要有：

(1)《建设工程工程量清单计价规范》、各个省安装工程计价表的计算规则。

(2) 建设工程设计文件。

(3) 与建设工程项目有关的标准、规范、技术资料等。

(4) 招标文件及其相关的资料。

(5) 拟建工程的施工方案、特点、现场情况等。

(6) 竣工图、工程变更令、索赔、工程签证等竣工资料。

1.4.2　安装工程计价

工程计价是指根据《建设工程工程量清单计价规范》的工程量计算规则编制的工程量清单，套用各个省相关定额并依据相关的市场价格对定额中的费用组成进行调整，组合综合单价，进而完成工程量清单计价要求的相关费用内容。工程量清单计价多在招投标阶段进行该工程的施工图预算的编制。

工程量清单计价是指投标人完成由招标人提供的工程量清单所需的全部费用，包括分部分项工程费、措施项目费、其他项目费、规费和税金。

各个省的安装工程计价依据的组成略有不同，在计算工程造价时根据工程项目的所在地以及招标文件的要求来编制安装工程造价。

1.5 安装工程工程量清单简介

1. 安装工程量清单的定义

安装工程量清单是表示建设工程的分部分项工程项目、措施项目、其他项目、规费项目和税金项目的名称和相应数量等的清单明细。它是工程计价中反映工程量待定内容的概念，与建设工程的阶段、施工工艺、施工内容无关。在招标阶段称为招标工程量清单。

招标工程量清单是招标人根据国家的标准、规范、项目所在地的地方相关的法律法规、招标文件、设计文件以及施工现场的实际情况编制的分部分项工程数量的清单明细，随招标文件一起发放给投标人，供投标人投标报价的分部分项工程数量（包括相关的表格以及说明等）。

招标工程量清单应该由具有编制能力的招标人或者受其委托、具有相应资质的工程造价咨询的人或单位编制。招标工程量清单必须作为招标文件的组成部分，其准确性和完整性应由招标人负责。招标工程量清单是工程量清单计价的基础，应作为编制招标控制价、投标报价、计算或调整工程量、跟踪设计、索赔等的重要依据之一。

2.《通用安装工程工程量计算规范》(GB 50856—2013) 简介

《通用安装工程工程量计算规范》(GB 50856—2013) 包括正文和附录两大部分，二者具有同等效力。

《通用安装工程工程量计算规范》内容详解（节录）

（一）概况 《通用安装工程工程量计算规范》在《建设工程工程量清单计价规范》(GB 50500—2008)"附录C"基础上制定的。内容包括：正文、附录、条文说明共三个部分，其中：正文包括：总则、术语、一般规定、分部分项工程、措施项目等，共计26项条款；附录部分包括：附录A机械设备安装工程，附录B热力设备安装工程，附录C静置设备与工艺金属结构制作安装工程，附录D电气设备安装工程，附录E建筑智能化工程，附录F自动化控制仪表安装工程，附录G通风空调工程，附录H工业管道工程，附录J消防工程，附录K给排水、采暖、燃气工程，附录L通信线路及设备工程，附录M刷油、防腐蚀、绝热工程，附录N措施项目。其中附录M刷油、防腐蚀、绝热工程，附录N措施项目为新编内容。共计13部分1044个项目，在原"08"规范"附录C"基础上新增320个项目，减少191个项目。

（二）修订依据 1. 中华人民共和国国家标准《建设工程工程量清单计价规范》(GB 50500—2008)；2.《机械设备安装工程施工及验收通用规范》(GB 50231—2009)；3.《金属切削机床安装工程施工及验收规范》(GB 50271—2009)；4.《锻压设备安装工程施工及验收规范》(GB 50272—2009)；5.《铸造设备安装工程施工及验收规范》(GB 50277—2010)；6.《压缩机、风机、泵安装工程施工及验收规范》(GB 50275—2010)；7.《制冷设备、空气分离设备安装工程施工及验收规范》(GB 50274—2010)；8.《起重设备安装工程施工及验收规范》(GB 50278—2010)；9.《连续输送设备安装工程施工及验收规范》(GB 50270—2010)；10.《钢制压力容器》(GB 150—2011)；11.《现场设备、工业管道焊接工程施工质量验收规范》（GB 50683—2010）；12.《电力建设施工及验收技术规范》（锅炉机组篇）（DL/T 5047—95）；13.《火电施工质量检验及评定标准》（锅炉篇）（1996 年版）；14.《电力建设安全工作规程》（火力发电厂部分）（DL 5009.1—2002）；15.《火力发电厂工程建设预算编制与计算标准》（2006 年版）；16.《电气装置安装工程高压电器施工及验收规范》（GB 50147—2010）；17.《电气装置安装工程母线装置施工及验收规范》（GB 50149—2010）；18.《电气装置安装工程电缆线路施工及验收规范》（GB 50168—2006）；19.《电气装置安装工程接地装置施工及验收规范》（GB 50169—2006）；20.《电气装置安装工程低压电器施工及验收规范》（GB 50254—96）；21.《建筑电气工程施工质量验收规范》（GB 50303—2011）；22.《民用建筑电气设计规范》（JCJ 16—2008）；23.《工业企业照明设计标准》（GB 50034—92）；24.《工业自动化仪表工程施工及验收规范》（GB 50093—2002）；25.《自动化仪表工程施工及验收规范》（GB 50131—2007）；26.《自动化仪表工程施工质量验收规范》（GB 50131—2007）；27.《分散型控制系统工程设计规范》（HG/T 20573—2012）；28.《仪表配管配线设计规定》（HG/T 20512—2000）；29.《仪表系统接地设计规定》（HG/T 20513—2000）；30.《仪表及管线伴热和绝热保温设计规定》（HG/T 20514—2000）；31.《仪表隔离和吹洗设计规定》（HG/T 20515—2000）；32.《自动分析器室设计规定》（HG/T 20516—2000）；33.《计算机设备安装与调试工程施工及验收规范》（YBJ—89）；34.《采暖通风和空气调节设计规范》（GB 50019—2003）；35.《通风与空调工程施工质量验收规范》（GB 50243—2010）；36.《暖通空调设计选用手册》；37.《设备及管道保温技术通则》（GB 4272—92）；38.《工业设备及管道绝热工程施工质量验收规范》（GB 50185—2010）；39.《工业设备及管道防腐蚀工程施工质量验收规范》（GB 50727—1011）；40.《埋地钢质管环氧煤沥青防腐层技术标准》（SY/T 0447—1996）；41.《石油化工企业设备与管道涂料防腐蚀设计与施工规范》（SHJ 22—1990）；42. 现行的施工规范、施工质量验收标准、安全技术操作规程、有代表性的标准图集（三）本规范与“08”规范相比的主要变化情况：（一）结构变化 1. 取消“08”规范中“C.4 炉窑砌筑工程、C.13 长距离输送管道工程”，待以后在《冶金及有色金属工程工程量计算规范》……

1.6 江苏省安装工程新计价表总说明（2014 版）

一、《江苏省安装工程计价定额》共分十一册，包括：

第一册　机械设备安装工程

第二册　热力设备安装工程

第三册　静置设备与工艺金属结构制作安装工程

第四册　电气设备安装工程

第五册　建筑智能化工程

第六册　自动化控制仪表安装工程

第七册　通风空调工程

第八册　工业管道工程

第九册　消防工程

第十册　给排水、采暖、燃气工程

第十一册　刷油、防腐蚀、绝热工程

二、《江苏省安装工程计价定额》（以下简称“本定额”）是完成规定计量单位分项工程计价所需的人工、材料、施工机械台班的消耗量标准，是安装工程预算工程量计算规则、项目划分、计量单位的依据；是编制设计概算、施工图预算、招标控制价（标底）、确定工程造价的依据；也是编制概算定额、概算指标、投资估算指标的基础；也可作为制定企业定额和投标报价的基础。本定额计价单位为元，默认尺寸单位为毫米（mm）。

三、本定额是依据现行有关国家的产品标准、设计规范、计价规范、计算规范、施工及验收规范、技术操作规程、质量评定标准和安全操作规程编制的，也参考了行业、地方标准，以及有代表性的工程设计、施工资料和其他资料。

四、本定额是按目前国内大多数施工企业采用的施工方法、机械化装备程度、合理的工期、施工工艺和劳动组织条件制订的，除各章另有说明外，均不得因上述因素有差异而对定额进行调整或换算。

五、本定额是按下列正常的施工条件进行编制的：

1. 设备、材料、成品、半成品、构件完整无损，符合质量标准和设计要求，附有合格证书和试验记录。

2. 工程和土建工程之间的交叉作业正常。

3. 安装地点、建筑物、设备基础、预留孔洞等均符合安装要求。

4. 水、电供应均满足安装施工正常使用。

5. 正常的气候、地理条件和施工环境。

六、本定额的人工工日不分列工种和技术等级，一律以综合工日表示，内容包括基本用工、超运距用工和人工幅度差。一类工每工日77元，二类工每工日74元，三类工每工日69元。

七、材料消耗量的确定：

1. 本定额中的材料消耗量包括直接消耗在安装工作内容中的主要材料、辅助材料和零星材料等，并计入了相应损耗，其内容和范围包括：从工地仓库、现场集中堆放地点或现场加工地点到操作或安装地点的运输损耗、施工操作损耗、施工现场堆放损耗。

2. 凡本定额内未注明单价的材料均为主材，基价中不包括其价格，应根据“()”内所列的用量，按相应的材料预算价格计算。

3. 用量很少，对基价影响很小的零星材料合并为其他材料费，计入材料费内。

4. 施工措施性消耗部分，周转性材料按不同施工方法、不同材质分别列出一次使用量和一次摊销量。

5. 材料单价采用南京市2013年下半年材料预算价格。

6. 主要材料损耗率见各册附录。

八、施工机械台班消耗量的确定：

1. 本定额的机械台班消耗量是按正常合理的机械配备和大多数施工企业的机械化装备程度综合取定的。

2. 凡单位价值在2000元以内，使用年限在两年以内的不构成固定资产的工具、用具等，未进入定额，已在费用定额中考虑。

3. 本定额的机械台班单价按《江苏省施工机械台班2007年单价表》取定，其中：人工工资单价82.00元/工日；汽油10.64元/kg；柴油9.03元/kg；煤1.1元/kg；电0.89元/(kW·h)；水4.70元/m。

九、施工仪器仪表台班消耗量的确定：

1. 本定额的施工仪器仪表消耗量是按大多数施工企业的现场校验仪器仪表配备情况综合取定的。

2. 凡单位价值在2000元以内，使用年限在两年以内的不构成固定资产的施工仪器仪表等，未进入定额，已在管理费中考虑。

3. 施工仪器仪表台班单价是按2000年建设部颁发的《全国统一安装工程施工仪器仪表台班费用定额》计算的。

十、关于水平和垂直运输：

1. 设备：包括自安装现场指定堆放地点运至安装地点的水平和垂直运输。

2. 材料、成品、半成品：包括自施工单位现场仓库或现场指定堆放地点运至安装地点的水平和垂直运输。

3. 垂直运输基准面：室内以室内地平面为基准面，室外以安装现场地平面为基准面。

十一、本定额中注有"×××以内"或"×××以下"者均包括"×××"本身，"×××以外"或"×××以上"者，则不包括"×××"本身。

十二、本定额的计量单位、工程计量时每一项目汇总的有效位数应遵守《通用安装工程工程量计算规范》(GB 50856—2013)的规定。

十三、本说明未尽事宜，详见各册和各章说明。

练习题

一、名词解释

1、工程量清单

2、分部分项工程费

3、措施项目费

4、总包服务费

5、安装工程造价

6、施工图预算

二、单项选择题

1、根据《建设工程工程量清单计价规范》(GB 50500—2013)的规定，工程量清单项目编码的第三级表示__________。

A. 分类码　　　　B. 章节顺序码

C. 分部工程顺序码　　　　D. 分部分项工程顺序码

2、从重要性来说，工程量清单是__________的重要组成部分。

A. 招标文件　　B. 投标文件

C. 投标文件中的商务标　　D. 投标文件中的技术标

3、__________是工程量清单的编制者。

A. 投标人　　B. 招标人

C. 建设行政主管部门　　D. 安装工程造价咨询机构

4、工程量清单是招标文件的组成部分，其组成不包括__________。

A. 措施项目费清单　　B. 分部分项工程费清单

C. 其他项目费清单　　D. 规费清单

5、安装工程定额中的时间定额不包括__________。

A. 休息时间　　B. 辅助工作时间

C. 施工本身造成的停工时间　　D. 不可避免的中断时间

6、暂估价是招标人在工程量清单中提供的用于支付__________的材料、工程设备的单价以及专业工程的金额。

A. 可能发生，也可能不发生的价格　B. 可能发生，但暂时不能确定的价格

C. 必然发生，但暂时不能确定价格　D. 以上说法都不对

第2章

安装工程的造价构成及计算程序

本章要点

安装工程造价的构成内容，安装工程的建造价格（成本价）；建设项目的总投资，即安装工程项目从项目部组建开始一直到建设项目的全部建成并验收合格交付使用所花费的全部费用的计算方法；安装工程造价中工料机的消耗量的计算方法。

学习目标

1. 掌握安装工程造价的构成特点及要素。

2. 掌握我国现行的安装工程造价的计算方法。

3. 熟悉建筑安装工程费的组成及计算方法；熟悉设备及工、器具购置费的构成；熟悉工程建设其他费用的构成，预备费、建设期贷款利息、固定资产投资方向调节税的构成，并掌握其计算方法。

2.1　安装工程项目造价的构成

2.1.1　工程项目造价相关的概念

2.1.1.1　投资的含义

投资是指投资主体为了特定的目的，以达到预期收益的价值而进行的资金垫付行为。

狭义的投资是指投资主体在经济活动中为实现某种预定的生产、经营目标而预先垫付资金的经济行为。广义的投资是指投资主体为了特定的目的，将资源投放到某项目以达到预期效果的一系列经济行为。其资源可以是资金，也可以是人力或者技术等，既可以是有形资产的投放，也可以是无形资产的投放。

总之，投资是现代市场经济中最重要的内容之一，无论是政府还是企业、个人、组织，其作为投资的主体，都会在不同程度上以不同的投资方式直接或间接的参与投资活动，以达到某种特定的目的。

2.1.1.2　工程项目总投资

工程项目总投资是指建设工程项目的投资方在选定的建设工程项目上所需投入的全部资金。建设项目按用途可分为生产性项目和非生产性项目。生产性项目总投资包括固定资产的投资和流动资产的投资两部分。非生产性项目的总投资只有固定资产投资，不含流动资产投资。本章中的建设工程项目总投资包含生产性项目和非生产性项目投资。所以，工程的造价主要是指建设工程项目总投资中非生产性项目固定资产的投资部分。

2.1.1.3 固定资产投资

按照我国现行规定，固定资产投资包括基本建设投资、更新改造投资、房地产开发投资和其他固定资产投资四部分。固定资产在估算时分为静态投资和动态投资两部分：静态投资包括设备、工器具购置费，建筑安装工程费，工程建设的其他费用，基本预备费等。动态投资是指完成一个建设工程项目预计投资需要量的总和。包括静态投资、预备费中的涨价预备费、建设期贷款利息等。静态投资是动态投资的最主要的组成部分，也是动态投资的计算基础。

建设工程项目固定资产投资是工程造价的最主要的部分。

2.1.1.4 流动资产投资

与固定资产投资相对应，流动资产投资是指投资主体用以获得流动资产的投资效益，即项目在投产前预先垫付、在投产后生产经营过程中周转使用的资金，即流动资金。

2.1.1.5 工程建设成本

工程建设成本就是完成某项固定资产的投资所实际支付的现金或现金等价物的金额。从不同的角度，工程建设成本的含义也有所不同。建设单位所谓的工程建设成本是指固定资产的建造成本，即为建造某项工程所花费的全部费用（建设投资）。承包商所谓的工程建设成本是指本身的施工成本，即承包商在施工生产的全过程中的经济消耗或劳动消耗，对于承包商来说，工程建设成本等于建筑安装工程费扣减利润（建筑安装工程费是指承包商和业主签订的合同报价）。

2.1.2 我国现行建设工程造价的构成

工程造价的主要内容包含三个方面：物质消耗支出、劳动报酬和盈利。从理论上来说，工程造价的构成如图2.1所示。

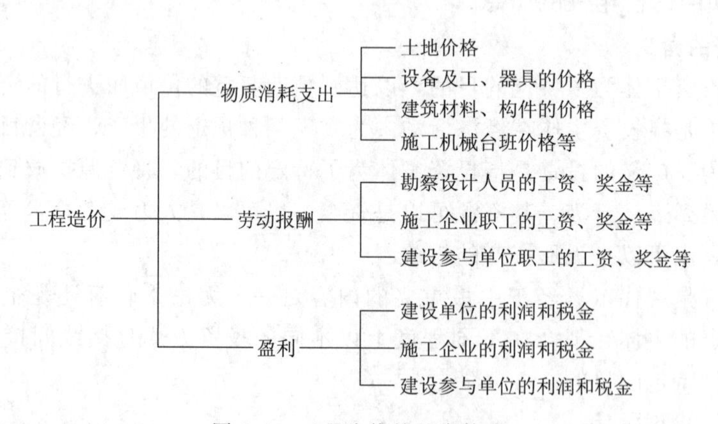

图2.1 工程造价的基本构成

工程造价的主要构成部分是建设投资，根据国家有关规定，建设投资包括工程建设费用、工程建设的其他费用和预备费三部分。

工程建设费用是指直接构成固定资产实体的各种费用，包括两部分：设备及工器具购置费、建筑安装工程费。

工程建设的其他费用是指根据国家有关规定应在投资中支付，并列入建设项目总造价或单项工程造价的费用。

预备费是指为了保证工程项目的顺利实施，避免在难以预料的情况下造成投资不足而预先安排的一笔费用。

建设工程项目总投资中的固定资产投资与建设工程项目的工程造价虽然概念不同，但是在数量上是相等的。工程造价的构成按建设工程项目建设过程中各类费用支出或花费的性质、途径等来确定，是通过费用划分和汇集所形成的工程造价的费用分解结构。工程造价基本构成中，包括用于购买工程项目所含各种设备的费用、用于建筑施工和安装施工所需支出的费用、用于委托工程勘察设计应支付的费用、用于购置工程所需的费用，也包括用于建设单位自身进行项目筹建和项目管理所花费的费用等。工程造价是工程项目按照确定的建设内容、建设规模、建设标准、功能要求和使用要求等，全部建成并验收合格交付使用所需的全部费用。

我国现行工程造价的构成主要划分为设备及工、器具购置费，建筑安装工程费，工程建设其他费用，预备费，建设期贷款利息，固定资产投资方向调节税（暂停征收）等几项。其具体构成内容如图 2.2 所示。

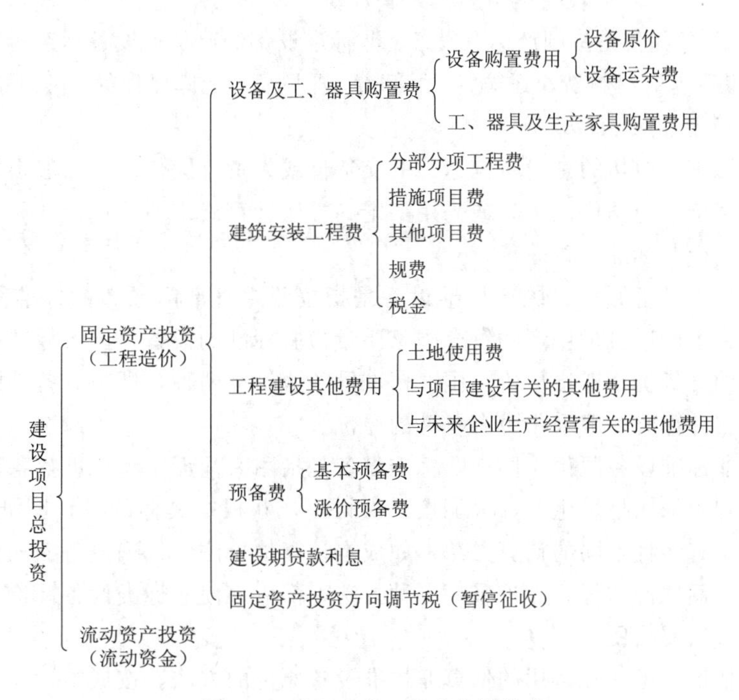

图 2.2 我国现行工程造价的构成

2.1.3 世界银行、国际咨询工程师联合会对建设工程项目工程造价的规定

世界银行、国际咨询工程师联合会在 1978 年对建设工程项目工程造价做出了统一规定，即工程项目总建设成本包括直接建设成本、间接建设成本、应急费和建设成本上升费用等，其内容和我国工程造价的相关内容基本一致。

2.2 设备及工、器具购置费的构成

建设工程中的设备及工、器具购置费由设备购置费和工、器具及生产家具购置费组成，是固定资产投资中的积极部分。在生产性工程建设中，设备及工、器具购置费占工程造价比重的增大，意味着生产技术的进步和资本有机构成的提高。

2.2.1 设备购置费

2.2.1.1 设备购置费的概念

设备购置费是指为建设工程购置或自制的达到固定资产标准的设备及工、器具的费用。所谓固定资产标准，是指使用年限在一年以上，单位价值在国家或各主管部门规定的限额以上。新建项目和扩建项目的新建车间购置或自制的全部设备及工、器具，无论是否达到固定资产标准，均计入设备及工、器具购置费用中。

2.2.1.2 设备购置费的构成及计算

设备购置费由设备原价和设备运杂费构成，即

$$设备购置费=设备原价+设备运杂费 \tag{2.1}$$

式（2.1）中，设备原价是指国产标准设备、非标准设备的原价；设备运杂费是指设备原价中未包括的包装和包装材料费、运输费、装卸费、采购费及仓库保管费、供销部门手续费等。

1. 国产设备原价的构成及计算

国产设备原价一般指的是设备制造厂的交货价或订货合同价。它一般根据生产厂或供应商的询价、报价、合同价确定，或采用一定的方法计算确定。国产设备原价分为国产标准设备原价和国产非标准设备原价。

（1）国产标准设备原价。国产标准设备是指按照主管部门颁布的标准图纸和技术要求，由我国设备生产厂批量生产的符合国家质量检验标准的设备。国产标准设备原价一般指设备制造厂的交货价，即出厂价。国产标准设备原价有两种，即带有备件的原价和不带备件的原价，在计算时一般采用带有备件的原价。

（2）国产非标准设备原价。国产非标准设备是指国家尚无定型标准，各设备生产厂不可能在工艺过程中采用批量生产，只能按一次订货，并根据具体的设计图纸制造的设备。非标准设备原价有多种不同的计算方法，如成本计算估价法、系列设备插入估价法、分部组合估价法、定额估价法等。无论采用哪种方法，都应该使非标准设备计价接近实际出厂价，并且计算方法要简便。

成本计算估价法是一种常用的估算非标准设备原价的方法。按成本计算估价法，非标准设备的原价由以下各项组成。

1）材料费，计算公式为

$$材料费=材料净重\times(1+加工损耗系数)\times每吨材料综合价 \tag{2.2}$$

2）加工费，包括生产工人工资和工资附加费、燃料动力费、设备折旧费、车间经费等。

其计算公式为：

$$加工费=设备总质量(t)\times设备每吨加工费 \tag{2.3}$$

3）辅助材料费（简称辅材费），包括焊条、焊丝、氧气、氩气、氮气、油漆、电石等费用。

其计算公式为

$$辅助材料费=设备总质量\times辅助材料费指标 \tag{2.4}$$

4）专用工具费，按1)～3）项之和乘以一定百分比计算。

5）废品损失费，按1)～4）项之和乘以一定百分比计算。

6）外购配套件费，按设备设计图纸所列的外购配套件的名称、型号、规格、数量、重量，根据相应的价格加运杂费计算。

7）包装费，按1)～6）项之和乘以一定百分比计算。

8）利润，按1)～5）项加第7）项之和乘以一定利润率计算。

9）税金，主要指增值税。其计算公式为

$$增值税=当期销项税额-进项税额 \tag{2.5}$$

$$当期销项税额=销售额\times适用增值税率 \tag{2.6}$$

式中，销售额为1)～8）项之和。

10）非标准设备设计费，按国家规定的设计费收费标准计算。

综上所述，单台非标准设备原价的计算公式为

$$\begin{aligned}单台非标准设备原价=&\{[(材料费+加工费+辅助材料费)\times(1+专用工具费率)\times\\&(1+废品损失费率)+外购配套件费]\times(1+包装费率)-\\&外购配套件费\}\times(1+利润率)+销项税金+\\&非标准设备设计费+外购配套件费\end{aligned} \tag{2.7}$$

【例2.1】 某学校实验室采购一台国产非标准设备，制造厂生产该台设备所用材料费35万元，加工费2.1万元，辅助材料费6000元，专用工具费率2%，废品损失费率12%，外购配套件费8万元，包装费率1.5%，利润率8%，增值税率17%，非标准设备设计费2.6万元，试计算该国产非标准设备的原价。

解： 专用工具费=(35+2.1+0.6)×2%=0.754(万元)

废品损失费=(35+2.1+0.6+0.754)×12%=4.61448(万元)

包装费=(35+2.1+0.6+0.754+4.61448+8)×1.5%=0.76602(万元)

利润=(35+2.1+0.6+0.754+4.61448+0.76602)×8%=3.50676(万元)

销项税额=(35+2.1+0.6+0.754+4.61448+8+0.76602+3.50676)×17%
=9.408014(万元)

该国产非标准设备的原价=35+2.1+0.6+0.754+4.61448+8+0.76602+
3.50676+9.408014+2.6
=67.34927(万元)

2. 进口设备原价的构成及计算

进口设备原价是指进口设备的抵岸价，即抵达买方边境港口或边境车站，且交完关税等税费后形成的价格。进口设备抵岸价的构成与进口设备的交货方式有关。

(1) 进口设备的交货方式。进口设备的交货方式分为内陆交货类、目的地交货类、装

运港交货类三类。

1）内陆交货类：内陆交货类即卖方在出口国内陆的某个地点交货。在交货地点，卖方及时提交合同规定的货物和有关凭证，并负担交货前的一切费用和风险；买方按时接收货物，交付货款，负担接货后的一切费用和风险，并自行办理出口手续和装运出口。货物的所有权在交货后由卖方转移给买方。

2）目的地交货类：目的地交货类即卖方在进口国的港口或内地交货，有目的港船上交货价、目的港船边交货价（FOS）和目的港码头交货价（关税已付）及完税后交货价（进口国的指定地点）等几种交货价。它们的特点是：买卖双方承担的责任、费用和风险是以目的地约定交货点为分界线，只有卖方在交货点将货物置于买方控制下才算交货，且才能向买方收取货款。这种交货类别对卖方来说承担的风险较大，在国际贸易中卖方一般不愿采用。

3）装运港交货类：装运港交货类即卖方在出口国装运港交货，主要有装运港船上交货价（FOB），习惯称离岸价格；运费在内价（C&F）和运费、保险费在内价（CIF），习惯称到岸价格。它们的特点是：卖方按照约定时间在装运港交货，只要卖方把合同规定的货物装船后提供货运单据便完成交货任务，可凭单据收回货款。装运港船上交货价（FOB）是我国进口设备采用最多的一种货价。采用船上交货价时卖方的责任是：在规定的期限内，负责在合同规定的装运港口将货物装上买方指定的船只，并及时通知买方；负担货物装船前的一切费用和风险，负责办理出口手续；提供出口国政府或有关方面签发的证件；负责提供有关装运单据。买方的责任是：负责租船或订舱，支付运费，并将船期、船名通知卖方；负担货物装船后的一切费用和风险；负责办理保险及支付保险费，办理在目的港的进口和收货手续；接受卖方提供的有关装运单据，并按合同规定支付货款。

（2）进口设备原价的构成及计算。进口设备采用最多的是装运港船上交货价（FOB），其抵岸价（进口设备原价）的计算公式为

进口设备原价＝货价＋国际运费＋运输保险费＋银行财务费＋外贸手续费＋关税
＋增值税＋消费税＋海关监管手续费＋车辆购置附加费 (2.8)

1）货价：一般指装运港船上交货价（FOB）。设备货价分为原币货价和人民币交货价，原币货价一律折算为美元表示，人民币货价按原币货价乘以外汇市场美元兑换人民币中间价确定。进口设备货价按有关生产厂商询价、报价、订货合同价计算。

2）国际运费：从装运港（站）到达我国抵达港（站）的运费。我国进口设备大部分采用海洋运输，小部分采用铁路运输，个别采用航空运输。进口设备国际运费的计算公式为

国际运费(海、陆、空)＝原币货价(FOB)×运费率 (2.9)

或

国际运费(海、陆、空)＝运量×单位运价 (2.10)

式中，运费率或单位运价参照有关部门或进出口公司的规定执行。

3）运输保险费：对外贸易货物运输保险是由保险人（保险公司）与被保险人（出口

人或进口人）订立保险契约，在被保险人交付议定的保险费后，保险人根据保险契约的规定对货物在运输过程中发生的承保责任范围内的损失给予经济上的补偿。这是一种财产保险，其计算公式为

运输保险费＝[原币货价(FOB)＋国外运费]/[1－保险费率(%)]×保险费率(%) (2.11)

式中，保险费率按保险公司规定的进口货物保险费率计算：

4）银行财务费：一般指中国银行手续费，可按下式简化计算：

银行财务费＝人民币交货价(FOB)×银行财务费率 (2.12)

5）外贸手续费：指按外贸手续费率计取的费用，外贸手续费率一般取1.5%。其计算公式为

外贸手续费＝[装运港船上交货价(FOB)＋国际运费＋运输保险费]×外贸手续费率 (2.13)

6）关税：由海关对进出国境或关境的货物和物品征收的一种税。其计算公式为

关税＝到岸价格(CIF)×进口关税税率 (2.14)

式中，到岸价格（CIF）包括离岸价格（FOB）、国际运费、运输保险费等费用，它作为关税完税价格；进口关税税率分为优惠和普通（优惠税率适用于与我国签订有关税互惠条款的贸易条约或协定的国家的进口设备；普通税率适用于与我国未订有关税互惠条款的贸易条约或协定的国家的进口设备），按我国海关总署发布的进口关税税率计算。

7）增值税：指对从事进口贸易的单位和个人，在进口商品报关进口后征收的税种。我国增值税条例规定，进口应税产品均按组成计税价格和增值税税率直接计算应纳税额，即

进口产品增值税额＝组成计税价格×增值税税率 (2.15)

组成计税价格＝关税完税价格＋关税＋消费税 (2.16)

增值税税率根据规定的税率计算。

8）消费税：对部分进口设备（如轿车、摩托车等）征收，一般的计算公式为

应纳消费税额＝[到岸价格(CIF)＋关税]/(1－消费税税率)×消费税税率 (2.17)

式中，消费税税率根据规定的税率计算。

9）海关监管手续费：指海关对进口减税、免税、保税货物实施监督、管理、提供服务的手续费。对于全额征收进口关税的货物不计本项费用。其计算公式为

海关监管手续费＝到岸价格×海关监管手续费率 (2.18)

10）车辆购置附加费：进口车辆需缴进口车辆购置附加费。其计算公式为

车辆购置附加费＝(到岸价格＋关税＋消费税)×车辆购置附加费率 (2.19)

【例2.2】 从某国家进口一辆汽车，装运港船上交货价80万美元，国际运费费率10%，海上运输保险费率4‰，保险加成率为4%，银行财务费率4.5‰，外贸手续费1.5%，关税税率20%，消费税税率10%，增值税税率17%，车辆购置税税率5%，银行外汇牌价1美元＝6.8人民币，对该进口车辆的原价进行估算。

解： 进口车辆FOB＝80×6.8＝544(万元)

国际运费＝80×10%×6.8＝54.4(万元)

海运保险费=[(544+54.4)/(1-4‰)]×4‰=2.403(万元)

CIF=544+54.4+2.403=600.803(万元)

银行财务费=544×4.5‰=2.448(万元)

外贸手续费=600.803×1.5%=9.012(万元)

关税=600.803×20%=120.161(万元)

消费税=[(600.803+120.161)/(1-10%)]×10%=80.107(万元)

增值税=(600.803+120.161+80.107)×17%=136.182(万元)

车辆购置税=(600.803+120.161+80.107)×5%=40.054(万元)

进口从属费=(2.448+9.012+120.161+80.107+136.182+40.054)=387.964(万元)

进口车辆原价=600.803+388.02=988.91(万元)

3. 设备运杂费的构成和计算

(1) 设备运杂费的构成。

1) 运费和装卸费：国产标准设备由设备制造厂交货地点起至工地仓库（或施工组织设计指定的需要安装设备的堆放地点）止所发生的运费和装卸费。进口设备由我国到岸港口、边境车站起至工地仓库（或施工组织设计指定的需要安装设备的堆放地点）止所发生的运费和装卸费。

2) 包装费：在设备出厂价格中没有包含的设备包装和包装材料器具费；在设备出厂价或进口设备价格中如已包括此项费用，则不应重复计算。

3) 供销部门的手续费：按有关部门规定的统一费率计算。

4) 建设单位（或工程承包公司）的采购与仓库保管费：指采购、验收、保管和收发设备所发生的各种费用，包括设备采购、保管和管理人员工资，工资附加费，办公费，差旅交通费，设备供应部门办公和仓库所占固定资产使用费，工具、用具使用费，劳动保护费，检验试验费等。这些费用可按主管部门规定的采购保管费率计算。一般来说，沿海和交通便利的地区，设备运杂费率相对低一些；内地和交通不很便利的地区相对高一些，边远省份的则更高一些。对于非标准设备，应尽量就近委托设备制造厂生产，以大幅度降低设备运杂费。进口设备由于原价较高，国内运距较短，所以运杂费比率应适当降低。

(2) 设备运杂费的计算。设备运杂费按设备原价乘以设备运杂费率计算，其计算公式为

$$设备运杂费=设备原价\times设备运杂费率 \tag{2.20}$$

式中，设备运杂费率按各部门及省、市等的规定计取。

2.2.2 工、器具及生产家具购置费

2.2.2.1 工、器具及生产家具购置费的概念

工、器具及生产家具购置费是指新建或扩建项目初步设计规定的，保证初期正常生产必须购置的没有达到固定资产标准的设备、仪器、工卡模具、器具、生产家具和备品备件等的购置费用。

2.2.2.2 工、器具及生产家具购置费的构成及计算

一般以设备购置费为计算基数，按照部门或行业规定的工、器具及生产家具费率计

算，其计算公式为

工、器具及生产家具购置费＝设备购置费×定额费率 (2.21)

2.3 建筑安装工程费的组成和计算

建筑安装工程费是建设单位支付给施工单位的全部工程施工费用，也是建筑安装工程产品作为商品进行交换所需的货币量，是建设工程造价的主要组成部分。为了加强工程建设的管理，有利于合理确定工程造价，提高基本建设投资效益，国家统一了建筑安装工程费用项目组成的口径。这一做法使工程建设各方在编制工程概预算、工程结算、工程招投标、计划统计、工程成本核算等方面的工作有了统一的标准。

2.3.1 建筑安装工程费的构成划分

2.3.1.1 按费用构成要素划分的建筑安装工程费

按费用构成要素划分的建筑安装工程费的计价属于定额计价模式，与清单计价模式在一定时期内并存，《建筑安装工程费用项目组成》（建标〔2013〕44号）中定义为按费用构成要素划分，是继原定额计价模式的费用构成而来，成为定额计价建筑安装工程费的新构成，也成为地方造价管理部门修订计价依据的法律依据。

在定额计价模式下，建筑安装工程费（按费用构成要素划分）由直接费、间接费、利润和税金组成。建筑安装工程费按照费用构成要素划分为人工费、材料（包含工程设备）费、施工机具使用费、企业管理费、利润、规费和税金，其组成结构如图2.3所示。

1. 人工费

人工费是指按工资总额构成规定，支付给从事建筑安装工程施工的生产工人和附属生产单位工人的各项费用，其内容包括：

（1）计时工资或计件工资，是指按计时工资标准和工作时间或对已做工作按计件单价支付给个人的劳动报酬。

（2）奖金，是指对超额劳动和增收节支支付给个人的劳动报酬，如节约奖、劳动竞赛奖等。

（3）津贴、补贴，是指为了补偿职工特殊或额外的劳动消耗和因其他特殊原因支付给个人的津贴，以及为了保证职工工资水平不受物价影响支付给个人的物价补贴，如流动施工津贴、特殊地区施工津贴、高温（寒）作业临时津贴、高空津贴等。

（4）加班加点工资，是指按规定支付的在法定节假日工作的加班工资和在法定日工作时间外延时工作的加点工资。

（5）特殊情况下支付的工资，是指根据国家法律、法规和政策规定，因病、工伤、产假、计划生育假、婚丧假、事假、探亲假、定期休假、停工学习、执行国家或社会义务等原因，按计时工资标准或计时工资标准的一定比例支付的工资。

2. 材料费

材料费是指施工过程中耗费的原材料、辅助材料、构配件、零件、半成品或成品、工程设备的费用，其内容包括：

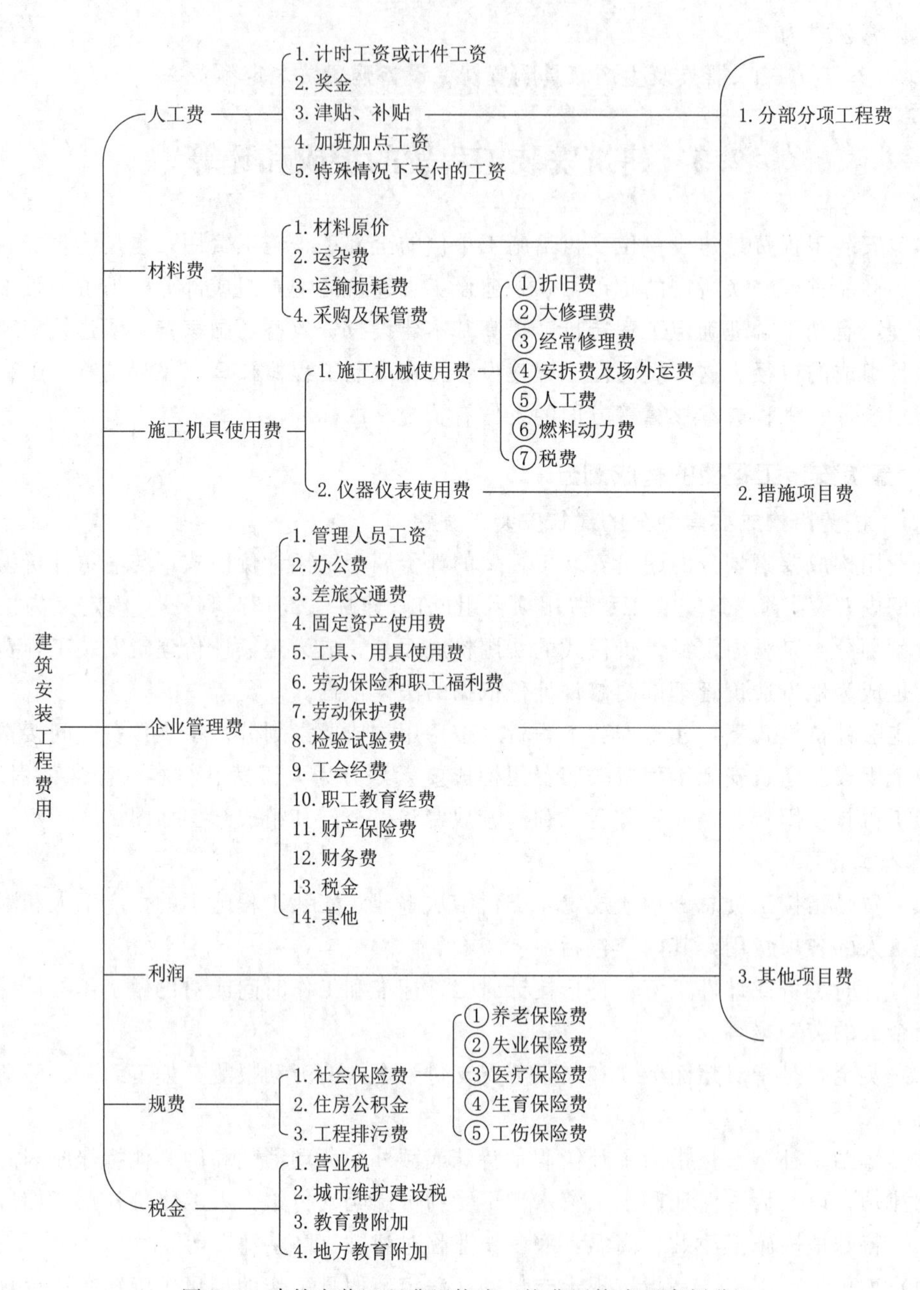

图 2.3 建筑安装工程费用构成（按费用构成要素划分）

（1）材料原价，是指材料、工程设备的出厂价格或商家供应价格。

（2）运杂费，是指材料、工程设备自来源地运至工地仓库或指定堆放地点所发生的全部费用。

（3）运输损耗费，是指材料在运输、装卸过程中不可避免的损耗。

（4）采购及保管费，是指为组织采购、供应和保管材料、工程设备的过程中所需要的各项费用，包括采购费、仓储费、工地保管费、仓储损耗。工程设备是指构成或计划构成永久工程一部分的机电设备、金属结构设备、仪器装置及其他类似的设备和装置。

3. 施工机具使用费

施工机具使用费是指施工作业所发生的施工机械、仪器仪表使用费或其租赁费。

(1) 施工机械使用费。施工机械使用费以施工机械台班耗用量乘以施工机械台班单价表示，施工机械台班单价应由下列七项费用组成：

1) 折旧费，指施工机械在规定的使用年限内，陆续收回其原值的费用。

2) 大修理费，指施工机械按规定的大修理间隔台班进行必要的大修理，以恢复其正常功能所需的费用。

3) 经常修理费，指施工机械除大修理以外的各级保养和临时故障排除所需的费用，包括为保障机械正常运转所需替换设备与随机配备工具附具的摊销和维护费用，机械运转中日常保养所需润滑与擦拭的材料费用及机械停滞期间的维护和保养费用等。

4) 安拆费及场外运费，安拆费指施工机械（大型机械除外）在现场进行安装与拆卸所需的人工、材料、机械和试运转费用，以及机械辅助设施的折旧、搭设、拆除等费用；场外运费指施工机械整体或分体自停放地点运至施工现场或由一施工地点运至另一施工地点的运输、装卸、辅助材料及架线等费用。

5) 人工费，指机上司机（司炉）和其他操作人员的人工费。

6) 燃料动力费，指施工机械在运转作业中所消耗的各种燃料及水、电等费用。

7) 税费，指施工机械按照国家规定应缴纳的车船使用税、保险费及年检费等费用。

(2) 仪器仪表使用费。仪器仪表使用费是指工程施工所需使用的仪器仪表的摊销及维修费用。

4. 企业管理费

企业管理费是指建筑安装企业组织施工生产和经营管理所需的费用，内容包括：

(1) 管理人员工资，是指按规定支付给管理人员的计时工资、奖金、津贴、补贴、加班加点工资及特殊情况下支付的工资等。

(2) 办公费，是指企业管理办公用的文具、纸张、账表、印刷、邮电、书报、办公软件、现场监控、会议、水电、烧水和集体取暖降温（包括现场临时宿舍取暖降温）等费用。

(3) 差旅交通费，是指职工因公出差、调动工作的差旅费、住勤补助费，市内交通费和误餐补助费，职工探亲路费，劳动力招募费，职工退休、退职一次性路费，工伤人员就医路费，工地转移费，以及管理部门使用的交通工具的油料、燃料等费用。

(4) 固定资产使用费，是指管理和试验部门及附属生产单位使用的属于固定资产的房屋、设备、仪器等的折旧、大修、维修或租赁费。

(5) 工具、用具使用费，是指企业施工生产和管理使用的不属于固定资产的工具、器具、家具、交通工具和检验、试验、测绘、消防用具等的购置、维修和摊销费。

(6) 劳动保险和职工福利费，是指由企业支付的职工退职金、按规定支付给离休干部的经费，集体福利费、夏季防暑降温、冬季取暖补贴、上下班交通补贴等。

(7) 劳动保护费，是指企业按规定发放的劳动保护用品的支出，如工作服、手套、防暑降温饮料及在有碍身体健康的环境中施工的保健费用等。

(8) 检验试验费，是指施工企业按照有关标准规定，对建筑及材料、构件和建筑安装物进行一般鉴定、检查所发生的费用，包括自设实验室进行试验所耗用的材料等费用；不包括新结构、新材料的试验费，对构件做破坏性试验及其他特殊要求检验、试验的费用和建设单位委托检测机构进行检测的费用，对此类检测发生的费用，由建设单位在工程建设其他费用中列支。但对施工企业提供的具有合格证明的材料进行检测不合格的，该检测费用由施工企业支付。

(9) 工会经费，是指企业按《工会法》规定的全部职工工资总额比例计提的工会经费。

(10) 职工教育经费，是指按职工工资总额的规定比例计提，企业为职工进行专业技术和职业技能培训，专业技术人员继续教育、职工职业技能鉴定、职业资格认定，以及根据需要对职工进行各类文化教育所发生的费用。

(11) 财产保险费，是指施工管理用财产、车辆等的保险费用。

(12) 财务费，是指企业为施工生产筹集资金或提供预付款担保、履约担保、职工工资支付担保等所发生的各种费用。

(13) 税金，是指企业按规定缴纳的房产税、车船使用税、土地使用税、印花税等。

(14) 其他，包括技术转让费、技术开发费、投标费、业务招待费、绿化费、广告费、公证费、法律顾问费、审计费、咨询费、保险费等。

5. 利润

利润是指施工企业完成所承包工程获得的盈利。

6. 规费

规费是指按国家法律、法规规定，由省级政府和省级有关权力部门规定必须缴纳或计取的费用，包括以下几个方面。

(1) 社会保险费，包括：养老保险费、失业保险费、医疗保险费、生育保险费、工伤保险费。

(2) 住房公积金，是指企业按规定标准为职工缴纳的住房公积金。

(3) 工程排污费，是指按规定缴纳的施工现场工程排污费。

其他应列而未列入的规费，按实际发生计取。

7. 税金

税金是指国家税法规定的应计入建筑安装工程造价内的营业税、城市维护建设税、教育费附加及地方教育附加。

2.3.1.2 按照工程造价形成划分的建筑安装工程费

按照工程造价形成划分的建筑安装工程费的计价属于清单计价模式，与定额计价模式在一定时期内并存，《建筑安装工程费用项目组成》(建标〔2013〕44号) 中定义此构成为按工程造价形成要素划分，是继原清单计价模式的费用构成而来，成为清单计价建筑安装工程费的新构成，目前的《建设工程工程量清单计价规范》(GB 50500—2013) 以及2013版《清单计价规范》就是以此为清单计价建筑安装工程费的构成。

在清单计价模式下，建筑安装工程费用（按照工程造价形成划分）由分部分项工程费、措施项目费、其他项目费、规费和税金组成。

建筑安装工程费用由分部分项工程费、措施项目费、其他项目费、规费、税金组成，其组成结构如图 2.4 所示。

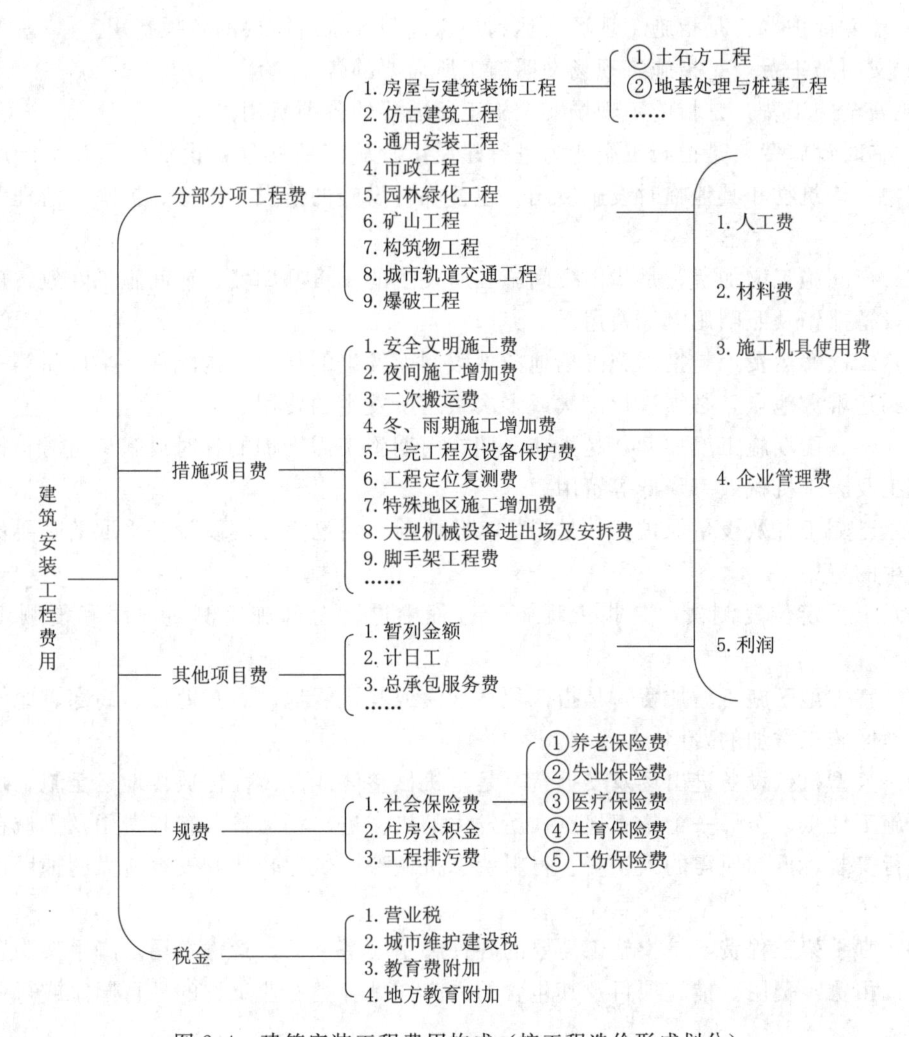

图 2.4 建筑安装工程费用构成（按工程造价形成划分）

1. 分部分项工程费

分部分项工程费是指各专业工程的分部分项工程应予列支的各项费用。

(1) 专业工程，是指按现行国家计量规范划分的房屋建筑与装饰工程、仿古建筑工程通用安装工程、市政工程、园林绿化工程、矿山工程、构筑物工程、城市轨道交通工程、爆破工程等各类工程。

(2) 分部分项工程，是指按现行国家计量规范对各专业工程划分的项目，如房屋建筑与装饰工程划分的土石方工程、地基处理与桩基工程、砌筑工程、钢筋及钢筋混凝土工程等。各类专业工程的分部分项工程划分见现行国家或行业计量规范。

2. 措施项目费

措施项目费是指为完成建设工程施工，发生于该工程施工前和施工过程中的技术、生活、安全、环境保护等方面的费用，内容包括：

(1) 安全文明施工费，其包括以下几项：

1) 环境保护费，是指施工现场为达到环保部门要求所需要的各项费用。

2) 文明施工费，是指施工现场文明施工所需要的各项费用。

3) 安全施工费，是指施工现场安全施工所需要的各项费用。

4) 临时设施费，是指施工企业为进行建设工程施工所必须搭设的生活和生产用的临时建筑物、构筑物和其他临时设施费用，包括临时设施的搭设、维修、拆除、清理费或摊销费等。

(2) 夜间施工增加费，是指因夜间施工所发生的夜班补助费、夜间施工降效、夜间施工照明设备摊销及照明用电等费用。

(3) 二次搬运费，是指因施工场地条件限制而发生的材料、构配件、半成品等一次运输不能到达堆放地点，必须进行二次或多次搬运所发生的费用。

(4) 冬、雨期施工增加费，是指在冬期或雨期施工需增加的临时设施、防滑、排除雨雪，人工及施工机械效率降低等费用。

(5) 已完工程及设备保护费，是指竣工验收前，对已完工程及设备采取的必要保护措施所发生的费用。

(6) 工程定位复测费，是指工程施工过程中进行全部施工测量放线和复测工作的费用。

(7) 特殊地区施工增加费，是指工程在沙漠或其边缘地区、高海拔、高寒、原始森林等特殊地区施工增加的费用。

(8) 大型机械设备进出场及安拆费，是指机械整体或分体自停放场地运至施工现场或由一个施工地点运至另一个施工地点，所发生的机械进出场运输及转移费用及机械在施工现场进行安装、拆卸所需的人工费、材料费、机械费、试运转费和安装所需的辅助设施的费用。

(9) 脚手架工程费，是指施工需要的各种脚手架搭、拆、运输费用及脚手架购置费的摊销（或租赁）费用。措施项目及其包含的内容详见各类专业工程的现行国家或行业计量规范。

3. 其他项目费

(1) 暂列金额。暂列金额是指建设单位在工程量清单中暂定并包括在工程合同价款中的一笔款项。用于施工合同签订时尚未确定或者不可预见的所需材料、工程设备、服务的采购，施工中可能发生的工程变更、合同约定调整因素出现时的工程价款调整及发生的索赔、现场签证确认等的费用。

(2) 计日工。计日工是指在施工过程中，施工企业完成建设单位提出的施工图纸以外的零星项目或工作所需的费用。

(3) 总承包服务费。总承包服务费是指总承包人为配合、协调建设单位进行的专业工程发包，对建设单位自行采购的材料、工程设备等进行保管及施工现场管理、竣工资料汇总整理等服务所需的费用。

(4) 规费。定义同本节2.3.1.1。

(5) 税金。定义同本节2.3.1.1。

2.3.1.3 定额计价模式与清单计价模式下建筑安装工程费的关系

从形式上看，《建筑安装工程费用项目组成》将原定额计价的建筑安装工程费的四项构成拆分成为可以与清单计价相关联的七项构成。《建筑安装工程费用项目组成》可以清晰地看到定额计价是工程量与人、材、机单价形成合价后，再计取管理费、利润、规费、税金。而清单计价是工程量与人、材、机、管理费、利润形成合价后再计取规费和税金。

从内涵上看，定额计价都是先计算图示工程量造价，施工变动因素形成的造价变动待结算追加的部分并未计入造价的构成中。清单计价则是将施工变动因素形成的造价变动以其他费用的形式明确列在造价构成中。

2.3.2 建筑安装工程费的计算

2.3.2.1 按费用构成的计算方法

1. 人工费

人工费计算公式为

$$人工费=\sum(工日消耗量\times日工资单价) \tag{2.22}$$

$$日工资单价=\frac{生产工人平均月工资(计时计件)+平均月(奖金+津贴补贴+特殊情况下支付的工资)}{年平均每月法定工作日} \tag{2.23}$$

注：式(2.22)主要适用于施工企业投标报价时自主确定人工费，也是工程造价管理机构编制计价定额，确定定额人工单价或发布人工成本信息的参考依据。

$$人工费=\sum(工日消耗量\times日工资单价) \tag{2.24}$$

注：式(2.24)适用于工程造价管理机构编制计价定额时确定定额人工费，是施工企业投标报价的参考依据。

式(2.24)中，日工资单价是指施工企业平均技术熟练程度的生产工人在每工作日(国家法定工作时间内)按规定从事施工作业应得的日工资总额。

工程造价管理机构确定日工资单价应通过市场调查，根据工程项目的技术要求，参考实物工程量人工单价综合分析确定，最低日工资单价不得低于工程所在地人力资源和社会保障部门所发布的最低工资标准的普工1.3倍、一般技工2倍、高级技工3倍。

工程计价定额不可只列一个综合工日单价，应根据工程项目技术要求和工种差别适当划分多种日人工单价，确保各分部工程人工费的合理构成。

2. 材料费及工程设备费

(1) 材料费计算公式为

$$材料费=\sum(材料消耗量\times材料单价) \tag{2.25}$$

$$材料单价=[(材料原价+运杂费)\times(1+运输损耗率)]\times(1+采购保管费率) \tag{2.26}$$

(2) 工程设备费计算公式为

$$工程设备费=\sum(工程设备量\times工程设备单价) \tag{2.27}$$

$$工程设备单价=(设备原价+运杂费)\times[1+采购保管费率(\%)] \tag{2.28}$$

3. 施工机械使用费及仪器仪表使用费

(1) 施工机械使用费计算公式为

施工机械使用费＝∑(施工机械台班消耗量×机械台班单价) (2.29)

机械台班单价＝台班折旧费＋台班大修费＋台班经常修理费＋台班安拆费及场外运费＋台班人工费＋台班燃料动力费＋台班车船税费 (2.30)

注：工程造价管理机构在确定计价定额中的施工机械使用费时，应根据《建筑施工机械台班费用计算规则》结合市场调查编制施工机械台班单价。施工企业可以参考工程造价管理机构发布的台班单价，自主确定施工机械使用费的报价。

如租赁施工机械，计算公式为

施工机械使用费＝∑(施工机械台班消耗量×机械台班租赁单价)

(2) 仪器仪表使用费计算公式为

仪器仪表使用费＝工程使用的仪器仪表摊销费＋维修费 (2.31)

4. 企业管理费费率

(1) 以分部分项工程费为计算基础，其计算公式为

$$企业管理费费率(\%)=\frac{生产工人年平均管理费}{年有效施工天数\times人工单价}\times人工费占分部分项工程比例(\%) \quad (2.32)$$

(2) 以人工费和机械费合计为计算基础，其计算公式为

$$企业管理费费率(\%)=\frac{生产工人年平均管理费}{年有效施工天数\times(人工单价+每一工日机械使用费)}\times100\% \quad (2.33)$$

(3) 以人工费为计算基础，其计算公式为

$$企业管理费费率(\%)=\frac{生产工人年平均管理费}{年有效施工天数\times人工单价}\times100\% \quad (2.34)$$

注：上述公式适用于施工企业投标报价时自主确定管理费，是工程造价管理机构编制计价定额确定企业管理费的参考依据。

工程造价管理机构在确定计价定额中企业管理费时，应以定额人工费或（定额人工费＋定额机械费）作为计算基数，其费率根据历年工程造价积累的资料，辅以调查数据确定，列入分部分项工程和措施项目中。

5. 利润

(1) 施工企业根据企业自身需求并结合建筑市场实际自主确定，列入报价中。

(2) 工程造价管理机构在确定计价定额中利润时，应以定额人工费或（定额人工费＋定额机械费）作为计算基数，其费率根据历年工程造价积累的资料，并结合建筑市场实际确定，以单位（单项）工程测算，利润在税前建筑安装工程费的比重可按不低于5%且不高于7%的费率计算。利润应列入分部分项工程和措施项目中。

6. 规费

(1) 社会保险费和住房公积金。社会保险费和住房公积金应以定额人工费为计算基础，根据工程所在地省、自治区、直辖市或行业建设主管部门规定费率计算，其计算公式为

社会保险费和住房公积金＝∑(工程定额人工费×社会保险费和住房公积金费率) (2.35)

式（2.35）中，社会保险费和住房公积金费率可以每万元发承包价的生产工人人工费和管理人员工资含量与工程所在地规定的缴纳标准综合分析取定。

（2）工程排污费。工程排污费等其他应列而未列入的规费应按工程所在地环境保护等部门规定的标准缴纳，按实计取列入。

7. 税金

$$税金=税前造价\times综合税率(\%) \tag{2.36}$$

综合税率的计算方法如下：

（1）纳税地点在市区的企业计算公式为

$$综合税率(\%)=\frac{1}{1-3\%-(3\%\times7\%)-(3\%\times3\%)-(3\%\times2\%)}-1 \tag{2.37}$$

（2）纳税地点在县城、镇的企业计算公式为

$$综合税率(\%)=\frac{1}{1-3\%-(3\%\times5\%)-(3\%\times3\%)-(3\%\times2\%)}-1 \tag{2.38}$$

（3）纳税地点不在市区、县城、镇的企业计算公式为

$$综合税率(\%)=\frac{1}{1-3\%-(3\%\times1\%)-(3\%\times3\%)-(3\%\times2\%)}-1 \tag{2.39}$$

（4）实行营业税改增值税的，按纳税地点现行税率计算。

【例 2.3】 某承包商承建某县政府办公楼，该工程的不含税造价为 3000 万元。

试求：（1）该承包商应缴纳的营业税、城市维护建设税、教育费附加和地方教育费附加。

（2）含税造价为多少？

解： 含税营业额$=3000/1-3\%-(3\%\times5\%)-(3\%\times3\%)-(3\%\times2\%)=3102.37$(万元)

应缴纳的营业税$=3102.37\times3\%=93.07$(万元)

应缴纳的城市维护建设税$=93.07\times5\%=4.65$(万元)

应缴纳的教育费附加$=93.07\times3\%=2.79$(万元)

应缴纳的地方教育费附加$=93.07\times2\%=1.86$(万元)

含税造价=含税营业额$=3102.37$(万元)

或$=3000+93.07+4.65+2.79+1.86=3102.37$(万元)

或$=3000\times(1+3.4126\%)=3102.37$(万元)

2.3.2.2 建筑安装工程计价参考公式

1. 分部分项工程费计算公式

$$分部分项工程费=\sum(分部分项工程量\times综合单价) \tag{2.40}$$

式（2.40）中，综合单价包括人工费、材料费、施工机具使用费、企业管理费和利润，以及一定范围的风险费用（下同）。

2. 措施项目费

（1）国家计量规范规定应予计量的措施项目，其计算公式为

$$措施项目费=\sum(措施项目工程量\times综合单价) \tag{2.41}$$

（2）国家计量规范规定不宜计量的措施项目计算方法如下：

1）安全文明施工费计算公式为

安全文明施工费＝计算基数×安全文明施工费费率(%)　(2.42)

计算基数应为定额基价（定额分部分项工程费＋定额中可以计量的措施项目费）、定额人工费或（定额人工费＋定额机械费），其费率由工程造价管理机构根据各专业工程的特点综合确定。

2）夜间施工增加费计算公式为

夜间施工增加费＝计算基数×夜间施工增加费费率(%)　(2.43)

3）二次搬运费计算公式为

二次搬运费＝计算基数×二次搬运费费率(%)　(2.44)

4）冬、雨期施工增加费计算公式为

冬、雨期施工增加费＝计算基数×冬、雨期施工增加费费率(%)　(2.45)

5）已完工程及设备保护费计算公式为

已完工程及设备保护费＝计算基数×已完工程及设备保护费费率(%)　(2.46)

3. 其他项目费

(1) 暂列金额由建设单位根据工程特点，按有关计价规定估算，施工过程中由建设单位掌握使用、扣除合同价款调整后如有余额，归建设单位。

(2) 计日工由建设单位和施工企业按施工过程中的签证计价。

(3) 总承包服务费由建设单位在招标控制价中根据总包服务范围和有关计价规定编制，施工企业投标时自主报价，施工过程中按签约合同价执行。

4. 规费和税金

建设单位和施工企业均应按照省、自治区、直辖市或行业建设主管部门发布标准计算规费和税金，不得作为竞争性费用。

2.4 工程建设其他费用的构成和计算

工程建设其他费用是指从工程筹建到工程竣工验收交付使用止的整个建设期间，除建筑安装工程费和设备，工、器具购置费以外的，为保证工程建设顺利完成和交付使用后能够正常发挥效用而发生的各项费用。

工程建设其他费用按其内容可分为三类：土地使用费、与项目建设有关的其他费用、与企业未来生产和经营有关的其他费用。

2.4.1 土地使用费

任何一个建设项目都固定于一定地点与地面相连接，必须占用一定量的土地，也就必然要发生为获得建设用地而支付的费用，即土地使用费。它是指通过划拨方式取得土地使用权而支付的土地征用及迁移补偿费，或者通过土地使用权出让方式取得土地使用权而支付的土地使用权出让金。

2.4.1.1 土地征用及迁移补偿费

土地征用及迁移补偿费是指建设项目通过划拨方式取得无限期的土地使用权，依照《中华人民共和国土地管理法》等规定所支付的费用。其总和一般不得超过被征土地年产值的 20 倍，土地年产值则按该地被征用前 3 年的平均产量和国家规定的价格计算，其内容包括以下几个方面。

1. 土地补偿费

征用耕地（包括菜地）的补偿标准，按国家规定，为该耕地年产值的若干倍，具体补偿标准由省、自治区、直辖市人民政府在此范围内制定。征用园地、鱼塘、藕塘、苇塘、宅基地、林地、牧场、草原等的补偿标准，由省、自治区、直辖市人民政府制定。征收无收益的土地，不予补偿。

2. 青苗补偿费和被征用土地上的房屋、水井、树木等附着物补偿费

这些补偿费的标准由省、自治区、直辖市人民政府制定。征用城市郊区的菜地时，还应按照有关规定向国家缴纳新菜地开发建设基金。地上附着物及青苗补偿费归地上附着物及青苗所有者所有。

3. 安置补助费

征用耕地、菜地的，每个农业人口的安置补助费为该地被征用 3 年平均年产值的 46 倍，每亩耕地的安置补助费最高不得超过其年产值的 15 倍。

4. 缴纳的耕地占用税或城镇土地使用税、土地登记费及征地管理费等

县市土地管理机关从征地费中提取土地管理费的比率，要按征地工作量大小，视不同情况在 1%～4%幅度内提取。

5. 征地动迁费

征地动迁费包括征用土地上的房屋及附属构筑物、城市公共设施等拆除、迁建补偿费及搬迁运输费，企业单位因搬迁造成的减产、停工损失补贴费及拆迁管理费等。

6. 水利水电工程水库淹没处理补偿费

这些补偿费包括农村移民安置迁建费，城市迁建补偿费，库区工矿企业、交通、电力、通信、广播、管网、水利等的恢复、迁建补偿费，库底清理费，防护工程费以及环境影响补偿费用等。

2.4.1.2 土地使用权出让金

土地使用权出让金是指建设工程通过土地使用权出让方式取得有限期的土地使用权，依照《中华人民共和国城镇国有土地使用权出让和转让暂行条例》规定，支付的土地使用权出让金。

（1）明确国家是城市土地的唯一所有者，并分层次、有偿、有限期地出让、转让城市土地。第一层次是城市政府将国有土地使用权出让给用地者，该层次由城市政府垄断经营。出让对象可以是有法人资格的企事业单位，也可以是外商。第二层次及以下层次的转让则发生在使用者之间。

（2）城市土地的出让和转让可采用协议、招标、公开拍卖等方式。

1）协议方式是由用地单位申请，经城市政府批准同意后双方洽谈具体地块及地价。该方式适用于市政工程、公益事业用地及需要减免地价的机关、部队用地和需要重点扶持、优先发展的产业用地。

2）招标方式是在规定的期限内，由用地单位以书面形式投标，市政府根据投标报价、所提供的规划方案及企业信誉综合考虑，择优而取。该方式适用于一般工程建设用地。

3）公开拍卖方式是指在指定的地点和时间，由申请用地者叫价应价，价高者得。这完全是由市场竞争决定的，适用于盈利高的行业用地。

(3) 在有偿出让和转让土地时，政府对地价不作统一规定，但应坚持以下原则：

1）地价对目前的投资环境不产生大的影响。

2）地价与当地的社会经济承受能力相适应。

3）地价要考虑已投入的土地开发费用、土地市场供求关系、土地用途和使用年限。

(4) 关于政府有偿出让土地使用权的年限，各地可根据时间、区位等各种条件作不同规定，居住用地70年，工业用地50年，教育、科技、文化、卫生、体育用地50年，商业、旅游、娱乐用地40年，综合或其他用地50年。

(5) 土地有偿出让和转让，土地使用者和所有者要签约，明确使用者对土地享有的权利和对土地所有者应承担的义务。

1）有偿出让和转让使用权，要向土地受让者征收契税。

2）转让土地如有增值，要向转让者征收土地增值税。

3）在土地转让期间，国家要区别不同地段、不同用途向土地使用者收取土地占用费。

2.4.1.3 城市建设配套费

城市建设配套费是指因进行城市公共设施的建设而分摊的费用。按规定记取。江苏省城市基础设施配套费管理暂行办法，因各城市所处地理位置不同收取的标准也不一样。

2.4.1.4 拆迁补偿与临时安置补助费

(1) 拆迁补偿费是指拆迁人对被拆迁人，按照有关规定予以补偿所需的费用。拆迁补偿的形式可分为产权调换和货币补偿两种。产权调换的面积按照所拆迁房屋的建筑面积计算；货币补偿的金额按照被拆迁人或者房屋承租人支付搬迁补助费。

(2) 临时安置补助费或搬迁补助费，指在过渡期内，被拆迁人或者房屋承租人自行安排住处的，拆迁人应当支付临时安置补助费。

2.4.2 与项目建设有关的其他费用

根据项目的不同，与项目建设有关的其他费用的构成也不尽相同，在进行工程估算及概算时可根据实际情况进行计算。

2.4.2.1 建设单位管理费

建设单位管理费是指建设项目从立项、筹建、建设、联合试运转、竣工验收、交付使用及后评估等全过程管理所需的费用，其内容包括以下几个部分。

1. 建设单位开办费

建设单位开办费指新建项目为保证筹建和建设工作正常进行所需办公设备、生活家具、用具、交通工具等购置费，主要是建设项目管理过程中的费用。

2. 建设单位人员等经费

建设单位人员等经费包括工作人员的基本工资、工资性补贴、职工福利费、劳动保护费、劳动保险费、办公费、差旅交通费、工会经费、职工教育经费、固定资产使用费、工具用具使用费、技术图书资料费、生产人员招募费、工程招标费、合同契约公证费、工程质量监督检测费、工程咨询费、法律顾问费、审计费、业务招待费、排污费、竣工交付使用清理及竣工验收费、后评估等费用，不包括应计入设备、材料预算价格的建设单位采购及保管设备材料所需的费用，主要是日常经营管理的费用。建设单位管理费按照单项工程费用之和（包括设备工、器具购置费和建筑安装工程费）乘以建设单位管理费率计算。建设单位管理费率按照建设项目的不同性质、不同规模确定。有的建设项目按照建设工期和规定的金额计算建设单位管理费。

2.4.2.2　勘察设计费

勘察设计费是指为本建设项目提供项目建议书、可行性研究报告及设计文件等所需费用，其内容包括：

（1）编制项目建议书、可行性研究报告及投资估算、工程咨询、评价，以及为编制上述文件所进行勘察、设计、研究试验等所需费用。

（2）委托勘察、设计单位进行初步设计、施工图设计及概算预算编制等所需费用。

（3）在规定范围内由建设单位自行完成的勘察、设计工作的所需费用。勘察设计费中，项目建议书、可行性研究报告按国家颁布的收费标准计算，设计费按国家颁布的工程设计收费标准计算勘察费，一般民用建筑 6 层以下的按 35 元/m^2 计算，高层建筑按 810 元/m^2 计算，工业建筑按 1012 元/m^2 计算。

2.4.2.3　研究试验费

研究试验费是指为建设项目提供和验证设计参数、数据、资料等所进行的必要的试验费用，以及设计规定在施工中必须进行试验、验证所需费用，包括自行或委托其他部门研究试验所需人工费、材料费、试验设备及仪器使用费等。这项费用按照设计单位根据本工程项目的需要提出的研究试验内容和要求计算。

2.4.2.4　建设单位临时设施费

建设单位临时设施费是指建设期间建设单位所需临时设施的搭设、维修、摊销费用或租赁费用。临时设施包括临时宿舍、文化福利及公用事业房屋与构筑物、仓库、办公室、加工厂，以及规定范围内的道路、水、电、管线等临时设施和小型临时设施。

2.4.2.5　工程监理费

工程监理费是指建设单位委托工程监理单位对工程实施监理工作所需费用。根据国家的相关文件规定，任选下列任一方法计算：

（1）一般情况应按工程建设监理收费标准计算，即按所监理工程概算或预算的百分比计算。

（2）对于单工种或临时性项目，可根据参与监理的年度平均人数计算。

2.4.2.6　工程保险费

工程保险费是指建设项目在建设期间根据需要实施工程保险所需的费用，包括以各种建筑工程及其在施工过程中的物料、机器设备为保险标的的建筑工程一切险，以安装工程中的各种机器、机械设备为保险标的的安装工程一切险，以及机器损坏保险等。

根据不同的工程类别，分别以其建筑、安装工程费乘以建筑、安装工程保险费率计算。民用建筑（住宅楼、综合性大楼、商场、旅馆、医院、学校）占建筑工程费的 2‰～4‰；其他建筑（工业、厂房、仓库、道路、码头、水坝、隧道、桥梁、管道等）占建筑工程费的 3‰～6‰；安装工程（农业、工业、机械、电子、电器、纺织、矿山、石油、化学及钢铁工业、建筑桥梁）占建筑工程费的3‰～6‰。

2.4.2.7 引进技术和进口设备其他费用

1. 出国人员费用

出国人员费用指为引进技术和进口设备，派出人员在国外培训和进行设计联络、设备检验等的差旅费、置装费、生活费等。这项费用根据设计规定的出国培训和工作的人数、时间及派往国家，按财政部、外交部规定的临时出国人员费用开支标准及中国民用航空公司现行国际航线票价等进行计算，其中使用外汇部分应计算银行财务费用。

2. 国外工程技术人员来华费用

国外工程技术人员来华费用指为安装进口设备、引进国外技术等聘用外国工程技术人员进行技术指导工作所发生的费用，包括技术服务费、外国技术人员的在华工资、生活补贴、差旅费、医药费、住宿费、交通费、宴请费、参观游览等招待费用。这项费用按每人每月费用指标计算。

3. 技术引进费

技术引进费指为引进国外先进技术而支付的费用，包括专利费、专有技术费（技术保密费）、国外设计及技术资料费、计算机软件费等。这项费用根据合同或协议的价格计算。

4. 分期或延期付款利息

分期或延期付款利息指利用出口信贷引进技术或进口设备采取分期或延期付款的办法所支付的利息。

5. 担保费

担保费指国内金融机构为买方出具保函的担保费。这项费用按有关金融机构规定的担保费率计算（一般可按承保金额的5‰计算）。

6. 进口设备检验鉴定费用

进口设备检验鉴定费用指进口设备按规定付给商品检验部门的进口设备检验鉴定费。这项费用按进口设备货价的3‰～5‰计算。

2.4.2.8 工程承包费

工程承包费是指具有总承包条件的工程公司，对工程建设项目从开始建设至竣工投产全过程的总承包所需的管理费用，其具体内容包括组织勘察设计、设备材料采购、非标设备设计制造与销售、施工招标、发包、工程预决算、项目管理、施工质量监督、隐蔽工程检查、验收和试车直至竣工投产的各种管理费用。该费用按国家工程建设行业主管部门或省、自治区、直辖市协调规定的工程总承包费取费标准计算。无规定时，一般工业建设项目为投资估算的6%～8%，民用建筑（包括住宅建设）和市政项目为4%～6%。不实行工程承包的项目不计算本项费用。

2.4.3 与企业未来生产和经营有关的其他费用

2.4.3.1 联合试运转费

联合试运转费是指新建企业或改建、扩建企业在工程竣工验收前，按照设计的生产工艺流程和质量标准对整个企业进行联合试运转所发生的费用支出与联合试运转期间的收入部分的差额部分。联合试运转费一般根据不同性质的项目按需进行试运转的工艺设备购置费的百分比计算。

2.4.3.2 生产准备费

生产准备费是指新建企业或新增生产能力的企业，为保证竣工交付使用进行必要的生产准备所发生的费用，其内容包括：

(1) 生产人员培训费，包括自行培训、委托其他单位培训的人员的工资、工资性补贴、职工福利费、差旅交通费、学习资料费、学习费、劳动保护费等。

(2) 生产单位提前进厂参加施工、设备安装、调试等，以及熟悉工艺流程及设备性能等人员的工资、工资性补贴、职工福利费、差旅交通费、劳动保护费等。生产准备费一般根据需要培训和提前进厂人员的人数及培训时间，按生产准备费指标进行估算。应该指出，生产准备费在实际执行中是一笔在时间、人数、培训深度上很难划分的、灵活度很大的支出，尤其要严格掌握。

2.4.3.3 办公和生活家具购置费

办公和生活家具购置费是指为保证新建、改建、扩建项目初期正常生产、使用和管理所必须购置的办公和生活家具、用具的费用。改建、扩建项目所需的办公和生活用具购置费，应低于新建项目。

2.5 预备费的构成

预备费，又称不可预见费，按我国现行的规定，预备费包括基本预备费和涨价预备费。

2.5.1 基本预备费

基本预备费是指在初步设计及概算内难以预料的（即针对在项目实施过程中可能发生难以预料的）工程费用，需要事先预留的费用，又称建设工程不可预见费。主要指项目在实施过程中的设计变更及工程量的增加所产生的费用，其内容包括：

(1) 在批准的初步设计范围内，技术设计、施工图设计及施工过程中所增加的工程费用，设计变更、局部地基处理等增加的费用。

(2) 一般自然灾害造成的损失和预防自然灾害所采取的措施费用。实行工程保险的工程项目费用应适当降低。

(3) 竣工验收时为鉴定工程质量对隐蔽工程进行必要的挖掘和修复费用。

基本预备费是按设备及工、器具购置费，建筑安装工程费和工程建设其他费用三者之和为计取基础，乘以基本预备费率进行计算，即

基本预备费=(设备及工、器具购置费+建筑安装工程费+工程建设其他费用)×基本预备费率

基本预备费=(工程费用+工程建设其他费用)×基本预备费率　　(2.47)

基本预备费率的取值应执行国家及部门的有关规定，不同的阶段取不同的费率。

2.5.2 涨价预备费

涨价预备费（provision fund for price，在公式中用 PF 表示）是指建设项目在建设期

间内由于价格等变化引起工程造价变化的预留费用，其费用内容包括人工、设备、材料、施工机械的价差费，也称为价格变动不可预见费。建筑安装工程费及工程建设其他费用调整，利率、汇率调整等增加的费用。涨价预备费的测算方法一般根据国家规定的投资综合价格指数，以估算年份价格水平的投资额为基数，采用复利方法计算。其计算公式为

$$PF=\sum_{t=1}^{n}I_t[(1+f)^m(1+f)^{0.5}(1+f)^{t-1}-1] \tag{2.48}$$

式中：PF 为涨价预备费；n 为建设期年份数；I_t 为估算静态投资额中第 t 年投入的工程费用；f 为年均投资价格上涨率；m 为建设前期年限（从编制估算到开工建设，单位为“年”）。

【例2.4】 某建设工程项目建筑安装工程费2800万元，设备购置费800万元，工程建设的其他费用300万元，基本预备费费率10%，工程建设前期年限为1年，建设期为3年。各年投资计划额为：第一年完成投资30%，第二年50%，第三年20%。年均投资价格上涨率为6%，试计算建设项目建设期间涨价预备费。

解： 基本预备费＝(2800＋800＋300)×10%＝390(万元)

静态投资＝2800＋800＋300＋390＝4290(万元)

建设期第一年投入的工程费用：

$$I_1=(2800+800+300+390)\times30\%=1287(\text{万元})$$

第一年涨价预备费：$PF_1=117.50$ 万元

第二年投入的工程费用：$I_2=4290\times50\%=2145$(万元)

第二年涨价预备费：$PF_2=2145\times(1.06^2\times1.06^{0.5}-1)=336.46$(万元)

第三年投入的工程费用：$I_3=4290\times20\%=858$(万元)

第三年涨价预备费：$PF_3=858\times(1.06^3\times1.06^{0.5}-1)=194.14$(万元)

所以，建设期的涨价预备费 $PF=117.5+336.46+194.14=648.1$(万元)

2.6 建设期贷款利息和固定资产投资方向调节税

2.6.1 建设期贷款利息

建设期投资贷款利息是指建设项目使用银行或其他金融机构的贷款，在建设期应归还的借款的利息。当贷款在年初一次性贷出且利率固定时，建设期贷款利息计算公式为

$$I=P(1+i)^n-P \tag{2.49}$$

式中：P 为一次性贷款数额；i 为年利率；n 为计息期；I 为贷款利息。

2.6.2 固定资产投资方向调节税

为了贯彻国家产业政策，控制投资规模，引导投资方向，调整投资结构，加强重点建设，促进国民经济持续稳定协调发展，国家将根据国民经济的运行趋势和全社会固定资产投资的状况，对进行固定资产投资的单位和个人开征或暂缓征收固定资产投资方向调节税

（该税征收对象不含中外合资经营企业、中外合作经营企业和外资企业）。

投资方向调节税根据国家产业政策和项目经济规模实行差别税率，税率分为0、5%、10%、15%、30%五个档次，各固定资产投资项目按其单位工程分别确定适用的税率。计税依据为固定资产投资项目实际完成的投资额，其中更新改造项目为建筑工程实际完成的投资额。投资方向调节税按固定资产投资项目的单位工程年度计划投资额预缴。年度终了后，按年度实际投资结算，多退少补。项目竣工后按全部实际投资进行清算，多退少补。

2.6.2.1 基本建设项目投资适用的税率

（1）国家急需发展的项目投资，如农业、林业、水利、能源、交通、通信、原材料，科教、地质、勘探、矿山开采等基础产业和薄弱环节的部门项目投资，适用零税率。

（2）对国家鼓励发展但受能源、交通等制约的项目投资，如钢铁、化工、石油、水泥等部分重要原材料项目，以及一些重要机械、电子、轻工工业和新型建材的项目，实行5%的税率。

（3）为配合住房制度改革，对城乡个人修建、购买住宅的投资实行零税率；对单位修建、购买的一般性住宅投资，实行5%的低税率；对单位用公款修建、购买的高标准独门独院、别墅式住宅投资，实行30%的高税率。

（4）对楼堂馆所及国家严格限制发展的项目投资，课以重税，税率为30%。

（5）对不属于上述四类的其他项目投资，实行中等税负政策，税率为15%。

2.6.2.2 更新改造项目投资适用的税率

（1）为了鼓励企事业单位进行设备更新和技术改造，促进技术进步，对国家急需发展的项目投资予以扶持，适用零税率；对单纯工艺改造和设备更新的项目投资，适用零税率。

（2）对不属于上述提到的其他更新改造项目投资，一律适用10%的税率。

注意：为贯彻国家宏观调控政策，扩大内需，鼓励投资，根据国务院的决定，对《中华人民共和国固定资产投资方向调节税暂行条例》规定的纳税义务人，其固定资产投资应税项目自2000年1月1日起新发生的投资额，暂停征收固定资产投资方向调节税。但该税种并未取消。

2.7 江苏省安装工程计价的计算程序

2.7.1 安装工程计价的计算程序的调整

根据苏建价〔2016〕154号文，江苏省住建厅关于建筑业实施营改增后江苏省建设工程计价依据调整的通知，江苏省建筑业自2016年5月1日起纳入营业税改征增值税的试点范围，《江苏省建设工程费用定额》（2014年）营改增后调整的内容如下。

2.7.1.1 建设工程费用的组成

1. 一般计税方法

（1）根据住建部办公厅《关于做好建筑业营改增建设工程计价依据调整准备工作的通

知》（建办标〔2016〕4号）规定的计价依据调整要求，营改增后，采用一般计税方法的建设工程费用组成中的分部分项工程费、措施项目费、其他项目费、规费中均不包含增值税可抵扣进项税额。

（2）企业管理费组成内容中增加第（19）条附加税：国家税法规定的应计入建筑安装工程造价内的城市建设维护税、教育费附加及地方教育附加。

（3）甲供材料和甲供设备费用应在计取现场保管费后，在税前扣除。

（4）税金定义及包含内容调整为：税金是指根据建筑服务销售价格，按规定税率计算的增值税销项税额。

2. 简易计税方法

（1）营改增后，采用简易计税方法的建设工程费用组成中，分部分项工程费、措施项目费、其他项目费的组成，均与《江苏省建设工程费用定额》（2014年）原规定一致，包含增值税可抵扣进项税额。

（2）甲供材料和甲供设备费用应在计取现场保管费后，在税前扣除。

（3）税金定义及包含内容调整为：税金包含增值税应纳税额、城市建设维护税、教育费附加及地方教育附加。

2.7.1.2 取费标准调整

1. 一般计税方法

（1）企业管理费和利润取费标准，见表2.1。

表2.1 企业管理费和利润取费标准

序号	项目名称	计算基础	企业管理费率/%			利润率/%
			一类工程	二类工程	三类工程	
1	安装工程	人工费	48	44	40	14

（2）措施项目费及安全文明施工措施费取费标准。

1）措施项目费取费标准，见表2.2。

表2.2 措施项目费取费标准

项目	计算基础	安装工程费率/%
临时设施	分部分项工程费＋单价措施项目费－除税工程设备费	0.6～1.6
赶工措施		0.5～2.1
按质论价		1.1～3.2

注 本表中除临时设施、赶工措施、按质论价有调整外，其他费率不变。

2）安全文明施工措施费取费标准，见表2.3。

表2.3 安全文明施工措施费取费标准

序号	工程名称	计费基础	基本费率	省级标化增加费/%
1	安装工程	分部分项工程费＋单价措施项目费－除税工程设备费	1.5	0.3

（3）其他项目取费标准。暂列金额、暂估价、总承包服务费中不包括增值税可抵扣进项税额。

（4）规费取费标准。社会保险费及公积金取费标准，见表 2.4。

表 2.4　　社会保险费及公积金取费标准

序号	工程类别	计　算　基　础	社会保险费率/%	公积金费率/%
1	安装工程	分部分项工程费＋措施项目费＋其他项目费－除税工程设备费	2.4	0.42

（5）税金计算标准及有关规定。税金以除税工程造价为计取基础，费率为 11%。

2. 简易计税方法

税金包括增值税应缴纳税额、城市建设维护税、教育费附加及地方教育附加。

（1）增值税应缴纳税额＝包含增值税可抵扣进项税额的税前工程造价×适用税率，税率：3%。

（2）城市建设维护税＝增值税应缴纳税额×适用税率，税率：市区 7%、县镇 5%、乡村 1%。

（3）教育费附加＝增值税应缴纳税额×适用税率，税率 3%。

（4）地方教育附加＝增值税应缴纳税额×适用税率，税率 2%。

（5）以上四项合计，以包含增值税可抵扣进项税额的税前工程造价为计费基础，税金费率为：市区 3.36%、县镇 3.30%、乡村 3.18%。如各市另有规定的，按各市规定计取。

2.7.1.3　计算程序

1. 一般计税方法（表 2.5）

表 2.5　　工程量清单法计算程序（包工包料）

<table>
<tr><th>序号</th><th colspan="2">费　用　名　称</th><th>计　算　公　式</th></tr>
<tr><td rowspan="6">一</td><td colspan="2">分部分项工程费</td><td>清单工程量×除税综合单价</td></tr>
<tr><td rowspan="5">其中</td><td>1. 人工费</td><td>人工消耗量×人工单价</td></tr>
<tr><td>2. 材料费</td><td>材料消耗量×除税材料单价</td></tr>
<tr><td>3. 施工机具使用费</td><td>机械消耗量×除税机械单价</td></tr>
<tr><td>4. 管理费</td><td>(1＋3)×费率或(1)×费率</td></tr>
<tr><td>5. 利润</td><td>(1＋3)×费率或(1)×费率</td></tr>
<tr><td rowspan="3">二</td><td colspan="2">措施项目费</td><td>—</td></tr>
<tr><td rowspan="2">其中</td><td>单价措施项目费</td><td>清单工程量×除税综合单价</td></tr>
<tr><td>总价措施项目费</td><td>(分部分项工程费＋单价措施项目费－除税工程设备费)×费率或以项计费</td></tr>
<tr><td>三</td><td colspan="2">其他项目费</td><td>—</td></tr>
</table>

续表

序号	费用名称		计算公式
四	规费		—
	其中	1. 工程排污费	(一+二+三-除税工程设备费)×费率
		2. 社会保险费	
		3. 住房公积金	
五	税金		[一+二+三+四-(除税甲供材料费+除税甲供设备费)/1.01]×费率
六	工程造价		[一+二+三+四-(除税甲供材料费+除税甲供设备费)/1.01]+五

2. 简易计税方法

包工不包料工程（清包工工程），可按简易计税法计税（表2.6）。原计费程序不变。

表2.6　　工程量清单法计算程序（包工包料）

序号	费用名称		计算公式
一	分部分项工程费		清单工程量×综合单价
	其中	1. 人工费	人工消耗量×人工单价
		2. 材料费	材料消耗量×材料单价
		3. 施工机具使用费	机械消耗量×机械单价
		4. 管理费	(1+3)×费率或(1)×费率
		5. 利润	(1+3)×费率或(1)×费率
二	措施项目费		—
	其中	单价措施项目费	清单工程量×综合单价
		总价措施项目费	(分部分项工程费+单价措施项目费-工程设备费)×费率或以项计费
三	其他项目费		—
四	规费		—
	其中	1. 工程排污费	(一+二+三-工程设备费)×费率
		2. 社会保险费	
		3. 住房公积金	
五	税金		[一+二+三+四-(甲供材料费+甲供设备费)/1.01]×费率
六	工程造价		[一+二+三+四-(甲供材料费+甲供设备费)/1.01]+五

2.7.1.4 江苏省住建厅关于建筑业增值税计价政策调整的通知

根据财政部、国家税务总局《关于调整增值税税率的通知》（财税〔2018〕32号），《住建部办公厅关于调整建设工程计价依据增值税税率的通知》（建办标〔2018〕20号）的规定，江苏省建设工程计价时，有关增值税计价政策调整如下：

(1) 采用一般计税方法的建设工程，税金税率从11%调整为10%，工程造价计算公式调整为：工程造价=税前工程造价×(1+10%)。

(2)《省住建厅关于建筑业实施营改增后江苏省建设工程计价依据调整的通知》(苏建价〔2016〕154号)中原适用增值税税率17%、11%的材料分别调整为增值税税率16%、10%。材料和机械台班价格调整表格以电子版形式发布，其中含税价调整，除税价不变。

(3) 凡在江苏省行政区域内销售的计算软件，其定额和工料机数据库、计价程序、成果文件均应按本通知要求进行调整。

(4) 各级造价管理机构应及时调整材料指导价和信息价发布模板和指数指标价格。各级招投标监管机构应及时调整电子评标系统。

(5) 本通知自2018年5月1日起执行。

2.7.2 安装工程造价的计算步骤

1. 识读施工图纸和说明书

经过由建设单位、设计单位、监理单位和施工单位等共同会审过的施工图纸和会审记录以及设计说明书，是计算分部分项工程量、编制施工图预算的依据。给水排水工程、供暖工程、燃气工程、通风空调工程、电气工程和市政工程施工图纸一般包括平面布置图、系统图和施工详图。各单位工程图纸上均应标明：施工内容与要求、管道和设备及器具等的布置位置、管材类别及规格、管道敷设方式、设备类型及规格、器具类型及规格、安装要求及尺寸等。由此可准确计算各分部分项工程量，同时还应具备与其配套的土建施工图和有关标准图。

安装工程施工图纸上不能直接表达的内容，一般都要通过设计说明书进一步阐明，如设计依据、质量标准、施工方法、材料要求等内容。因此，设计说明书是施工图纸的补充，也是施工图纸的重要组成部分。施工图纸和设计说明书都直接影响着工程量计算的准确性、定额项目的选套和单价的高低。因此，在编制施工图预算时，图纸和设计说明书应结合起来考虑。

2. 计算工程量、套用项目当地的预算定额(计价表)

在编制施工图预算时，首先应根据相应预算定额规定的工程量计算规则、项目划分、施工方法和计量单位分别计算出分项工程量，然后选套相应定额项目基价，作为计算工程成本、利润、税金等费用的依据。

国家颁发的现行的《全国统一安装工程预算定额》和各地方主管部门颁发的现行的《安装工程消耗量定额》《安装工程价目表》，以及编制说明和定额解释等，都是编制安装工程施工图预算的依据。

3. 当时当地的材料预算价格

材料预算价格是进行定额换算和工程结算等方面工程的依据。材料、设备及器具在安装工程造价中占较大比重(70%左右)。因此，准确确定和选用材料预算价格，对提高施工图预算编制质量和降低工程预算造价有着重要的经济意义。

4. 套用当地各种费用的取费标准

各地方主管部门制定颁发的现行的《建筑安装工程费用定额》是编制施工图预算、确定单位工程造价的依据。在确定建筑产品价格时，应根据工程类别和施工企业级别及纳税人地点的不同等准确无误地选择相应的取费标准，以保证建筑产品价格的客观性和科学性。

5. 识读并理解施工组织设计

安装工程施工组织设计是组织施工的技术、经济和组织的综合性文件，其所确定的各分部分项工程的施工方法、施工机械和施工平面布置图等内容是计算工程量、选套定额目、确定其他直接费和间接费不可缺少的依据。因此，在编制施工图预算前，必须熟悉相应单位工程施工组织设计及其合理性。但是必须指出，施工组织设计应经有关部门批准后，方可作为编制施工图预算的依据。

6. 查阅当地有关安装工程造价的手册资料

建设工程所在地区主管部门颁布的有关编制施工图预算的文件及材料手册、预算手册等资料是编制施工图预算的依据。地区主管部门颁布的有关文件中明确规定了费用项目划分范围、内容和费率增减幅度以及人工、材料和机械价格差调整系数等经济政策。在材料、预算等手册中可查出各种材料、设备、器具、管件等的类型、规格，主要材料损耗率和计算规则等内容。

7. 查阅该工程项目的合同或协议对造价的要求

施工单位与建设单位签订的工程施工合同或协议是编制施工图预算的依据。合同中规定的有关施工图预算的条款，在编制施工图预算时应予以充分考虑，如工程承包形式、材料供应方式、材料价差结算、结算方式等内容。

按上述程序正确地编制工程造价。

2.7.3 安装工程计价的计算步骤说明

(1) 在编制建设工程标底时，材料价格应使用由当地统一发布的材料信息价。工程计价活动中的人工、材料、机械台班单价均应按照当地有关部门规定的计价表的要求来制定，部分材料价格可由发、承包双方根据工程实际、建筑市场状况及自身情况自主确定或执行双方约定单价。

(2) 招标控制价或投标报价的计价程序中机械台班应包括施工机械台班和仪器仪表台班。

(3) 各种取费的费率表中的费率计算基础，除规费和税金外，均以人工费为计算基础。

(4) 参照各省计价表规定计取的措施费是指安装工程消耗量定额中列有相应子目或规定有计算方法的措施费用。例如，施工现场临时组装平台、格架式金属抱杆、球罐焊接防护棚、脚手架搭拆系数等（其中有些措施费要结合施工组织设计或技术方案计算）。

(5) 参照各省发布费率计取的措施费是指各省建设行政主管部门根据建筑市场状况和多数企业经营管理情况、技术水平等测算发布的参考费率的措施项目费。其中环境保护费、文明施工费、临时设施费在费用计算程序表中单独列出，未列出的措施费在表中以“其他措施费”表示，包括夜间施工增加费、冬雨季施工增加费、二次搬运费、已完工程及设备保护费、总承包服务费等。

(6) 按施工组织设计(施工方案)计取的措施费是指承包人按经批准或双方确认的施工组织设计(施工方案)计算的措施项目费用。例如，大型机械进出场及安拆，设备、管道施工安全、防冻和焊接保护措施，以及按拟建工程实际需要采取的其他措施性项目费用等。

(7) 计算程序中的“省价措施费中的人工费”是指各项措施费中按照各省安装工程价目表人工单价计算的人工费和按照各省发布的措施费率及其规定计算的人工费之和。

(8) 企业投标报价时，计算程序中除规费和税金外的费率，均可按照费用项目组成及计算方法自主确定，但环境保护费、文明施工费、临时设施费的费率按各省住房和城乡建设厅发布的“《××省〈建筑工程安全防护、文明施工措施费用及使用管理规定〉实施细则》的通知”规定，不得低于各省颁布费率的要求。

(9) 各种规费中的安全施工费按各市工程造价管理机构规定全额计取。

2.8 安装工程施工图预算的编制依据

2.8.1 施工图纸和说明书

经过由建设单位、设计单位、监理单位和施工单位等共同会审过的施工图纸和会审记录以及设计说明书，是计算分部分项工程量、编制施工图预算的依据。给水排水工程、供暖工程、燃气工程、通风空调工程、电气工程和市政工程施工图纸一般包括平面布置图、系统图和施工详图。各单位工程图纸上均应标明：施工内容与要求、管道和设备及器具等的布置位置、管材类别及规格、管道敷设方式、设备类型及规格、器具类型及规格、安装要求及尺寸等。由此，可准确计算各分部分项工程量，同时还应具备与其配套的土建施工图和有关标准图。

安装工程施工图纸上不能直接表达的内容，一般都要通过设计说明书进一步阐明，如设计依据、质量标准、施工方法、材料要求等内容。因此，设计说明书是施工图纸的补充，也是施工图纸的重要组成部分。施工图纸和设计说明书都直接影响着工程量计算的准确性、定额项目的选套和单价的高低。因此，在编制施工图预算时，图纸和设计说明书应结合起来考虑。

2.8.2 预算定额

国家颁发的现行的《全国统一安装工程预算定额》和各地方主管部门颁发的现行的《安装工程消耗量定额》《安装工程价目表》，以及编制说明和定额解释等，这些都是编制安装工程施工图预算的依据。

在编制施工图预算时，首先应根据相应预算定额规定的工程量计算规则、项目划分、施工方法和计量单位分别计算出分项工程量，然后选套相应定额项目基价，作为计算工程成本、利润、税金等费用的依据。

2.8.3 材料预算价格

材料预算价格是进行定额换算和工程结算等方面工程的依据。材料、设备及器具在安装工程造价中占较大比重(70%左右)。因此，准确确定和选用材料预算价格，对提高施工图预算编制质量和降低工程预算造价有着重要的经济意义。

2.8.4 定额与费用取费标准

各地的定额都不一样，主要是根据工程项目所在地来采用相应的定额《安装工程计价定额》和《费用定额》是编制施工图预算、确定单位工程造价的依据。在确定建筑产品价格时，应根据工程类别和施工企业级别及纳税人地点的不同等准确无误地选择相应的取费标准，以保证建筑产品价格的客观性和科学性。

2.8.5 施工组织设计

承包商根据不同的安装工程的具体特点、施工现场情况、承包商自身施工条件和承包商的能力（技术、装备等）来编制的施工组织设计，用来组织和指导现场的施工，同时也是编制施工图预算的依据，编制施工图预算时，应考虑施工组织设计对工程费用的影响因素。

2.8.6 有关手册资料

建设工程所在地区主管部门颁布的有关编制施工图预算的文件及材料手册、预算手册等资料是编制施工图预算的依据。地区主管部门颁布的有关文件中明确规定了费用项目划分范围、内容和费率增减幅度以及人工、材料和机械价格差调整系数等经济政策。在材料、预算等手册中可查出各种材料、设备、器具、管件等的类型、规格，主要材料损耗率和计算规则等内容。

2.8.7 合同或协议

施工单位与建设单位签订的工程施工合同或协议是编制施工图预算的依据。合同中规定的有关施工图预算的条款，在编制施工图预算时应予以充分考虑，如工程承包形式、材料供应方式、材料价差结算、结算方式等内容。

2.8.8 按照招标控制价或者招标文件的要求装订成册

2.9 安装工程报价及招标控制价（或施工图预算）的编制方法

2.9.1 熟悉施工图纸

为了准确、快速地编制施工图预算，在编制安装工程等单位工程施工图预算之前，必须全面熟悉施工图纸，了解设计意图和工程全貌。熟悉图纸的过程也是对施工图纸的再审查过程。检查施工图、标准图等是否齐全，若有短缺，应当补齐；对设计中的错误、遗漏可提交设计单位改正、补充；对于不清楚之处，可通过技术交底解决。这样，才能避免预算编制工作的重算和漏算。熟悉图纸一般可按以下顺序进行。

（1）阅读设计说明书。设计说明书中阐明了设计意图、施工要求、管道保温材料和方法，管道连接方法和材料等内容。

（2）熟悉图形符号。安装工程的工程施工图中管道、管件、附件、灯具、设备和器具等，都是按规定的图形符号表示的。所以在熟悉施工图纸时，了解图形符号所代表的内容，对识图是十分必要的。

（3）熟悉工艺流程。给排水、供暖、燃气和通风空调工程、电气施工图是按照一定工艺流程顺序绘制的。识读建筑给水系统图时，可按引入管→水表节点→水平干管→立管→支管→用水器具的顺序进行。因此，了解工艺流程（或系统组成）对熟悉施工图纸是十分必要的。

（4）阅读施工图纸。在熟悉施工图纸时，应将施工平面图、系统图和施工详图结合起来看，从而搞清管道与管道、管道与管件、管道与设备（或器具）之间的关系。有的内容在平面图或系统图上看不出来时，可在施工详图中搞清。如卫生间管道及卫生器具安装尺寸，通常不标注在平面图和系统图上，在计算工程量时，可在施工详图中找出相应的尺寸。

2.9.2 熟悉合同或协议

熟悉、了解建设单位和施工单位签订的工程合同或协议内容及有关规定是很必要的。因为有些内容在施工图和设计说明书中是反映不出来的，如工程材料供应方式、包干方式、结算方式、工期及相应奖罚措施等内容，均是在合同或协议中写明的。

2.9.3 熟悉施工组织设计

施工单位根据安装工程的工程特点、施工现场情况、自身施工条件和能力（技术、装备等）编制的施工组织设计，对施工起着组织、指导作用。编制施工图预算时，应考虑施工组织设计对工程费用的影响因素。

2.9.4 计算工程量

工程量是编制施工图预算（或报价、或招标控制价）的主要数据，是一项细致、烦琐、量大的工作。工程量计算的准确与否，直接影响施工图预算的编制质量、工程造价的高低、投资大小等，工程量计算也影响到施工企业的生产经营计划的编制。因此，工程量计算要严格按照预算定额规定和工程量计算规则进行。计算工程量时通常采用表格形式，如表2.7所示。

表2.7　工程量计算书

工程名称：　　年　　月　　日　　　　共　　页　第　　页

序号	分部分项工程名称	单位	数量	计算公式	备注

2.9.5 汇总工程量、编制预算书

工程量计算完毕后按预算的定额的规定和要求，顺序汇总分项工程，整理填入预算书。工程预（结）算书形式如表2.8所示。

表2.8 安装工程预（结）算书

工程名称： 年 月 日 共 页 第 页

定额编号	分项工程名称	单位	数量	单价/元				合价/元			
				主材	基价	其中工资	其中机械	主材	合计	其中工资	其中机械

为制定材料计划，组织材料供应，应编制主要材料明细表，其格式如表2.9所示。

表2.9 主要材料明细表

工程名称： 年 月 日

序号	材料名称	规格	单位	数量	备注

2.9.6 套预算单价（计价表中的综合单价）

在套预算单价前先要读懂预算定额总说明及各章、节（或分部分项）说明，定额中包括哪些内容、哪些工程量可以换算等在说明中均有注明。如某些省份工程预算工程量计算规则中规定：暖气管道安装工程项目中，管路中的乙字弯、元宝弯等安装定额均已包括，无论是现场煨制或成品弯管均不得换算。对于既不能套用又不能换算的则需编制补充定额。补充定额的编制要合理，并须经当地定额管理部门批准。

套预算单价时，所列分项工程的名称、规格、计量单位必须与预算定额所列内容完全一致，且所列项目要按预算定额的分部分项（或章、节）顺序排列。

2.9.7 计算单位工程预算造价

计算出各分项工程预算价值后，再将其汇总成单位工程预算价值，即定额直接费。首先以定额直接费中的人工费为计算基础，根据《建筑安装工程费用定额》中规定的各项费率，计算出工程费总额，即单位工程预算造价。

2.9.8 编写施工图预算编制说明

编写施工图预算（或报价、或招标控制价）编制说明的内容主要是对所采用的施工图、预算定额、价目表、费用定额以及在编制施工图预算中存在的问题和处理结果等加以说明。

2.9.9 按照招标控制价或者招标文件的要求装订成册

按照招标控制价或者招标文件的要求装订成册，分开正本、副本，正本每页应该有公示盖章（鲜章），副本可以是复印件。

练习题

一、单选题

1、建安工程的费用组成中，检验试验费不包括__________。

A. 建材的鉴定、检查费　　B. 新材料的试验费

C. 材料的破坏性试验费　　D. 自设实验室试验时的耗材费用

2、在初步设计阶段概算内难以预料的工程费用是__________。

A. 预备费　B. 基本预备费　C. 工程预备费　D. 涨价预备费

3、为建设工程购置或自制的达到固定资产标准的设备及工器具叫__________。

A. 设备原价　B. 设备运杂费　C. 设备购置费　D. 固定资产投资

4、建设项目的__________与建设项目的工程造价在量上相等。

A. 流动资产投资　B. 固定资产投资　C. 递延资产投资　D. 工程总投资

5、进口设备的离岸价格是指__________。

A. CIF　B. FOB　C. CFR　D. C&F

6、进口设备运杂费中，运输费的运输区间是指__________。

A. 出口国供货地至进口国边境港口或车站

B. 进口国的边境港口或车站至工地仓库

C. 出口国的边境港口或车站至进口国的边境港口或车站

D. 出口国的边境港口或车站至工地仓库

7、某单位购买一台国产设备，其购置费为1325万元，运杂费率10.6%，该设备的原价为__________。

A. 1506万元　B. 1198万元　C. 1484万元　D. 1160万元

8、建设项目的__________与建设项目的工程造价在量上相等。

A. 总投资　B. 固定资产投资　C. 递延资产投资　D. 流动资产投资

9、某项目进口一批工艺设备，其银行财务费为4.25万元，外贸手续费为18.9万元，关税税率为20%，增值税税率为17%，抵岸价为1792.19万元。该批设备无消费税、海关监管手续费，则该批进口设备的到岸价为__________万元。

A. 747.19　B. 1260　C. 1291.27　D. 1045

10、某项目建设期总投资1500万元，建设期2年，第2年计划投资40%，年价格上

涨率为3%，则第2年的涨价预备费是＿＿＿＿＿万元。

A. 18　　B. 54　　C. 91.35　　D. 36.54

11、某项目进口一批生产设备，FOB价为650万元，CIF价为830万元，银行财务费率为0.5%，外贸手续费率为1.5%，关税税率为20%，增值税税率17%。该批设备无消费税和海关监管手续费，则该批进口设备的抵岸价为＿＿＿＿＿万元。

A. 998.32　　B. 1181.02　　C. 1178.10　　D. 1001.02

12、建筑安装工程费由＿＿＿＿＿组成。

A. 直接工程费、间接费、措施费和税金　B. 直接费、间接费、利润和税金

C. 直接费、间接费、法定利润和规费　D. 直接工程费、间接费、法定利润和税金

13、某个新建项目，建设期为3年，分年均衡进行贷款，第一年贷款400万元，第二年贷款500万元，第三年贷款400万元，贷款年利率10%，建设期内利息只计息不支付，则建设期贷款利息为＿＿＿＿＿万元。

A. 435.14　　B. 356.27　　C. 521.897　　D. 277.4

14、某进口设备FOB价为人民币1200万元，国际运费72万元，国际运输保险费用4.47万元，关税217万元，银行财务费6万元，外贸手续费19.15万元，增值税253.89万元，消费税率5%，则该设备的消费税为＿＿＿＿＿万元。

A. 93.29　　B. 74.67　　C. 79.93　　D. 78.60

二、多选题

1、我国现行的建设项目投资构成中，生产性建设项目投资由＿＿＿＿＿两部分组成。

A. 流动资产投资　B. 无形资产投资　C. 其他资产投资

D. 固定资产投资　E. 递延资产投资

2、设备购置费包括＿＿＿＿＿。

A. 设备采购保管费　B. 设备国内运输费　C. 设备安装调试费

D. 设备原价　E. 单台设备试运转费

3、直接工程费包括＿＿＿＿＿。

A. 材料费　B. 人工费　C. 措施项目费

D. 利润　E. 企业管理费

4、外贸手续费的计费基础是＿＿＿＿＿之和。

A. 关税　B. 国际运费　C. 运输保险费

D. 银行财务费　E. 装运港船上交货价

5、下列各项费用中的＿＿＿＿＿没有包含关税。

A. FOB价　B. 到岸价　C. 抵岸价

D. 增值税　E. CIF价

6、下列费用中，不属于建筑安装工程直接工程费的有＿＿＿＿＿。

A. 生产职工教育经费　B. 退休工资　C. 生产工具、用具使用费

D. 施工机械大修费　E. 二次搬运费

7、根据我国现行的建设项目投资构成，建设项目投资由＿＿＿＿＿两部分组成。

A. 无形资产投资　B. 流动资产投资　C. 固定资产投资

D. 递延资产投资　　　E. 其他资产投资

8、在设备购置费的构成内容中，不包括__________。

A. 设备检验费　　　B. 设备安装保险费　　　C. 设备联合试运转费

D. 设备采购招标费　　　E. 设备运输包装费

9、直接费包括__________。

A. 直接工程费　　　B. 措施费　　　C. 企业管理费

D. 材料费　　　E. 利润

10、下列费用中，__________属于建筑安装工程间接费的内容。

A. 职工教育经费　　　B. 工程定额测定费　　　C. 施工企业差旅交通费

D. 工程监理费　　　E. 建设期贷款利息

11、下列各项中，包含在勘察设计费内的有__________。

A. 编制项目可行性研究报告的费用

B. 为建设项目提供和验证设计参数、数据、资料所进行的试验费用

C. 概算预算编制费用　　　D. 编制项目建议书的费用　E. 进行工程现场勘探的费用

12、在下列费用中，属于与未来企业生产经营有关的工程建设其他费用有__________。

A. 建设单位管理费　　　B. 勘察设计费　　　C. 供电贴费

D. 生产准备费　　　E. 办公和生活家具购置费

三、简答题

1、工程造价的理论构成包含哪些内容?

2、我国现行投资和工程造价构成有哪些?

3、设备及工、器具购置费由哪几部分组成?

4、建筑安装工程费项目组成有哪几种划分方式?其项目组成有何不同?

5、人工费、材料费、施工机具使用费分别包括哪些内容?

6、与项目建设有关的其他费用有哪些?

7、建设期贷款利息的概念是什么?其计算方法是什么?

第3章

安装工程计价的依据与计价模式

本章要点

建筑安装工程造价的计价依据，建筑安装工程计价依据的要求及适用范围，定额计价模式、清单计价模式的基本计算方法及二者的区别与联系，建筑安装工程造价信息，建筑安装工程计价表的应用，建筑安装工程工程量清单计价规范的使用方法。

学习目标

1. 掌握建筑安装工程定额与工程计价的基本知识，了解建设工程计价的要求及适用范围。

2. 掌握建筑安装工程计价的概念，掌握定额计价与清单计价的基本方法。

3. 熟悉建筑安装工程造价信息，熟悉建筑安装工程计价表及建筑安装工程工程量清单计价规范的使用方法，具备运用工程造价计价方法的能力。

3.1 建筑安装工程造价的计价依据

3.1.1 安装工程造价计价依据的概念

安装工程造价的计价依据是用以计算和确定建筑安装工程造价的各类基础资料的总称。由于影响建筑安装工程造价的因素很多，每一个建筑安装工程项目的造价都要根据建设安装工程的用途、类别、规模尺寸、结构类型、建设标准、建设地区与地点、当地的市场造价信息以及当地政府的有关政策来具体计算，这就需要确定上述各项因素有关的各种量化的基本资料作为计算和确定工程造价的计价基础。建筑安装工程造价的计价依据主要包括：建筑安装工程的施工图纸、工程量计算规则、项目所在地的建筑安装工程计价表、项目所在地的建筑安装工程的费用表、项目所在地的工程价格信息及工程造价相关法律法规等。

安装工程造价的计价依据的选用应遵循真实、科学的原则，以现阶段的社会平均劳动生产率为前提，广泛收集各种资料，进行科学分析并对各种动态因素进行研究、论证。建筑安装工程造价计价依据是多种内容结合成的有机整体，结构严谨，层次鲜明。经规定程序和授权单位审批颁发的安装工程造价计价依据具有较强的权威性，如工程量计算规则、工料机定额消耗量，就具有一定的强制性；而相对活跃的造价依据，如基础单价、各项费用的取费费率，则赋予一定的指导性。在注重建筑安装工程造价计价依据权威性的过程中，必须正确处理计价依据的稳定性与时效性的关系。计价依据的稳定性是指造价依据在一段时间内表现出稳定的状态，一般来说，工程量计算规则比较稳定，能保持十几年、几十年；工料机定额消耗量相对稳定，能保持4～5年左右；基础单价、各项费用取费费率、造价指数的稳定时间很短。因此，为了适应各地区差别、社会平均劳动生产率的变化及满足新材料、新工艺对建筑安装工程的计价要求，必须认真研究计价依据的选用原则，灵活应用、及时补充，在确保市场交易行为规范的前提下满足建筑安装工程造价的时代要求。

3.1.2 安装工程造价计价依据的种类及作用

建筑安装工程造价的计价依据主要包括建筑工程的施工图纸、工程量计算规则、项目所在地的建筑工程计价表、项目所在地的建筑安装工程的费用表、项目所在地的工程价格信息及工程造价相关法律法规等。

建筑安装工程造价的计价依据种类有很多，概括如下：

(1) 工程量计算和设备数量计算的依据。

(2) 分部分项工程的人工、材料、机械台班消耗量等费用计算的依据。

(3) 建筑安装工程费用的依据。

(4) 设备工器具费的依据。

(5) 安装工程工程量清单计价与计量规范的依据。

(6) 工程建设其他费用的依据。

(7) 工程造价的法规和政策。

(8) 施工蓝图。

(9) 概算定额、概算指标。

在社会主义市场经济条件下，建筑安装工程造价的计价依据不仅是建筑安装工程计价的客观要求，也是规范建筑市场管理的客观需要。

依据不同的建设管理主体，建筑安装工程造价计价依据的作用在不同的工程建设阶段，针对不同的管理对象具有不同的作用，具体表现在以下几个方面：

(1) 建筑安装工程造价计价是计算确定建筑安装工程造价的重要依据。从投资估算、设计概算、施工图预算，到承包合同价、结算价、竣工决算都离不开工程造价计价依据。

(2) 建筑安装工程造价计价是投资主体进行投资决策的重要依据。投资者依据建筑工程造价计价依据预测投资额，进而对建设工程项目作出财务评价，提高投资决策的科学性。

(3) 建筑安装工程造价计价是建筑工程投标和促进施工企业生产技术进步的工具。投标时根据政府主管部门和咨询机构公布的计价依据，得以了解社会平均的建筑工程造价水平，再结合自身条件，做出合理的投标决策。由于工程造价计价依据较准确地反映了工、料、机等消耗的社会平均水平，这对于企业贯彻按劳分配、提高设备利用率、降低建设工程成本都有重要作用。

(4) 建筑安装工程造价计价是政府对工程建设进行宏观调控的依据。在社会主义市场经济条件下，政府可以运用建设工程造价依据等手段，较准确地计算人力、物力、财力的需要量，恰当地调控投资规模。

3.1.3 安装工程工程量计算规则

1. 制定工程量计算规则的意义

由于我国地域广阔，地区差别较大，采用全国统一的建筑安装工程定额（计价表）不太现实，但是采用全国统一的工程量计算规则是必须的，不允许在不同的地方计算工程量的大小有异议，这对于规范建筑市场中建设安装工程各方的计价计量行为，有效减少计量争议具有十分重要的意义。

（1）有利于“量价分离”。固定价格不适用于市场经济，因为市场经济的价格是变动的，必须进行价格的动态计算，把价格的计算依据动态化，变成价格信息。因此，需要把价格从定额中分离出来，使时效性差的工程量，如：人工量、材料量、机械量的计算与时效性强的价格分离开来。全国统一的工程量计算规则既是量价分离的产物，又是促进量价分离的要素，更是建设安装工程造价计价改革的关键一步。

（2）有利于工、料、机消耗定额的编制，为了计算工程施工所需的人工、材料、机械台班消耗水平和市场经济中的工程计价提供依据，工、料、机消耗定额的编制是建立在工程量计算规则统一化、科学化的基础之上的。工程量计算规则和工、料、机消耗定额的出台，共同形成了量价分离后完整的“量”的体系。

（3）有利于工程管理信息化。统一的工程量计量规则，有利于统一计算口径和统一划项口径；而统一的划项口径又有利于统一信息编码，进而可实现统一的信息管理。

2. 建筑面积计算规则及其作用

对于建筑物，建筑面积是以平方米为计量单位反映房屋建筑规模的实物量指标，是建筑物（包括墙体）所形成的楼地面面积，指建筑物各层面积的总和。建筑面积包括使用面积、辅助面积和结构面积，计算时应按自然层外墙结构外围水平面积之和计算。建筑面积的计算应按照国家统一规定进行，这样其计算出来的指标和数据才有可比性。

建筑面积是预测建设工程造价的重要的基础数据之一，也是分析工程造价和工程设计的经济合理性的一个基础指标。

建筑面积的计算主要有以下作用：

（1）建筑面积是一项重要的技术经济指标。在国民经济一定时期内，完成建筑面积的多少也标志着一个国家的工农业生产发展状况、人民生活居住条件的改善和文化生活福利设施发展的程度。

（2）建筑面积是计算结构工程量或用于确定某些费用指标的基础。如计算出建筑面积之后，利用这个基数就可以计算地面抹灰、室内填土、地面垫层、平整场地、脚手架工程等项目的预算价值。为了简化预算的编制和某些费用的计算，有些取费指标的取定，如中小型机械费、生产工具使用费、检验试验费、成品保护增加费等也是以建筑面积为基数确定的。

（3）建筑面积作为结构工程量的计算基础不仅十分重要，而且是一项需要认真对待和细心计算的工作，任何粗心大意不但会造成结构工程量计算上的偏差，也会直接影响概预算造价的准确性，造成人力、物力和国家建设资金的浪费及大量建筑材料的积压。

(4) 建筑面积与使用面积、辅助面积、结构面积之间存在着一定的比例关系。设计人员在进行建筑或结构设计时，都应在计算建筑面积的基础上再分别计算出结构面积、有效面积及平面系数、土地利用系数等技术经济指标。有了建筑面积，才有可能计算单位建筑面积的技术经济指标。

(5) 建筑面积的计算对于建筑施工企业实行内部经济承包责任制、投标报价、编制施工组织设计、配备施工力量、成本核算及物资供应等，都具有重要的意义。住房和城乡建设部2013年12月19日批准发布了《建筑工程建筑面积计算规范》(GB/T 50353—2013)，自2014年7月1日起施行。该标准适用于新建、扩建、改建的工业与民用建筑工程建设全过程的建筑面积计算。

(6) 计算建筑面积的基本条件。建筑面积在工程造价的工程量计算中，具有标定计量对象价值的计量工具的作用，对于一幢建筑物，不同形态的建筑空间（指以建筑界面限定的、供人们生活和活动的场所，具备可出入、可利用条件）需要按照每平方米其价值应基本相当的原则，确定各个建筑空间的建筑面积，使等量的建筑面积都含有相同的工程造价。因此，不同建筑物的面积具有不同的计算方法，见表3.1。

表3.1　建筑面积的计算方法

必要条件	计算全部面积	计算1/2面积	不计算面积
建筑物的结构层高	≥2.2m	<2.2m	<1.20m
建筑物的结构净高	≥2.10m	<2.10m ≥1.20m	<1.20m
建筑物的围合度	具备永久性顶盖和围护结构的	有永久性顶盖	无永久性顶盖，有围护设施或不具备出入及可利用条件；或面积与同类设施建筑空间容量的相关性过小的

3. 工程量清单计价规范的要求

《建设工程工程量清单计价规范》(GB 50500—2013) 和《房屋建筑与装饰工程工程量计算规范》(GB 50854—2013) 等9本计量规范中明确规定，对于建设工程发承包及实施阶段的计价活动，不论采用什么计价方式，均必须按相关工程的现行国家计量规范规定的工程量计算规则计算其工程量。

3.1.4　安装工程定额

1. 安装工程定额的概念及作用

安装工程定额是指在工程建设中，在正常的施工生产条件下，完成单位合格产品所必需的人工、材料、施工机械设备及其资金消耗的数量标准，即规定的额度。这种规定反映的是在一定的社会生产力发展水平的条件下，完成某项产品与各种所需消费之间特定的数量关系。在建设工程的生产中，为了完成建筑产品，必须消耗一定数量的劳动力、材料、机械台班以及相应的资金。在一定的生产条件下，用科学方法制定的生产质量合格的单位建筑产品所需要的劳动力、材料和机械台班等的数量标准，称为建筑工程定额。建筑工程定额的作用如下：

(1) 安装工程定额具有促进节约社会劳动和提高生产效率的作用。企业用定额计算工料消耗、劳动效率、施工工期，并与实际水平对比，衡量自身的竞争能力，促使企业加强管理，厉行节约地合理分配和使用资源，以达到节约的目的。

(2) 安装工程定额提供的信息为建筑市场供需双方的交易活动和竞争创造条件。

(3) 安装工程定额有助于完善建筑市场信息系统。定额本身是大量信息的集合，既是大量信息加工的结果，又向使用者提供信息。安装工程造价就是依据定额提供的信息进行的。

(4) 安装工程定额是安装工程计价的依据。编制建设安装工程投资估算、设计概算、施工图预算和竣工决算，无论是划分工程项目、计算工程量，还是计算人工、材料和施工机械台班消耗量，都要以建设工程定额为标准依据。所以建设工程定额既是建设安装工程计划、设计、施工、竣工验收等各项工作取得最佳经济效益的有效工具和杠杆，又是考核和评价上述各阶段工作的经济尺度。

(5) 安装工程定额是建筑安装施工企业实行科学管理的必要手段。建筑安装施工企业在编制施工进度计划、施工作业计划、下达施工任务、组织调配资源、进行成本核算等过程中，都可以按照定额提供的人工、材料、机械台班消耗量为标准，进行科学合理的管理。

2. 工程定额的分类

(1) 按照投资费用性质分为建筑工程定额、设备安装工程定额、建筑安装工程费用定额、设备及工器具定额、工程建设其他费用定额等（图3.1）。

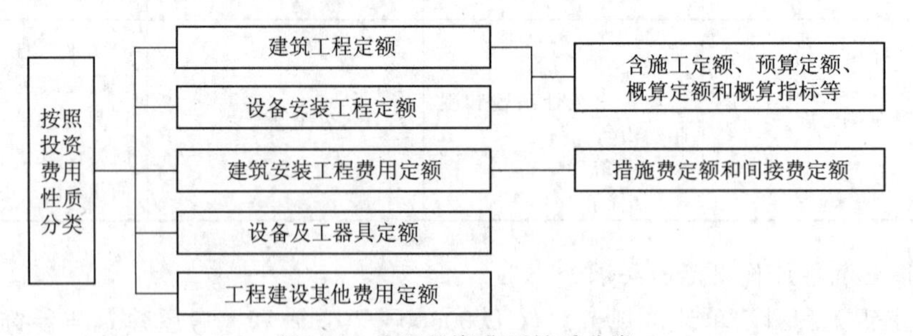

图3.1 按照投资费用性质分类

(2) 按照生产要素消耗内容分为劳动消耗定额、材料消耗定额、机械台班消耗定额（图3.2）。

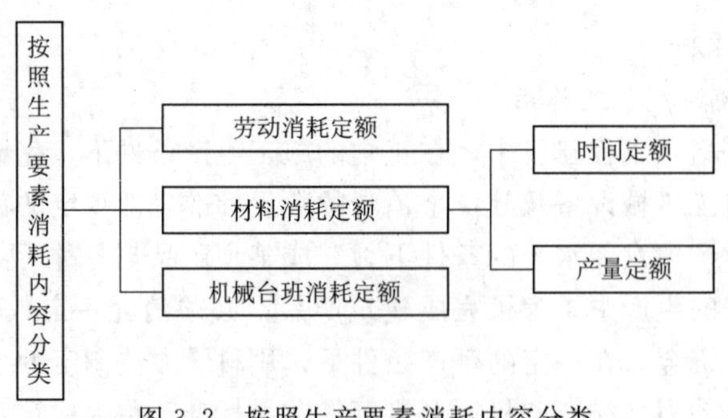

图3.2 按照生产要素消耗内容分类

(3) 按照编制单位和管理权限分为全国统一定额、行业统一定额、地区统一定额、企业定额、补充定额(图 3.3)。

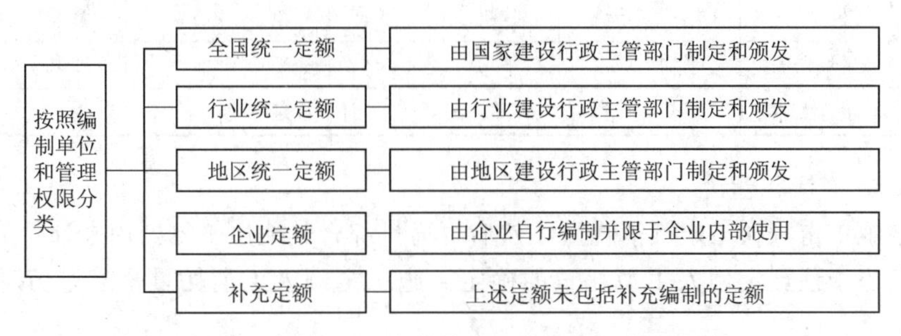

图 3.3 按照编制单位和管理权限分类

(4) 按照定额的专业性质分为全国通用定额、行业通用定额、专业专用定额(图 3.4)。

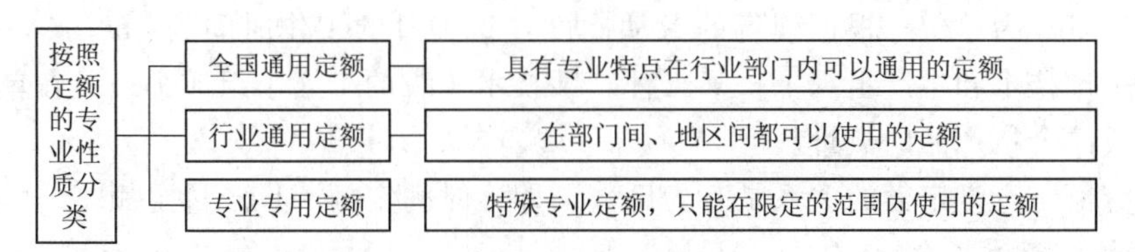

图 3.4 按照定额的专业性质分类

(5) 按照定额的编制程序和用途分为投资估算指标、概算定额、概算指标、预算定额、施工定额(图 3.5)。

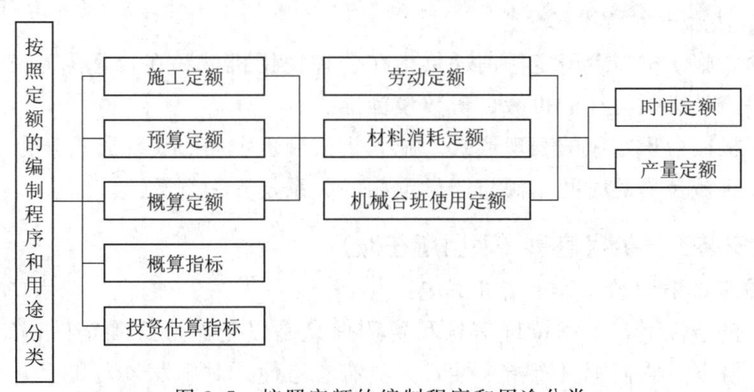

图 3.5 按照定额的编制程序和用途分类

(6) 按用途分类的定额之间内容比较(表 3.2)。

表 3.2 **定额内容比较**

内容	施工定额	预算定额	概算定额	概算指标	投资估算指标
对象	工序	分项工程	扩大的分项工程	整个建筑物或构筑物	独立的单项工程或完整的工程项目
用途	编制施工预算	编制施工图预算	编制扩大初步设计概算	编制初步设计概算	编制投资估算

续表

内容	施工定额	预算定额	概算定额	概算指标	投资估算指标
项目划分	最细	细	较粗	粗	很粗
定额水平	平均先进	平均	平均	平均	平均
定额性质	生产性定额	计价性定额			

3. 人工定额消耗量

先确定施工定额人工定额消耗量，然后再通过综合其他用工得到用来计价的人工定额消耗量，相当于预算定额人工消耗量的确定。施工定额人工消耗量是通过劳动定额来确定的。

（1）劳动定额的概念。劳动定额是指在正常的生产组织和生产技术条件下，完成单位合格产品所必需的劳动消耗标准。劳动定额是人工消耗量，也称人工定额。

（2）劳动定额的表现形式。劳动定额的表现形式分为时间定额和产量定额两种。时间定额以“工日”为单位；根据现行的劳动制度，每工日的工作时间为8h。产量定额是指在合理的生产技术和生产组织下，某工种、某技术等级的工人小组或个人，在单位时间内所应该完成的合格产品的数量。

时间定额与产量定额的关系是互为倒数。即：时间定额＝1/产量定额。

4. 材料定额消耗量

（1）概念。材料定额消耗量指在合理和节约使用材料的条件下，生产单位合格产品所必需消耗的一定品种、规格的建筑材料的数量标准。

（2）材料消耗定额的组成。材料消耗量＝净用量＋损耗量。

5. 施工机械台班定额消耗量

（1）概念。施工机械台班定额消耗量指在合理使用机械和在合理的施工组织条件下，完成单位合格产品必须消耗的机械台班数量标准。

（2）施工机械台班定额的表现形式。施工机械台班定额的表现形式分为时间定额和产量定额两种。机械台班的时间定额与产量定额的关系是互为倒数。

3.1.5 建设安装工程价格信息（项目所在地）

1. 建设安装工程单价信息和费用信息

在计划经济条件下，工程单价信息和费用信息是以定额形式确定的，定额具有指令性；在市场经济下，它们不具有指令性，只具有参考性。对于发包人和承包人及工程造价咨询单位来说，这都是十分重要的信息来源。单价可以从市场调查得到，也可以利用政府或中介组织提供的信息。单价包括以下几种：

（1）人工单价。人工单价是指一个建筑安装工人一个工作日在预算中应计入的全部人工费用，它反映了建筑安装工人的工资水平和一个工人在一个工作日中可以得到的报酬。

（2）材料单价。材料单价是指材料由供应者仓库或提货地点到达工地仓库后的出库价格。材料单价包括材料原价、供销部门手续费、包装费、运输费及采购保管费。

（3）机械台班单价。机械台班单价是指一台施工机械在正常运转条件下，每工作一个台班应计入的全部费用。机械台班单价包括折旧费、大修理费、经常修理费、安拆费及场外运输费、燃料动力费、人工费、运输机械养路费、车船使用税及保险费。

2. 建筑安装工程价格指数的概念、分类及作用

建筑安装工程价格指数是反映一定时期由于价格变化对工程价格影响程度的指标，是调整建筑安装工程价格差价的依据。建筑安装工程价格指数是报告期与基期价格的比值，它可以反映价格变动趋势，用来进行估价和结算，估计价格变动对宏观经济的影响。在社会主义市场经济中，设备、材料和人工费的变化对建筑工程价格的影响日益增大。在建筑安装市场供求和价格水平发生经常性波动的情况下，建筑安装工程价格及其各组成部分也处于不断变化之中，使不同时期的工程价格失去可比性，造成了造价控制的困难。编制建筑安装工程价格指数是解决造价动态控制的最佳途径。建筑安装工程价格指数按分类标准的不同分为以下不同的种类：

（1）按工程范围、类别和用途分为单项价格指数和综合价格指数。单项价格指数分别反映各类工程的人工、材料、施工机械及主要设备等报告期价格对基期价格的变化程度。综合价格指数综合反映各类项目或单项工程人工费、材料费、施工机械使用费和设备费等报告期价格对基期价格变化而影响造价的程度，反映造价总水平的变动趋势。

（2）按工程价格资料期限长短分为时点价格指数、月指数、季指数和年指数。

（3）按不同基期分为定基指数和环比指数。前者指各时期价格与其固定时期价格的比值；后者指各时期价格与前一期价格的比值。

建筑安装工程价格指数的作用包括：

（1）可以利用工程价格指数分析价格变动趋势及其原因。

（2）可以利用工程价格指数估计工程造价变化对宏观经济的影响。

（3）工程价格指数是工程承发包双方进行工程估价和结算的重要依据。

3.2 建筑安装工程计价依据的要求及适用范围

3.2.1 建筑安装工程计价依据的要求

建筑安装工程计价的正确与否在很大程度上取决于建筑安装工程计价依据的合理性、科学性、时效性。因此，建筑安装工程计价依据必须要满足以下要求：

（1）必须符合建筑安装工程的实际，与当前的社会生产力发展水平相适应。

（2）可信度高，准确可靠，有权威性。

（3）数据化表达，便于计算。

（4）定性描述清晰，便于正确理解与利用。

（5）时间不同，计算方法不同。

3.2.2 建筑安装工程计价依据的适用范围

建筑安装工程项目一般要经过决策、勘察设计、招标投标、施工、竣工验收、使用与拆除等阶段。建筑工程的阶段进度比较明晰，建筑安装工程计价的依据的详细程度要与建设阶段相适应，不同的建设阶段有不同的计价依据。

3.3 建筑安装工程造价的计价模式

我国现阶段建筑安装工程造价的计价模式基本上分为两种：定额计价模式和工程量清单计价模式。

3.3.1 定额计价模式

建筑工程定额计价模式，是在我国的计划经济时期及计划经济向市场经济转型时期所采用的行之有效的一种建设工程造价的计价方法。定额计价模式中的人工费、材料费和机械台班使用费，是分部分项工程的不完全价格。这种计价方法通常也叫施工图预算法。

目前我国建筑工程的定额计价模式中有以下两种计价方式。

1. 单位估价法

单位估价法是根据国家或地方颁布的统一预算定额规定的消耗量及其单价，以及配套的取费标准和材料预算价格，根据施工图纸计算出相应的工程数量，套用相应的定额单价计算出人工费、材料费、施工机具使用费，再在此基础上计算各种相关费用及利润和税金，最后汇总形成建筑产品的造价，其用公式表示为

$$\text{建筑工程造价}=[\sum(\text{工程量}\times\text{定额单价})\times(1+\text{各种费用的费率}+\text{利润率})]\times(1+\text{税金率}) \tag{3.1}$$

$$\text{装饰安装工程造价}=[\sum(\text{工程量}\times\text{定额单价})+\sum(\text{工程量}\times\text{定额人工费单价})\times(1+\text{各种费用的费率}+\text{利润率})]\times(1+\text{税金率}) \tag{3.2}$$

2. 实物估价法

实物估价法是先根据施工图纸计算工程量，然后套用基础定额，计算人工、材料和机械台班等的消耗量，将所有的分部分项工程资源消耗量进行归类汇总，再根据当时、当地的人工、材料、机械单价，计算并汇总人工费、材料费、机械使用费，从而得出分部分项工程费。预算定额是国家或地方统一颁布的，被视为地方具有法令性的技术经济法规，必须严格遵照执行。一般来说，尽管计算依据不同，只要不出现计算错误，其计算结果是相同的。按定额计价方法确定建筑工程造价，由于有预算定额规范消耗量，有各种文件规定人工、材料、机械单价及各种取费标准，在一定程度上避免了高估冒算和压级压价，体现了工程造价的规范性、统一性和合理性。但其对市场竞争起到了抑制作用，不利于促进施工企业改进技术、加强管理、提高劳动效率和市场竞争力。

3.3.2 工程量清单计价模式

1. 工程量清单计价模式的实施

工程量清单计价模式是在定额计价模式的基础上发展起来的，适应市场经济条件下的新型的计价模式。

工程量是根据设计图纸规定的尺寸、数量具体计算、统计出来的。工程量是确定建筑安装工程费用、编制施工规划、安排工程施工进度、编制材料供应计划、结算工程价款，进行工程统计和经济核算的重要依据。工程量是编制工程量清单和进行工程计价的基础数据，也是工程计价中最繁琐、最细致的工作。工程量的计算工作占到工程计价工作量的

80%以上。工程量计算的正确与否，直接影响着工程计价和工程量清单编制的质量。

工程量清单是载明建设工程分部分项工程项目、措施项目、其他项目的名称和相应数量，以及规费和税金项目等内容的明细清单，分为招标工程工程量清单和已标价工程工程量清单两种。

工程量清单计价模式是我国在2003年提出的一种与市场经济相适应的投标报价方法，这种计价模式是由国家统一项目编码、项目名称、计量单位和工程量计算规则（称为“四统一”），由各施工企业在投标报价时根据企业自身的技术装备、施工经验、企业成本、企业定额、管理水平、企业竞争目的及竞争对手情况自主填报单价而进行报价的方法。目前最新的工程量清单计价规范为《建设工程工程量清单计价规范》(2013版)。

工程量清单计价模式的实施建立了一种强有力且行之有效的竞争机制，施工企业在投标竞争中必须报出合理低价才能中标，其对促进施工企业改进技术、加强管理、提高劳动效率和市场竞争力起到了积极的推动作用。按照工程量清单计价规范，在各相应专业工程计量规范规定的工程量清单项目设置和工程量计算规则基础上，针对具体工程的施工图纸和施工组织设计计算出各个清单项目的工程量，根据规定的方法计算出综合单价，并汇总各清单合价得出工程总价，即

$$分部分项工程费=\sum(分部分项工程量\times相应分部分项综合单价) \quad (3.3)$$

$$措施项目费=\sum(各措施项目费之和) \quad (3.4)$$

$$其他项目费=暂列金额+暂估价+计日工+总承包服务费 \quad (3.5)$$

$$单位工程报价=分部分项工程费+措施项目费+其他项目费+规费+税金 \quad (3.6)$$

$$单项工程报价=\sum(各个单位工程报价之和) \quad (3.7)$$

$$建设项目总报价=\sum(各个单项工程报价之和) \quad (3.8)$$

式中：综合单价为完成一个规定清单项目所需的人工费、材料和工程设备费、施工机具使用费和企业管理费、利润，以及一定范围内的风险费用。

2. 工程量清单计价的影响因素

根据工程量清单报价而中标的工程，无论采用哪种计价方法，在一般情况下基本说明其工程造价已确定，仅当出现设计变更或工程量变动时，通过签证再结算调整另行计算。工程量清单是工程成本要素的管理重点，是在既定收入的前提下来控制成本支出。

(1) 对用工批量的有效管理。人工费支出约占建筑产品成本的17%，且随市场价格波动而不断变化。对人工单价在整个施工期间做出切合实际的预测，是控制人工费用支出的前提条件。

1) 根据施工进度，月初依据工序合理做出用工数量，结合市场人工单价计算出本月控制指标。

2) 在施工过程中，依据工程分部分项地对每天用工数量连续记录，在完成一个分项后，就同工程量清单报价中的用工数量对比，找出存在的问题，办理相应手续以便对控制指标加以修正。每月完成几个工程分项后各自同工程量清单报价中的用工数量对比，考核控制指标的完成情况。通过这种控制来节约用工数量，意味着降低人工费用支出，即增加了相应的效益。这一方法的最大优势是不受任何工程结构形式的影响，分阶段加以控制，有很强的实用性。人工费用控制指标主要是从量上加以控制，重点通过对在建工程过程的

控制，积累各类结构形式下实际用工数量的原始资料，以便形成企业定额体系。

(2) 对材料费用的有效管理。材料费用开支约占建筑产品成本的63%，其是成本要素控制的重点。材料费用因工程量清单报价形式、材料供应方式不同而有所不同。如业主限价的材料价格如何管理，其主要问题可从施工企业采购过程降低材料单价方面来把握。首先，对本月施工分项所需材料用量下发采购部门，在保证材料质量的前提下货比三家。采购过程以工程清单报价中的材料价格为控制指标，确保采购过程产生收益。对业主供材供料，确保足斤足两，严把验收入库环节。其次，在施工过程中，严格执行质量方面的程序文件，做到材料堆放合理布局，减少二次搬运。具体操作依据工程进度实行限额领料，完成一个分项后，考核控制效果。最后，杜绝没有收入的支出，把返工损失降至最低限度。月末应把控制用量和价格同实际数量横向对比，考核实际效果，对超用材料的数量落实清楚其是在哪个工程子项造成的，原因是什么，是否存在同业主计取材料差价的问题等。

(3) 对机械费用的有效管理。机械费的开支约占建筑产品成本的7%，其控制指标主要是根据工程量清单计算出使用的机械控制台班数。在施工过程中，应每天做详细台班记录，了解是否存在维修、待班的台班。如现场停电超过合同规定的时间，应在当天同业主做好待班现场签证记录，月末将实际使用台班同控制台班的绝对数进行对比，分析量差产生的原因。对机械费价格一般采取租赁协议，合同一般在结算期内不变动，所以关键是控制实际用量。依据现场情况做到设备合理布局，充分利用，特别是要合理安排大型设备进出场时间，以降低费用。

(4) 对施工过程中水电费的有效管理。在以往的工程施工中，水电费的管理是一直被忽视的问题。水作为人类赖以生存的宝贵资源越来越短缺，加强施工过程中水电费管理的重要性不言而喻。为便于施工过程支出的控制管理，应把控制用量计算到施工子项，以便于对水、电费用控制。月末依据完成子项所需水电用量同实际用量对比，找出差距所在，以便制定改进措施。总之，施工过程中对水电用量控制不仅仅是一个经济效益的问题，更重要的是一个合理利用宝贵资源的问题。

(5) 对设计变更和工程签证的有效管理。在施工过程中，时常会有一些原设计未预料的实际情况或业主单位提出要求改变某些施工做法、材料代用等情况，引发设计变更；同样，对施工图以外的内容及停水、停电，或因材料供应不及时造成停工、窝工等都需要办理工程签证。针对以上两部分工作，首先，由负责现场施工的技术人员做好工程量的确认，如存在工程量清单不包括的施工内容，应及时通知技术人员，将需要办理工程签证的内容落实清楚。其次，明确工程造价人员审核变更或签证签字内容是否清楚完整、手续是否齐全，如手续不齐全，应在当天督促施工人员补办手续，变更或签证的资料应连续编号。最后，工程造价人员应特别注意施工方案中涉及的工程造价问题。在投标时，工程量清单是依据以往的经验计价，建立在既定的施工方案基础上。施工方案的改变便是对工程量清单造价的修正，变更或签证是工程量清单工程造价中不包括的内容，但在施工过程中费用已经发生时，工程造价人员应及时编制变更及签证后的变动价值。加强设计变更和工程签证工作是施工企业经济活动中的一个重要组成部分，可防止应得效益的流失，反映工程的真实造价构成。

(6) 对其他成本要素的有效管理。成本要素除工料单价法包含的以外，还有管理费用、利润、临时设施费、税金、保险费等。这部分收入已分散在工程量清单的各个子项之中，中标后已成既定之数，在施工过程中应注意以下几点：

1) 节约管理费用要做到制定切实的预算指标，对每笔开支严格依据预算执行审批手续；提高管理人员的综合素质，做到高效精干，提倡一专多能。

2) 利润作为工程量清单子项收入的一部分，在不亏损的情况下，就是企业既定利润。

3) 临时设施费管理的重点。依据施工工期及现场情况合理布局临时设施。尽可能就地取材搭建临设，工程接近竣工时应及时减少临设的占用。对购买的彩板房等临时设施材料，在每次安拆时都要轻抬轻放，延长使用次数。日常使用要及时维护易损部位，延长使用寿命。

4) 对税金、保险费的管理。依据施工进度及时拨付工程款，确保按国家规定的税金及时上缴。对于现场要缴纳的各个工种的保险要及时缴纳，有利于实现风险的合理分担。

施工企业的成本管理非常重要，针对工程量清单形式带来的风险性，施工企业只有加强对施工过程控制的管理才能将风险降到最低点，积累各种结构形式下成本要素的资料，逐步形成科学合理并代表人力、财力、技术力量的企业定额体系。企业定额的编制使报价不再盲目，避免了一味过低或过高报价所形成的亏损、废标，以应对复杂、激烈的市场竞争。

3. 实行工程量清单计价的目的和意义

(1) 实行工程量清单计价是促进建设建设市场有序的竞争和企业健康发展的需要。工程量清单是招标文件的重要组成部分，由招标单位编制或委托有资质的工程造价咨询单位编制，工程量清单编制得准确、详尽、完整，有利于提高招标单位的管理水平，减少索赔事件的发生。工程量清单是公开的，有利于防止招标工程中弄虚作假、暗箱操作等不规范行为的发生。投标单位通过对单位工程成本、利润进行分析，统筹考虑，精心选择施工方案，根据企业的定额合理确定人工、材料、机械等要素投入量的合理配置，优化组合，合理控制现场经费和施工技术措施费。在满足招标文件需要的前提下，合理确定报价，让企业有了自主报价权，改变了过去依赖建设行政主管部门发布的定额和规定的取费标准进行计价的管理模式，有利于提高劳动生产率，促进企业技术进步，节约投资和规范建设市场。采用工程量清单计价后，招标活动的透明度增强，在充分竞争的基础上降低了造价，提高了投资效益，且便于操作和推行，业主和承包商将都会接受这种计价模式。

(2) 实行工程量清单计价，有利于我国建设工程造价管理部门职能的转变，也有利于由过去的政府控制的指令性定额转变为制定适应市场经济规律需要的工程量清单计价方法，由过去行政干预转变为对工程造价进行依法监管，有效地强化政府对工程造价的宏观调控。

(3) 实行工程量清单计价，有利于满足我国与国际接轨的需要。工程量清单计价是目前国际上通行的做法，一些发达国家和地区，如我国香港基本采用这种方法。此外，在国内的世界银行等国外金融机构、政府机构贷款项目在招标中也大多采用工程量清单计价办法。随着我国加入世界贸易组织，国内建筑业面临着两大变化：一是中国市场将更具活力；二是国内市场逐步国际化，竞争更加激烈。加入世界贸易组织以后，外国建筑商要进入我国建筑市场开展竞争，必然要用国际惯例、规范和做法来计算工程造价；国内建筑公司同样要到国外市场竞争，也需要按国际惯例、规范和做法来计算工程造价；为了与外国建筑商在国内市场竞争，我们也要改变过去的做法，参照国际惯例、规范和做法来计算工程承发包价格。因此，建筑产品的价格由市场形成是社会主义市场经济和适应国际惯例的需要。

(4) 实行工程量清单计价是深化工程造价管理改革，推进建设市场化的重要途径。长期以来，工程预算定额是我国承发包计价、定价的主要依据。预算定额中规定的消耗量和有关施工措施性费用是按社会平均水平编制的，以此为依据形成的工程造价基本上也属于社会平均价格。这种平均价格可作为市场竞争的参考价格，但不能反映参与竞争企业的实际消耗和技术管理水平，在一定程度上限制了企业的公平竞争。20世纪90年代，我国提出了“控制量、指导价、竞争费”的改革措施，将工程预算定额中的人工、材料、机械消耗量和相应的量价分离，控制量以保证质量，价格逐步走向市场化，这一措施走出了向传统工程预算定额改革的第一步。但是，这种做法难以改变工程预算定额中国家指令性内容较多的状况，难以满足招标投标竞争定价和经评审的合理低报价中标的要求。因为国家定额的控制量是社会平均消耗量，不能反映企业的实际消耗量，不能全面体现企业的技术装备水平、管理水平和劳动生产率，不能体现公平竞争的原则，社会平均水平不能代表社会先进水平，因此改变以往的工程预算定额的计价模式，适应招标投标的需要，推行工程量清单计价是十分必要的。

工程量清单计价是建设工程招标投标中，按照国家统一的工程量清单计价规范，由招标人提供工程数量，投标人自主报价，经评审低价中标的工程造价计价模式。采用工程量清单计价能反映工程的个别成本，有利于企业的自主报价和公平竞争。

(5) 在建设工程招标投标中，实行工程量清单计价是规范建筑市场秩序，适应社会主义市场经济需要的根本措施之一。工程造价是工程建设的核心，也是市场运行的核心内容，建筑市场存在许多不规范的行为，大多与工程造价有直接联系。尽快建立和完善市场形成工程造价机构，是当前规范建筑市场的需要。推行工程量清单计价，有利于发挥企业自主报价的能力，也有利于规范业主在工程招标中的计价行为，有效改变招标单位在招标中盲目压价的行为，从而真正体现公开、公平、公正的原则，反映市场经济规律。

4. 工程量清单计价的特点

(1) 统一计价规则。建设行政管理部门制定统一的建设工程工程量清单计价方法、统一的工程量计量规则、统一的工程量清单项目设置规则，达到规范计价行为的目的。这些规则和办法是强制性的，建设各方都应该遵守，这是工程造价管理部门首次在文件中明确政府应管什么，不应管什么。

(2) 有效控制消耗量。由政府发布统一的社会平均消耗量指导标准，为企业提供一个社会平均尺度，避免企业盲目或随意大幅度减少或扩大消耗量，从而达到保证工程质量的目的。

(3) 彻底放开价格。将工程消耗量定额中的工、料、机价格和利润、管理费全面放开，由市场的供求关系自行确定价格。

(4) 企业自主报价。投标企业根据自身的技术专长、材料采购渠道和管理水平等，制定企业自身的报价定额，自主报价。企业尚无报价定额的，可参考使用造价管理部门颁布的工程消耗量定额。

（5）市场有序竞争形成价格。通过建立与国际惯例接轨的工程量清单计价模式，引入充分竞争形成价格的机制，制定衡量投标报价合理性的基础标准。在投标过程中，有效引入竞争机制，淡化标底的作用，在保证质量、工期的前提下，按《中华人民共和国招标投标法》及有关条款的规定，最终以“不低于成本”的合理低报价中标。

（6）业主在极限竞争状态下能获得最合理的工程造价。工程量清单计价模式下，采用经评审的合理低报价中标评标办法，增加了综合实力强、社会信誉好的中标机会，更能体现招标的宗旨。

5. 招标投标过程中采用工程量清单计价的优点

工程量清单计价方法具有以下特点：

（1）招标人为投标人提供了共同的竞争平台。建设工程招标、投标过程是一个竞争的过程，招标人给出工程量清单，投标人根据清单的明细做报价，报价高了不中标，报价低了会赔本，这时就体现出了施工企业技术、管理水平的重要性，形成了企业整体实力的竞争。

（2）招标人为投标人提供了平等的竞争条件。工程量清单报价为投标者提供了一个平等竞争的条件，相同的工程量由企业根据自身的实力来填不同的单价，符合商品交换的一般性原则。而采用施工图预算（定额计价模式）来投标报价，由于施工及现场管理人员对设计图纸的认知程度不同，不同投标企业人员的理解不同，计算出的工程量也不同，容易产生纠纷。

（3）有利于工程款的拨付和工程造价的最终确定。施工企业中标后，业主要与中标施工企业签订施工合同，工程量清单报价基础上的中标价就成了合同价的基础，投标清单上的单价也就成了拨付工程款的依据。业主根据施工企业完成的工程量，可以很容易地确定进度款的拨付额。工程竣工后，根据设计变更、工程量的增减乘以相应的单价，业主很容易确定工程的最终造价。

（4）有利于实现风险的合理分担。采用工程量清单报价方式后，投标单位只对自己报价中的成本、单价等负责，而对工程量的变更或计算错误等不负责任；相应的，这一部分风险应由业主承担，这种格局符合风险合理分担与权利关系对等的一般原则。

（5）有利于业主对投资的控制。采用定额计价模式，业主对因设计变更、工程量的增减所引起的工程造价变化不敏感，往往等工程竣工结算时才清楚这些设计变更、工程量的增减对项目投资的影响有多大，而采用工程量清单计价的方式则一目了然，在要进行设计变更时，能马上确定这种变更对整个工程造价的影响。这样，业主就能根据投资情况来决定是否变更或进行方案比较，以确定最恰当的处理方法。

（6）有利于激发施工企业创新工艺、提高管理水平的积极性。工程量清单计价模式下，施工企业的竞争力通过较低的投标价来体现，要想在低价格的情况下保证一定的利润，必须不断地改进施工工艺，改善施工组织管理，以逐步降低企业成本，增强企业的竞争力。

6. 工程量清单计价的适用范围

工程量清单计价适用于建设工程承发包及其实施阶段的计价活动。使用国有资金投资的建设工程承发包，必须采用工程量清单计价；非国有资金投资的建设工程，宜采用工程量清单计价；不采用工程量清单计价的建设工程，应执行清单计价规范中除工程量清单等专门规定外的其他规定。必须采用工程量清单计价的工程建设项目包括：

(1) 全部国有资金投资的工程建设项目。

(2) 国家融资资金投资的工程建设项目。

(3) 国有资金为主工程建设项目（国有资金控股）。

(4) 世界银行、亚洲银行贷款的工程建设项目。

(5) 国际、国内友好人士资助的工程建设项目。

3.3.3 定额计价模式与工程量清单计价模式的区别

1. 两种计价模式中工程量编制的单位不同

定额计价模式是建设工程的工程量由招标单位和投标单位分别按图计算；工程量清单计价模式是工程量由招标单位统一计算或委托有工程造价咨询资质单位统一计算，“工程量清单”是招标文件的重要组成部分，各投标单位根据招标人提供的“工程量清单”，以及自身的技术装备、施工经验、企业成本、企业定额、管理水平自主填写报单价。

2. 两种计价模式中工程量计算时间不同

工程量清单是在招标前由招标人编制（也可以委托具有编制工程量清单资质的单位编制），也可能业主为了缩短建设周期，通常在初步设计完成后就开始施工招标，在不影响施工进度的前提下陆续发放施工图纸。而定额计价模式的工程量是由投标人自行编制，据此进行报价的，所以施工图纸应该先发给投标人。

3. 两种计价模式中工程量清单编制的时间不同

定额计价模式是在发出招标文件后编制（招标人与投标人同时编制或投标人编制在前，招标人编制在后）。工程量清单计价模式当中的工程量必须在发出招标文件前编制，并与招标文件一起下发给投标人。

4. 两种计价模式的表现形式不同

定额计价模式一般采用总价形式。工程量清单计价模式都采用综合单价形式，其包括人工费、材料费、施工机具使用费、企业管理费、利润，并考虑风险因素。工程量清单计价模式具有直观、单价相对固定的特点，工程量发生变化时，单价一般不作调整。

5. 两种计价模式的依据不同

定额计价模式的编制依据图纸、人工、材料、机械台班消耗量，依据建设行政主管部门颁发的预算定额；人工、材料、机械台班单价依据工程造价管理部门发布的价格信息进行计算。工程量清单计价模式是根据住房和城乡建设部令第16号的规定，招标控制价的编制根据招标文件中的工程量清单和有关要求、施工现场情况、合理的施工方法及按建设行政主管部门制定的有关工程造价计价办法编制。企业的投标报价则根据企业定额和市场价格信息，或参照建设行政主管部门发布的社会平均消耗量定额编制，见表3.3。

表 3.3 两种计价模式编制的依据不同

项　目	定额计价模式	工程量清单计价模式
定额（计价表）依据	按照政府主管部门颁发的预算定额执行	按照企业定额或选择其他合适的定额计算各项消耗量
工、料、机各单价	预算定额表明的基价或政府指导价	市场价（投标人按照项目所在地的实际情况确定）
费用项目及费率计算	根据政府主管部门颁发的费用项目、费率及费用计算程序规定的方法计算	按照《建设工程工程量清单计价规范》及专业工程工程量计算规范的规定，并结合拟建项目和本企业的具体情况由企业自主确定实际的费用项目和费率

6. 两种计价模式编制的费用组成不同

定额计价模式的工程造价由人工费、材料费、施工机具使用费、企业管理费、利润、规费和税金组成。工程量清单计价模式的工程造价包括分部分项工程费、措施项目费、其他项目费、规费和税金；包括完成每项工程包含的全部工程内容的费用；包括完成每项工程内容所需的费用（规费、税金除外）；包括工程量清单中没有体现的，施工中又必须发生的工程内容所需费用，包括为应对风险因素而增加的费用。

7. 两种计价模式评标所用的方法不同

定额计价法投标一般采用百分制评分法。采用工程量清单计价法投标，一般采用合理低报价中标法，既要对总价进行评分，还要对综合单价进行分析评分。

8. 两种计价模式的项目编码不同

采用定额计价模式项目编码，全国各省市采用不同的定额子目。采用工程量清单计价模式，全国实行统一编码，项目编码采用十二位阿拉伯数字表示。一到九位为统一编码，其中，一、二位为专业工程代码，房屋建筑与装饰工程为01，仿古建筑为02，通用安装工程为03，市政工程为04，园林绿化工程为05，矿山工程为06，构筑物工程为07，城市轨道交通工程为08，爆破工程为09；三、四位为专业工程附录分类顺序码；五、六位为分部工程顺序码；七、八、九位为分项工程项目名称顺序码；十至十二位为清单项目名称顺序码。前九位编码不能变动，后三位编码由清单编制人根据项目设置的清单项目编制。

9. 两种计价模式的合同价调整方式不同

定额计价模式合同价调整方式有变更签证、定额解释、政策性调整；工程量清单计价模式，合同价调整方式主要是索赔。工程量清单的综合单价一般通过招标中报价的形式体现，一旦中标，报价作为签订施工合同的依据相对固定下来，工程结算按承包商实际完成工程量乘以清单中相应的单价计算，减少了调整的活口。采用定额计价模式经常有定额解释及定额规定，结算中又有政策性文件调整。工程量清单计价模式单价不能随意调整。

3.3.4 定额计价模式与工程量清单计价模式的联系

工程量清单计价模式是在定额计价模式的基础上发展起来的、适应市场经济条件下的新型的计价模式，两种计价模式之间具有一定的传承性。

1. 计价的目标相同

两种计价模式的目标都是为了准确地确定工程造价。

2. 计价程序的主线相同

两种计价模式都要经过识图、计算工程量，套用计价表、取费、汇总造价等主要程序。

3. 计价中的工程量计算重点相同

准确计算工程量是两种计价模式共同的重点，这个过程具有涉及的基础知识面比较广、计算的方法较多、计算的依据多、技术含量高等特点，对预算员的专业知识要求比较高。

4. 计价的各种费用基本相同

两种计价模式都要计算人工费、材料费、施工机械使用费、企业管理费、利润、税金、规费等。

5. 计费的方法基本相同

两种计价模式计费的方法基本相同。计费的方法是指确定应该计算哪些费用、计费的基数是什么、计费费率是多少等。两种计价模式中都有如何取费、取费基数、取费费率等规定。

6. 投标单位报价计算的口径一致

因为各投标单位都根据统一的工程量清单报价，所以投标单位报价计算的口径一致，不再由投标单位自己计算工程量进行报价了，投标单位计算的工程量不一定一样，因而可能会造成报价相差很大的结果。

7. 避免索赔事件的增加

因承包商对工程量清单的数目、项次、工作内容一目了然，所以承包商不按清单内容进行施工的，业主不予承认，承包商也无法索赔。因为工程量清单的任何变动，都会增加施工索赔的因素。

3.4 建设工程工程量清单计价规范（节录）(GB 50500—2013)

3.4.1 总则

1 为规范建设工程造价计价行为，统一建设工程计价文件的编制原则和计价方法，根据《中华人民共和国建筑法》《中华人民共和国合同法》《中华人民共和国招标投标法》等法律法规，制定本规范。

2 本规范适用于建设工程发承包及实施阶段的计价活动。

3 建设工程发承包及实施阶段的工程造价应由分部分项工程费、措施项目费、其他项目费、规费和税金组成。

4 招标工程量清单、招标控制价、投标报价、工程计量、合同价款调整、合同价款结算与支付以及工程造价鉴定等工程造价文件的编制与核对，应由具有专专业资格的工程造价人员承担。

5 承担工程造价文件的编制与核对的工程造价人员及其所在单位，应对工程造价文件的质量负责。

6 建设工程发承包及实施阶段的计价活动应遵循客观、公正、公平的原则。

7 建设工程发承包及实施阶段的计价活动，除应符合本规范外，尚应符合国家现行有关标准的规定。

3.4.2 术语

1 工程量清单

载明建设工程分部分项工程项目、措施项目、其他项目的名称和相应数量以及规费、税金项目等内容的明细清单。

2 招标工程量清单

招标人依据国家标准、招标文件、设计文件以及施工现场实际情况编制的，随招标文件发布供投标报价的工程量清单，包括其说明和表格。

3 已标价工程量清单

构成合同文件组成部分的投标文件中已标明价格，经算术性错误修正（如有）且承包人已确认的工程量清单，包括其说明和表格。

4 分部分项工程

分部工程是单项或单位工程的组成部分，是按结构部位、路段长度及施工特点或施工任务将单项或单位工程划分为若干分部的工程；分项工程是分部工程的组成部分，是按不同施工方法、材料、工序及路段长度等将分部工程划分为若干个分项或项目的工程。

5 措施项目

为完成工程项目施工，发生于该工程施工准备和施工过程中的技术、生活、安全、环境保护等方面的项目。

6 项目编码

分部分项工程和措施项目清单名称的阿拉伯数字标识。

7 项目特征

构成分部分项工程项目、措施项目自身价值的本质特征。

8 综合单价

完成一个规定清单项目所需的人工费、材料和工程设备费、施工机具使用费和企业管理费、利润以及一定范围内的风险费用。

9 风险费用

隐含于已标价工程量清单综合单价中，用于化解发承包双方在工程合同中约定内容和范围内的市场价格波动风险的费用。

10 工程成本

承包人为实施合同工程并达到质量标准，在确保安全施工的前提下，必须消耗或使用的人工、材料、工程设备、施工机械台班及其管理等方面发生的费用和按规定缴纳的规费和税金。

11 单价合同

发承包双方约定以工程量清单及其综合单价进行合同价款计算、调整和确认的建设工程施工合同。

12 总价合同

发承包双方约定以施工图及其预算和有关条件进行合同价款计算、调整和确认的建设工程施工合同。

13 成本加酬金合同

承包双方约定以施工工程成本再加合同约定酬金进行合同价款计算、调整和确认的建设工程施工合同。

14 工程造价信息

工程造价管理机构根据调查和测算发布的建设工程人工、材料、工程设备、施工机械台班的价格信息，以及各类工程的造价指数、指标。

15 工程造价

指数反映一定时期的工程造价相对于某一固定时期的工程造价变化程度的比值或比率。包括按单位或单项工程划分的造价指数，按工程造价构成要素划分的人工、材料、机械等价格指数。

16 工程变更

合同工程实施过程中由发包人提出或由承包人提出经发包人批准的合同工程任何一项工作的增、减、取消或施工工艺、顺序、时间的改变；设计图纸的修改；施工条件的改变；招标工程量清单的错、漏从而引起合同条件的改变或工程量的增减变化。

17 工程量偏差

承包人按照合同工程的图纸（含经发包人批准由承包人提供的图纸）实施，按照现行国家计量规范规定的工程量计算规则计算得到的完成合同工程项目应予计量的工程量与相应的招标工程量清单项目列出的工程量之间出现的量差。

18 暂列金额

招标人在工程量清单中暂定并包括在合同价款中的一笔款项。用于工程合同签订时尚未确定或者不可预见的所需材料、工程设备、服务的采购，施工中可能发生的工程变更、合同约定调整因素出现时的合同价款调整以及发生的索赔、现场签证确认等的费用。

19 暂估价

招标人在工程量清单中提供的用于支付必然发生但暂时不能确定价格的材料、工程设备的单价以及专业工程的金额。

20 计日工

在施工过程中，承包人完成发包人提出的工程合同范围以外的零星项目或工作，按合同中约定的单价计价的一种方式。

21 总承包服务费

总承包人为配合协调发包人进行的专业工程发包，对发包人自行采购的材料、工程设备等进行保管以及施工现场管理、竣工资料汇总整理等服务所需的费用。

22 安全文明施工费

在合同履行过程中，承包人按照国家法律、法规、标准等规定，为保证安全施工、文明施工，保护现场内外环境和搭拆临时设施等所采用的措施而发生的费用。

23　索赔

在工程合同履行过程中，合同当事人一方因非己方的原因而遭受损失，按合同约定或法律法规规定承担责任，从而向对方提出补偿的要求。

24　现场签证

发包人现场代表（或其授权的监理人、工程造价咨询人）与承包人现场代表就施工过程中涉及的责任事件所作的签认证明。

25　提前竣工（赶工）费

承包人应发包人的要求而采取加快工程进度措施，使合同工程工期缩短，由此产生的应由发包人支付的费用。

26　误期赔偿费

承包人未按照合同工程的计划进度施工，导致实际工期超过合同工期（包括经发包人批准的延长工期），承包人应向发包人赔偿损失的费用。

27　不可抗力

发承包双方在工程合同签订时不能预见的，对其发生的后果不能避免，并且不能克服的自然灾害和社会性突发事件。

28　工程设备

指构成或计划构成永久工程一部分的机电设备、金属结构设备、仪器装置及其他类似的设备和装置。

29　缺陷责任期

指承包人对已交付使用的合同工程承担合同约定的缺陷修复责任的期限。

30　质量保证金

发承包双方在工程合同中约定，从应付合同价款中预留，用以保证承包人在缺陷责任期内履行缺陷修复义务的金额。

31　费用

承包人为履行合同所发生或将要发生的所有合理开支，包括管理费和应分摊的其他费用，但不包括利润。

32　利润

承包人完成合同工程获得的盈利。

33　企业定额

施工企业根据本企业的施工技术、机械装备和管理水平而编制的人工、材料和施工机械台班等消耗标准。

34　规费

根据国家法律、法规规定，由省级政府或省级有关权力部门规定施工企业必须缴纳的，应计入建筑安装工程造价的费用。

35　税金

国家税法规定的应计入建筑安装工程造价内的营业税、城市维护建设税、教育费附加和地方教育附加。

36　发包人

具有工程发包主体资格和支付工程价款能力的当事人以及取得该当事人资格的合法继承人，本规范有时又称招标人。

37 承包人

被发包人接受的具有工程施工承包主体资格的当事人以及取得该当事人资格的合法继承人，本规范有时又称投标人。

38 工程造价咨询人

取得工程造价咨询资质等级证书，接受委托从事建设工程造价咨询活动的当事人以及取得该当事人资格的合法继承人。

39 造价工程师

取得造价工程师注册证书，在一个单位注册、从事建设工程造价活动的专业人员。

40 造价员

取得全国建设工程造价员资格证书，在一个单位注册、从事建设工程造价活动的专业人员。

41 单价项目

工程量清单中以单价计价的项目，即根据合同工程图纸（含设计变更）和相关工程现行国家计量规范规定的工程量计算规则进行计量，与已标价工程量清单相应综合单价进行价款计算的项目。

42 总价项目

工程量清单中以总价计价的项目，即此类项目在相关工程现行国家计量规范中无工程量计算规则，以总价（或计算基础乘费率）×计算的项目。

43 工程计量

发承包双方根据合同约定，对承包人完成合同工程的数量进行的计算和确认。

44 工程结算

发承包双方根据合同约定，对合同工程在实施中、终止时、已完工后进行的合同价款计算、调整和确认。包括期中结算、终止结算、竣工结算。

45 招标控制价

招标人根据国家或省级、行业建设主管部门颁发的有关计价依据和办法，以及拟定的招标文件和招标工程量清单，结合工程具体情况编制的招标工程的最高投标限价。

46 投标价

投标人投标时响应招标文件要求所报出的对已标价工程量清单汇总后标明的总价。

47 签约合同价（合同价款）

发承包双方在工程合同中约定的工程造价，即包括了分部分项工程费、措施项目费、其他项目费、规费和税金的合同总金额。

48 预付款

在开工前，发包人按照合同约定，预先支付给承包人用于购买合同工程施工所需的材料、工程设备，以及组织施工机械和人员进场等的款项。

49 进度款

在合同工程施工过程中，发包人按照合同约定对付款周期内承包人完成的合同价款给予支付的款项，也是合同价款期中结算支付。

50 合同价款调整

在合同价款调整因素出现后，发承包双方根据合同约定，对合同价款进行变动的提出、计算和确认。

51 竣工结算价

发承包双方依据国家有关法律、法规和标准规定，按照合同约定确定的，包括在履行合同过程中按合同约定进行的合同价款调整，是承包人按合同约定完成了全部承包工作后，发包人应付给承包人的合同总金额。

52 工程造价鉴定

工程造价咨询人接受人民法院、仲裁机关委托，对施工合同纠纷案件中的工程造价争议，运用专门知识进行鉴别、判断和评定，并提供鉴定意见的活动，也称为工程造价司法鉴定。

3.4.3 一般规定

1 计价方式

1.1 使用国有资金投资的建设工程发承包，必须采用工程量清单计价。

1.2 非国有资金投资的建设工程，宜采用工程量清单计价。

1.3 不采用工程量清单计价的建设工程，应执行本规范除工程量清单等专门性规定外的其他规定。

1.4 工程量清单应采用综合单价计价。

1.5 措施项目中的安全文明施工费必须按国家或省级、行业建设主管部门的规定计算，不得作为竞争性费用。

1.6 规费和税金必须按国家或省级、行业建设主管部门的规定计算，不得作为竞争性费用。

2 发包人提供材料和工程设备

2.1 发包人提供的材料和工程设备（以下简称“甲供材料”）应在招标文件中按照本规范附录L.1的规定填写《发包人提供材料和工程设备一览表》，写明甲供材料的名称、规格、数量、单价、交货方式、交货地点等。

承包人投标时，甲供材料单价应计入相应项目的综合单价中，签约后，发包人应按合同约定扣除甲供材料款，不予支付。

2.2 承包人应根据合同工程进度计划的安排，向发包人提交甲供材料交货的日期计划。发包人应按计划提供。

2.3 发包人提供的甲供材料如规格、数量或质量不符合合同要求，或由于发包人原因发生交货日期延误、交货地点及交货方式变更等情况的，发包人应承担由此增加的费用和（或）工期延误，并应向承包人支付合理利润。

2.4 发承包双方对甲供材料的数量发生争议不能达成一致的，应按照相关工程的计价定额同类项目规定的材料消耗量计算。

2.5 若发包人要求承包人采购已在招标文件中确定为甲供材料的，材料价格应由发承包双方根据市场调查确定，并应另行签订补充协议。

3 承包人提供材料和工程设备

3.1 除合同约定的发包人提供的甲供材料外，合同工程所需的材料和工程设备应由承包人提供，承包人提供的材料和工程设备均应由承包人负责采购、运输和保管。

3.2 承包人应按合同约定将采购材料和工程设备的供货人及品种、规格、数量和供货时间等提交发包人确认，并负责提供材料和工程设备的质量证明文件，满足合同约定的质量标准。

3.3 对承包人提供的材料和工程设备经检测不符合合同约定的质量标准，发包人应立即要求承包人更换，由此增加的费用和（或）工期延误应由承包人承担。对发包人要求检测承包人已具有合格证明的材料、工程设备，但经检测证明此该项材料、工程设备符合合同约定的质量标准，发包人应承担由此增加的费用和（或）工期延误，并向承包人支付合理利润。

4 计价风险

4.1 建设工程发承包，必须在招标文件、合同中明确计价中的风险内容及其范围，不得采用无限风险、所有风险或类似语句规定计价中的风险内容及范围。

4.2 由于下列因素出现，影响合同价款调整的，应由发包人承担：

4.2.1 国家法律、法规、规章和政策发生变化。

4.2.2 省级或行业建设主管部门发布的人工费调整，但承包人对人工费或人工单价的报价高于发布的除外。

4.2.3 由政府定价或政府指导价管理的原材料等价格进行了调整。因承包人原因导致工期延误的，应按本规范的规定执行。

4.2.4 由于市场物价波动影响合同价款的，应由发承包双方合理分摊，按本规范附录L.2或附录L.3填写《承包人提供主要材料和工程设备一览表》作为合同附件；当合同中没有约定，发承包双方发生争议时，应按本规范有关规定的条款调整合同价款。

4.2.5 由于承包人使用机械设备、施工技术以及组织管理水平等自身原因造成施工费用增加的，应由承包人全部承担。

4.2.6 当不可抗力发生，影响合同价款时，应按本规范有关条款的规定执行。

3.4.4 工程量清单编制

1 一般规定

1.1 招标工程量清单应由具有编制能力的招标人或受其委托、具有相应资质的工程造价咨询人编制。

1.2 招标工程量清单必须作为招标文件的组成部分，其准确性和完整性应由招标人负责。

1.3 招标工程量清单是工程量清单计价的基础，应作为编制招标控制价、投标报价、计算或调整工量、索赔等的依据之一。

1.4 招标工程量清单应以单位（项）工程为单位编制，应由分部分项工程项目清单、措施项目清单、其他项目清单、规费和税金项目清单组成。

1.5 编制招标工程量清单应依据：

1） 本规范和相关工程的国家计量规范；

2） 国家或省级、行业建设主管部门颁发的计价定额和办法；

3） 建设工程设计文件及相关资料；

4） 与建设工程有关的标准、规范、技术资料；

5） 拟定的招标文件；

6） 施工现场情况、地勘水文资料、工程特点及常规施工方案；

7） 其他相关资料。

2 分部分项工程项目

2.1 分部分项工程项目清单必须载明项目编码、项目名称、项目特征、计量单位和工程量。

2.2 分部分项工程项目清单必须根据相关工程现行国家计量规范规定的项目编码、项目名称、项目特征、计量单位和工程量计算规则进行编制。

3 措施项目

3.1 措施项目清单必须根据相关工程现行国家计量规范的规定编制。

3.2 措施项目清单应根据拟建工程的实际情况列项。

4 其他项目

4.1 其他项目清单应按照下列内容列项：

1） 暂列金额；

2） 暂估价，包括材料暂估单价、工程设备暂估单价、专业工程暂估价；

3） 计日工；

4） 总承包服务费。

4.2 暂列金额应根据工程特点按有关计价规定估算。

4.3 暂估价中的材料、工程设备暂估单价应根据工程造价信息或参照市场价格估算，列出明细表；专业工程暂估价应分不同专业，按有关计价规定估算，列出明细表。

4.4 计日工应列出项目名称、计量单位和暂估数量。

4.5 总承包服务费应列出服务项目及其内容等。

4.6 出现本规范未列的项目，应根据工程实际情况补充。

5 规费

5.1 规费项目清单应按照下列内容列项：

1） 社会保险费：包括养老保险费、失业保险费、医疗保险费、工伤保险费、生育保险费；

2） 住房公积金；

3） 工程排污费。

5.2 出现本规范未列的项目，应根据省级政府或省级有关部门的规定列项。

6 税金

6.1 税金项目清单应包括下列内容：

1） 营业税；

2） 城市维护建设税；

3） 教育费附加；

4） 地方教育附加。

6.2 出现本规范未列的项目，应根据税务部门的规定列项。

3.4.5 招标控制价

1 一般规定

1.1 国有资金投资的建设工程招标，招标人必须编制招标控制价。

1.2 招标控制价应由具有编制能力的招标人或受其委托具有相应资质的工程造价咨询人编制和复核。

1.3 工程造价咨询人接受招标人委托编制招标控制价，不得再就同一工程接受投标人委托编制投标报价。

1.4 招标控制价应按照本规范有关的规定编制，不应上调或下浮。

1.5 当招标控制价超过批准的概算时，招标人应将其报原概算审批部门审核。

1.6 招标人应在发布招标文件时公布招标控制价，同时应将招标控制价及有关资料报送工程所在地或有该工程管辖权的行业管理部门工程造价管理机构备查。

2 编制与复核

2.1 招标控制价应根据下列依据编制与复核：

1） 本规范；

2） 国家或省级、行业建设主管部门颁发的计价定额和计价办法；

3） 建设工程设计文件及相关资料；

4） 拟定的招标文件及招标工程量清单；

5） 与建设项目相关的标准、规范、技术资料；

6） 施工现场情况、工程特点及常规施工方案；

7） 工程造价管理机构发布的工程造价信息，当工程造价信息没有发布时，参照市场价；

8） 其他的相关资料。

2.2 综合单价中应包括招标文件中划分的应由投标人承担的风险范围及其费用。招标文件中没有明确的，如是工程造价咨询人编制，应提请招标人明确；如是招标人编制，应予明确。

2.3 分部分项工程和措施项目中的单价项目，应根据拟定的招标文件和招标工程量清单项目中的特征描述及有关要求确定综合单价计算。

2.4 措施项目中的总价项目应根据拟定的招标文件和常规施工方案按本规范有关的规定计价。

2.5 其他项目应按下列规定计价：

1） 暂列金额应按招标工程量清单中列出的金额填写；

2） 暂估价中的材料、工程设备单价应按招标工程量清单中列出的单价计入综合单价；

3） 暂估价中的专业工程金额应按招标工程量清单中列出的金额填写；

4） 计日工应按招标工程量清单中列出的项目根据工程特点和有关计价依据确定综合单价计算；

5） 总承包服务费应根据招标工程量清单列出的内容和要求估算。

2.6 规费和税金应按本规范有关的规定计算。

3 投诉与处理

3.1 投标人经复核认为招标人公布的招标控制价未按照本规范的规定进行编制的，应在招标控制价公布后5天内向招投标监督机构和工程造价管理机构投诉。

3.2 投诉人投诉时，应当提交由单位盖章和法定代表人或其委托人签名或盖章的书面投诉书。投诉书应包括下列内容：

1） 投诉人与被投诉人的名称、地址及有效联系方式；

2） 投诉的招标工程名称、具体事项及理由；

3） 投诉依据及有关证明材料；

4） 相关的请求及主张。

3.3 投诉人不得进行虚假、恶意投诉，阻碍招投标活动的正常进行。

3.4 工程造价管理机构在接到投诉书后应在2个工作日内进行审查，对有下列情况之一的，不予受理：

1） 投诉人不是所投诉招标下程招标文件的收受人；

2） 投诉书提交的时间不符合本规范规定的；

3） 投诉书不符合本规范规定的；

4） 投诉事项已进入行政复议或行政诉讼程序的。

3.5 工程造价管理机构应在不迟于结束审查的次日将是否受理投诉的决定书面通知投诉人、被投诉人以及负责该工程招投标监督的招投标管理机构。

3.6 工程造价管理机构受理投诉后，应立即对招标控制价进行复查，组织投诉人、被投诉人或其委托的招标控制价编制人等单位人员对投诉问题逐一核对。有关当事人应当予以配合，并应保证所提供资料的真实性。

3.7 工程造价管理机构应当在受理投诉的10天内完成复查，特殊情况下可适当延长，并作出书面结论通知投诉人、被投诉人及负责该工程招投标监督的招投标管理机构。

3.8 当招标控制价复查结论与原公布的招标控制价误差大于±3%时，应当责成招标人改正。

3.9 招标人根据招标控制价复查结论需要重新公布招标控制价的，其最终公布的时间至招标文件要求提交投标文件截止时间不足15天的，应相应延长投标文件的截止时间。

3.4.6 投标报价

1 一般规定

1.1 投标价应由投标人或受其委托具有相应资质的工程造价咨询人编制。

1.2 投标人应依据本规范有关的规定自主确定投标报价。

1.3 投标报价不得低于工程成本。

1.4 投标人必须按招标工程量清单填报价格。项目编码、项目名称、项目特征、计量单位、工程量必须与招标工程量清单一致。

1.5 投标人的投标报价高于招标控制价的应予废标。

2 编制与复核

2.1 投标报价应根据下列依据编制和复核：

1） 本规范；

2） 国家或省级、行业建设主管部门颁发的计价办法；

3） 企业定额，国家或省级、行业建设主管部门颁发的计价定额和计价办法；

4） 招标文件、招标工程量清单及其补充通知、答疑纪要；

5） 建设工程设计文件及相关资料；

6） 施工现场情况、工程特点及投标时拟定的施工组织设计或施工方案；

7） 与建设项目相关的标准、规范等技术资料；

8） 市场价格信息或工程造价管理机构发布的工程造价信息；

9） 其他的相关资料。

2.2 综合单价中应包括招标文件中划分的应由投标人承担的风险范围及其费用，招标文件中没有明确的，应提请招标人明确。

2.3 分部分项工程和措施项目中的单价项目，应根据招标文件和招标工程量清单项目中的特征描述确定综合单价计算。

2.4 措施项目中的总价项目金额应根据招标文件及投标时拟定的施工组织设计或施工方案，按本规范有关的规定自主确定。其中安全文明施工费应按照本规范有关的规定确定。

2.5 其他项目应按下列规定报价：

1） 暂列金额应按招标工程量清单中列出的金额填写；

2） 材料、工程设备暂估价应按招标工程量清单中列出的单价计入综合单价；

3） 专业工程暂估价应按招标工程量清单中列出的金额填写；

4） 计日工应按招标工程量清单中列出的项目和数量，自主确定综合单价并计算计日工金额；

5） 总承包服务费应根据招标工程量清单中列出的内容和提出的要求自主确定。

2.6 规费和税金应按本规范有关的规定确定。

2.7 招标工程量清单与计价表中列明的所有需要填写单价和合价的项目，投标人均应填写且只允许有一个报价。未填写单价和合价的项目，可视为此项费用已包含在已标价工程量清单中其他项目的单价和合价之中。当竣工结算时，此项目不得重新组价予以调整。

2.8 投标总价应当与分部分项工程费、措施项目费、其他项目费和规费、税金的合计金额一致。

3.4.7　工程计量

1　一般规定

1.1　工程量必须按照相关工程现行国家计量规范规定的工程量计算规则计算。

1.2　工程计量可选择按月或按工程形象进度分段计量，具体计量周期应在合同中约定。

1.3　因承包人原因造成的超出合同工程范围施工或返工的工程量，发包人不予计量。

1.4　成本加酬金合同应按本规范有关的规定计量。

2　单价合同的计量

2.1　工程量必须以承包人完成合同工程应予计量的工程量确定。

2.2　施工中进行工程计量，当发现招标工程量清单中出现缺项、工程量偏差，或因工程变更引起工程量增减时，应按承包人在履行合同义务中完成的工程量计算。

2.3　承包人应当按照合同约定的计量周期和时间向发包人提交当期已完工程量报告。发包人应在收到报告后7天内核实，并将核实计量结果通知承包人。发包人未在约定时间内进行核实的，承包人提交的计量报告中所列的工程量应视为承包人实际完成的工程量。

2.4　发包人认为需要进行现场计量核实时，应在计量前24小时通知承包人，承包人应为计量提供便利条件并派人参加。当双方均同意核实结果时，双方应在上述记录上签字确认。承包人收到通知后不派人参加计量，视为认可发包人的计量核实结果。发包人不按照约定时间通知承包人，致使承包人未能派人参加计量，计量核实结果无效。

2.5　当承包人认为发包人核实后的计量结果有误时，应在收到计量结果通知后的7天内向发包人提出书面意见，并应附上其认为正确的计量结果和详细的计算资料。发包人收到书面意见后，应在7天内对承包人的计量结果进行复核后通知承包人。承包人对复核计量结果仍有异议的，按照合同约定的争议解决办法处理。

2.6　承包人完成已标价工程量清单中每个项目的工程量并经发包人核实无误后，发承包双方应对每个项目的历次计量报表进行汇总，以核实最终结算工程量，并应在汇总表上签字确认。

3　总价合同的计量

3.1　采用工程量清单方式招标形成的总价合同，其工程量应按照本规范第8.2节的规定计算。

3.2　采用经审定批准的施工图纸及其预算方式发包形成的总价合同，除按照工程变更规定的工程量增减外，总价合同各项目的工程量应为承包人用于结算的最终工程量。

3.3　总价合同约定的项目计量应以合同工程经审定批准的施工图纸为依据，发承包双方应在合同中约定工程计量的形象目标或时间节点进行计量。

3.4　承包人应在合同约定的每个计量周期内对已完成的工程进行计量，并向发包人提交达到工程形象目标完成的工程量和有关计量资料的报告。

3.5　发包人应在收到报告后7天内对承包人提交的上述资料进行复核，以确定实际完成的工程量和工程形象目标。对其有异议的，应通知承包人进行共同复核。

练习题

一、名词解释

1、工程量清单计价

2、增值税

3、规费

4、招标控制价

5、综合单价

6、营改增

二、单项选择题

1、在工程量清单计价模式下，以下__________费用不属于其他项目费。

A. 暂估价　　B. 暂列金额　　C. 夜间施工增加费　　D. 总包服务费

2、冬雨季施工增加费中的人工费占该费用的__________。

A. 25%　　B. 35%　　C. 50%　　D. 70%

3、在安装工程中，脚手架搭拆费属于__________。

A. 措施项目费　　B. 暂列金额　　C. 暂估价　　D. 分部分项工程费

4、暂定金额是根据工程的复杂程度、设计深度、环境条件进行估算，一般可按照分部分项工程费的__________作为参考。

A. 40%～50%　　B. 20%～30%　　C. 10%～15%　　D. 5%～10%

5、按规定，招标控制价应该是招标时公布，还应该把招标控制价等的有关资料报送工程所在地的有关部门或工程管辖部门的造价管理机构备案，招标控制价公布后的招投标的过程中__________都上调或下浮招标控制价。

A. 可以　　B. 不可以　　C. 酌情考虑　　D. 必须

三、判断题

1、营改增就是将原来征收的营业税，改为现行的增值税。(　　)

2、招标控制价是公开的最高限价，投标人的投标报价若高于招标控制价的，其投标应予以拒绝。(　　)

3、暂列金额是将来必然发生但现在暂不发生的一笔费用，暂估价是将来可能发生也可能不发生的一笔费用。(　　)

4、投标报价不能高于招标人设定的招标控制价，但可以低于成本。(　　)

5、措施项目费是指为完成工程项目的施工，发生于该工程施工前或施工的过程中的安全、技术、生活等方面的工程实体项目所需的费用。(　　)

第4章 电气设备安装工程计量与计价

本章要点

电气设备安装工程施工图纸的识读方法及识读技巧，各种规格的电气安装的工程量计算方法，电气设备安装工程的清单设置规范以及项目编码的设置要求，《通用安装工程工程量计算规范》（GB 50856—2013）的有关要求及使用方法，《江苏省安装工程计价定额》（2014 版）各个分部分项工程子目的设置内容以及套用方法。

学习目标

1. 掌握电气设备安装工程施工图的识读方法。
2. 掌握电气设备安装工程工程量的计算规则以及清单设置的内容。
3. 熟悉电气设备安装工程的项目编码设置的原则；熟悉并掌握电气设备安装工程定额子目的套用方法，能熟练地根据施工图纸计算电气设备安装工程的施工图预算。

4.1 电气设备安装工程计价定额的内容及使用注意事项

4.1.1 《江苏省安装工程计价定额》（2014 版）的内容说明

《江苏省安装工程计价定额》（2014 版）第四册《电气设备安装工程》是以 2004 年版《江苏省安装工程计价定额》为基础进行修编的。第四册《电气设备安装工程》计价定额共 15 章，具体内容如表 4.1 所示。

表 4.1　　第四册《电气设备安装工程》计价定额项目设置内容

序号	分部工程名称	分项工程名称
1	变压器安装	包括油浸电力变压器安装，干式变压器安装，组合型成套箱式变电站安装，消弧线圈安装，电力变压器干燥和变压器油过滤等
2	配电装置安装	包括油断路器安装，真空断路器、SF_6 断路器安装，大型空气断路器、真空接触器安装，隔离开关、负荷开关安装，互感器安装，电抗器安装，电力电容器安装，并联补偿电容器组架及交滤波装置安装，高压成套配电柜安装等
3	母线安装	包括绝缘子安装，穿墙套管安装，软母线安装，软母线引下线、跳线及设备连线，组合软母线安装，带形母线安装，带形母线引下线安装，带形母线用伸缩节头及铜过滤板安装，槽形母线安装，槽形母线与设备连接，共箱母线安装，低压封闭式插接母线槽安装，重型母线安装，重型母线伸缩器及导板制作、安装，重型铝母线接触面加工

续表

序号	分部工程名称	分项工程名称
4	控制设备及低压电器	包括控制、继电、模拟及配电屏安装，硅整流柜安装，闸流晶体管柜安装，直流屏及其他电气屏（柜）安装，控制台、控制箱安装，成套配电箱安装，控制开关安装，熔断器、限位开关安装，控制器、接触器、启动器、电磁铁、快速自动开关安装，按钮、电笛、电铃安装，水位电气信号装置，仪表、电器、小母线安装，分流器安装，盘柜配线，端子箱、端子板安装及端子板外部接线，焊铜接线端子，压铜接线端子。压铝接线端子，穿通板制作、安装，基础槽钢、脚刚制作安装，铁构件制作、安装及箱、盒制作，木配电箱制作，配电板制作、安装，床头控制柜安装
5	蓄电池安装	包括蓄电池防震支架安装，碱性蓄电池安装，固定密闭式铅酸蓄电池安装，免维护铅酸蓄电池安装，蓄电池放电等
6	电机检查接线及调试	包括发电机及调相机检查接线，小型直流电动机检查接线，小型交流异步电动机检查接线，小型交流同步电动机检查接线，小型防爆式电动机检查接线，小型立式电动机检查接线，大中型电动机检查接线，微型电动机、变频机组检查接线，电磁调速电动机检查接线，户用锅炉电气装置检查接线，小型电动机干燥，大中型电动机干燥
7	滑触线装置	轻型滑触线、安全节能型滑触线安装；角钢、扁钢、圆钢、工字钢滑触线安装；滑触线支架安装；滑触线拉紧装置及挂式支持器制作、安装；移动软电缆安装
8	电缆	包括电缆沟挖填、人工开挖路面，电缆沟铺砂，盖砖及移动盖板，电缆保护管敷设及顶管，桥架安装，塑料电缆槽，混凝土电缆槽安装，电缆防火涂料、堵洞隔板及阻燃槽盒安装，电缆防腐、缠石棉绳、刷漆、剥皮，电力电缆埋地敷设，电力电缆穿管敷设，电力电缆沿竖直通道敷设，电力电缆其他敷设，户内干包式电力电缆头制作、安装，户内浇注式电力电缆终端头制作、安装，户内热缩式电力电缆终端头制作、安装，浇注式电力电缆中间头制作、安装，热缩式电力电缆中间头制作、安装，控制电缆埋地敷设，控制电缆穿管敷设，控制电缆沿竖直通道敷设，控制电缆其他方式敷设，控制电缆头制作、安装
9	防雷及接地装置	包括接地极（板）制作、安装，接地母线敷设，接地跨接线安装，避雷针制作、安装，半导体少长针消雷装置安装，避雷引下线敷设，避雷网安装
10	10kV以下架空配电线路	包括工地运输，土石方工程，底盘、拉盘、卡盘安装及电杆防腐，电杆组立，横担安装，拉线制作、安装，导线架设，导线跨越及进户线架设，杆上变配电设备安装
11	配管、配线	包括电线管敷设，钢管敷设，防爆钢管敷设，可挠金属套管敷设，塑料管敷设，金属软管敷设，管内穿线，鼓型绝缘子配线，针式绝缘子配线，蝶式绝缘子配线，塑料槽板配线，塑料护套线明敷设，金属线槽安装，线槽配线，钢索架设，母线拉紧装置及钢索拉紧装置制作、安装，车间带型母线安装，动力配管混凝土地面刨沟，墙体剔槽，接线箱安装，接线盒安装
12	照明器具	包括普通灯具安装，装饰灯具安装，荧光灯具安装，医院灯具安装，路灯安装，工厂灯及防水防尘灯安装，工厂其他灯具安装，开关、按钮、插座安装，安全变压器、电铃、风扇安装，其他电器安装
13	附属工程	包括各种铁构件制作，均不包括镀锌、镀锡、镀铬、喷塑等其他金属防护费用。发生时，应另行计算。轻型铁构件系指结构厚度在3mm以内的构件。铁构件制作、安装定额适用于本册范围内的各种支架、构件的制作、安装

续表

序号	分部工程名称	分项工程名称
14	电气调整试验	包括发电机、调相机系统调试，电力变压器系统调试，送配电装置系统调试，特殊保护装置调试，自动投入装置调试，中央信号装置、事故照明切换装置，不间断电源调试，母线、避雷器、电容器、接地装置调试，电抗器、消弧线圈、电除尘器调试，硅整流设备、闸流晶体管整流装置调试，普通小型直流电动机调试，闸流晶体管调速直流电动机系统调试，普通交流同步电动机调试，低压交流异步电动机调试，高压交流异步电动机调试，交流变频调速电动机调试，微型电动机、电加热器调试，电动机组及连锁装置调试，绝缘子、套管、绝缘油、电缆试验，普通桥式起重机电气调试，半自动电梯、运货电梯电气调试，交流自动电梯电气调试，直流快速自动电梯电气调速，直流高速自动电梯电气调试，自动扶梯、步行道电气调试
15	电梯电气装置	交流手柄操作或按钮控制（半自动）电梯、交流信号或集选控制（自动）电梯电气安装；直流快速（高速）自动电梯电气安装；小型杂物电梯、电厂专用电梯电气安装；电梯增加厅门、自动轿厢门及提升速度

4.1.2 使用第四册计价定额注意事项

（1）计价定额的适用范围：本册计价定额适用于工业与民用新建、扩建和整体更新改造工程中10kV以下变配电设备及其线路安装工程、车间动力电气设备及电力照明器具、防雷及接地装置安装、配管配线、电梯电气装置、电气调整试验等的安装工程。

（2）计价定额各项费用的规定：

1）计价定额的工作内容除各章节已说明的工序外，还包括施工准备、设备器材工器具的场内搬运、开箱检查、安装、调整试验、首尾清理、配合质量检验、工种间交叉配合、临时移动水和电源的停歇时间。

2）工程超高增加消耗量（已考虑了超高因素的定额项目除外）：操作物高度距离楼地面5m以上时，定额人工消耗量（含5m以下）乘以表4.2中的系数。

表4.2　超高建筑增加费系数

操作物高度/m	≤10	≤15	≤20	>20
系数	1.15	1.25	1.35	1.40

3）高层建筑（指高度在6层或20m以上的工业与民用建筑）增加费，可按表4.3计算（其中人工工资占70%，其余为机械费）。

表4.3　高层建筑增加费系数　%

层数	9层以下（30m）	12层以下（40m）	15层以下（50m）	18层以下（70m）	21层以下（70m）	24层以下（80m）	27层以下（90m）	30层以下（100m）	33层以下（110m）
按人工费的占比	6	9	12	15	19	23	26	30	34
其中人工工资占比	17	22	33	40	42	43	50	53	56
机械费占比	83	78	67	60	58	57	50	47	44

续表

层 数	36层以下(120m)	40层以下(130m)	42层以下(140m)	45层以下(150m)	48层以下(160m)	51层以下(170m)	54层以下(180m)	57层以下(190m)	60层以下(200m)
按人工费的占比	37	43	43	47	50	54	58	62	65
其中人工工资占比	59	58	65	67	68	69	69	70	70
机械费占比	41	42	35	33	32	31	31	30	30

注 为高层建筑供电的变电所和供水等动力工程，如果装在高层建筑的底层或地下室的，均不计取高层建筑增加费。装在6层以上的变配电工程和动力工程则同样计取高层建筑增加费。

4）脚手架搭拆费（10kV以下的架空线路除外），可按定额人工费的4%计算，其中人工工资占25%。

4.2 变压器安装

4.2.1 变压器安装计价定额的说明

（1）油浸电力变压器安装定额同样适用于自耦式变压器、有载调压变压器的安装。电炉变压器执行同容量电力变压器定额乘以系数2.0，整流变压器执行同容量电力变压器定额乘以系数1.6。

（2）变压器的器身检查：4000kVA以下是按吊芯检查考虑，4000kVA以上是按吊钟罩考虑，如果4000kVA以上的变压器需吊芯检查时，定额机械乘以系数2.0。

（3）整流变压器、消弧线圈、并联电抗器的干燥，执行同容量变压器干燥定额。电炉变压器执行同容量变压器干燥定额乘以系数2.0。

（4）变压器油是按设备带来考虑的，但施工中变压器油的过滤损耗及操作损耗已包括在有关定额中。

（5）变压器安装过程中放注油、油过滤所使用的油罐，已摊入油过滤定额中。

（6）定额不包括下列工作内容：

1）变压器干燥棚的搭拆工作，若发生时可按实计算。

2）变压器铁梯及母线铁构件的制作安装，另执行本册铁构件制作、安装定额。

3）瓦斯继电器的检查及试验已列入变压器系统调整试验定额内。

4）变压器安装不包括轨道的安装，应另行计算。

5）端子箱、控制箱的制作、安装，另执行本册相应定额。

6）二次喷漆发生时按本册相应定额执行。

4.2.2 变压器安装工程工程量计算规则

（1）变压器安装，按不同容量以“台”为计量单位。

（2）干式变压器如果带有保护罩时，定额人工和机械乘以系数1.2。

（3）变压器通过试验，判定绝缘受潮时才需进行干燥，所以只有需要干燥的变压器才能计取此项费用（编制施工图预算时可列此项，工程结算时根据实际情况再作处理），以

“台”为计量单位。

(4) 消弧线圈的干燥按同容量电力变压器干燥定额执行，以“台”为计量单位。

(5) 变压器油过滤不论过滤多少次，直到过滤合格为止，以“t”为计量单位，其具体计算方法如下：

1) 变压器安装定额未包括绝缘油的过滤，需要过滤时，可按制造厂提供的油量计算。

2) 油断路器及其他充油设备的绝缘油过滤，可按制造厂规定的充油量计算。

【例 4.1】 某变压器工程的设计图示表明，需要安装3台变压器，分别是：

(1) 油浸电力变压器 S9－1000kV·A/10kV 1台并且需要干燥处理，其绝缘油需要过滤，变压器的绝缘油重750kg，基础型钢为10号槽钢20m。

(2) 空气自冷干式变压器 SG10－400kV·A/10kV 1台，基础型钢为10号槽钢15m。

(3) 有载调压电力变压器 SZ9－800kV·A/10kV 1台，基础型钢为10号槽钢15m。

请列出该工程的分部分项工程量清单表，如表4.4所示。

表 4.4　　分部分项工程量清单

序号	项目编码	项目名称	计量单位	工程数量
1	030401001001	油浸电力变压器 S9－1000kV·A/10kV 1. 变压器干燥处理 2. 绝缘油过滤 750kg 3. 10号基础槽钢制作安装 20m	台	1
2	030401002001	空气自冷干式变压器 SG10－400kV·A/10kV 10号基础槽钢制作安装 15m	台	1
3	030401005001	有载调压电力变压器 SZ9－800kV·A/10kV 10号基础槽钢制作安装 15m	台	1

4.3 配电装置安装

4.3.1 配电装置安装计价定额内容说明

(1) 设备本体所需的绝缘油、六氟化硫气体、液压油等均按设备带有考虑。

(2) 本章设备安装定额不包括下列工作内容，另执行本册相应定额：

1) 端子箱安装。

2) 设备支架制作及安装。

3) 绝缘油过滤。

4) 基础槽（角）钢安装。

(3) 设备安装所需的地脚螺栓按土建预埋考虑，不包括二次灌浆。

(4) 互感器安装定额系按单相考虑，不包括抽芯及绝缘油过滤，特殊情况另作处理。

(5) 电抗器安装定额系按三相叠放、三相平放和二叠一平的安装方式按综合考虑，不论何种安装方式，均不做换算，一律执行本定额。干式电抗器安装定额适用于混凝土电抗器、铁芯干式电抗器和空心电抗器的安装。

(6) 高压成套配电柜安装定额系综合考虑的，不分容量大小，也不包括母线配制及设备干燥。

(7) 低压无功补偿电容器屏（柜）安装列入本册第四章。

(8) 组合型成套箱式变电站主要是指 10kV 以下的箱式变电站，一般布置形式为变压器在箱的中间，箱的一端为高压开关位置，另一端为低压开关位置。组合型低压成套配电装置其外形像一个大型集装箱，内装 6～24 台低压配电箱（屏），箱的两端开门，中间为通道，称为集装箱式低压配电室，列入本册第四章。

4.3.2 配电装置安装工程量计算规则

(1) 断路器、电流互感器、电压互感器、油浸电抗器、电力电容器及电容器柜的安装以“台（个）”为计量单位。

(2) 隔离开关、负荷开关、熔断器、避雷器、干式电抗器的安装以“组”为计量单位，每组按三相计算。

(3) 交流滤波装置的安装以“台”为计量单位。每套滤波装置包括三台组架安装，不包括设备本身及铜母线的安装，其工程量应按本册相应定额另行计算。

(4) 高压设备安装定额内均不包括绝缘台的安装，其工程量应按施工图设计执行相应定额。

(5) 高压成套配电柜和箱式变电站的安装以“台”为计量单位，均未包括基础槽钢、母线及引下线的配置安装。

(6) 配电设备安装的支架、抱箍及延长轴、轴套、间隔板等，按施工图设计的需要量计算，执行本册铁构件制作安装定额或成品价。

(7) 绝缘油、六氟化硫气体、液压油等均按设备带有考虑；电气设备以外的加压设备和附属管道的安装应按相应定额另行计算。

(8) 配电设备的端子板外部接线，应按本册相应定额另行计算。

由于本节内容不常用，故不再赘述。

4.4 母 线 安 装

4.4.1 母线安装计价定额内容说明

(1) 本章定额不包括支架、铁构件的制作、安装，发生时执行本册相应定额。

(2) 软母线、带形母线、槽形母线的安装定额内不包括母线、金具、绝缘子等主材，具体可按设计数量加损耗计算。

(3) 组合软导线安装定额不包括两端铁构件制作、安装和支持瓷瓶、带形母线的安装，发生时应执行本册相应定额。其跨距是按标准跨距综合考虑的，若实际跨距与定额不符，不做换算。

(4) 软母线安装定额是按单串绝缘子考虑的，如设计为双串绝缘子，其定额人工乘以系数 1.08。

(5) 软母线的引下线、跳线、设备连线均按导线截面分别执行定额，不区分引下线、跳线和设备连线。

(6) 带形钢母线安装执行铜母线安装定额。

(7) 带形母线伸缩节头和铜过渡板均按成品考虑，定额只考虑安装。

(8) 高压共箱式母线和低压封闭式插接母线槽均按制造厂供应的成品考虑，定额只包含现场安装。

(9) 封闭式插接母线槽在竖井内安装时，人工和机械乘以系数 2.0。

4.4.2 母线安装工程量计算规则

(1) 悬垂绝缘子串安装，指垂直或 V 形安装的提挂导线、跳线、引下线、设备连接线或设备等所用的绝缘子串安装，按单、串联以“串”为计量单位。耐张绝缘子串的安装已包括在软母线安装定额内。

(2) 支持绝缘子安装分别按安装在户内、户外、单孔、双孔、四孔固定，以“个”为计量单位。

(3) 穿墙套管安装不分水平、垂直安装，均以“个”为计量单位。

(4) 软母线安装，指直接由耐张绝缘子串悬挂部分，按软母线截面大小分别以“跨/三相”为计量单位。设计跨距不同时，不得调整。导线、绝缘子、线夹、弛度调节金具等均按施工图设计用量加定额规定的损耗率计算。

(5) 软母线引下线，指由 T 形线夹或并沟线夹从软母线引向设备的连接线，以“组”为计量单位，每三相为一组；软母线经终端耐张线夹引下（不经 T 形线夹或并沟线夹引下）与设备连接的部分均执行引下线定额，不得换算。

(6) 两跨软母线间的跳引线安装，以“组”为计量单位，每三相为一组。不论两端的耐张线夹是螺栓式或压接式，均执行软母线跳线定额，不得换算。

(7) 设备连接线安装，指两设备间的连接部分。不论引下线、跳线、设备连接线，均应分别按导线截面、三相为一组计算工程量。

(8) 组合软母线安装，按三相为一组计算。跨距（包括水平悬挂部分和两端引下部分之和）系以 45m 以内考虑，跨度的长与短不得调整。导线、绝缘子、线夹、金具按施工图设计用量加定额规定的损耗率计算。

(9) 软母线安装预留长度按表 4.5 计算。

表 4.5　　软母线安装预留长度

项　目	耐张	跳线	引下线、设备连接线
预留长度/(m/根)	2.5	0.8	0.6

(10) 带形母线安装及带形母线引下线安装包括铜排、铝排，分别以不同截面和片数以“m/单相”为计量单位。母线和固定母线的金具均按设计量加损耗率计算。

(11) 钢带形母线安装，按同规格的铜母线定额执行，不得换算。

(12) 母线伸缩接头及铜过渡板安装均以“个”为计量单位。

(13) 槽形母线安装以“m/单相”为计量单位。槽形母线与设备连接分别以连接不同的设备以“台”为计量单位。槽形母线及固定槽形母线的金具按设计用量加损耗计算。壳的大小尺寸以“m”为计量单位，长度按设计共箱母线的轴线长度计算。

(14) 低压(指400V以下)封闭式插接母线槽安装分别按导体的额定电流大小以长度"m"为计量单位，长度按设计母线的轴线长度计算。分线箱以"台"为计量单位，分别以电流大小按设计数量计算。

(15) 重型母线安装包括铜母线、铝母线，分别按截面大小以母线的成品重量以"t"为计量单位。

(16) 重型铝母线接触面加工指铸造件需加工接触面时，可以按其接触面大小，分别以"片/单相"为计量单位。

(17) 硬母线配置安装预留长度按表4.6的规定计算。

表4.6 硬母线配置安装预留长度

序号	项　目	预留长度/(m/根)	说　明
1	带形、槽形母线终端	0.3	从最后一个支持点算起
2	带形、槽形母线与分支线连接	0.5	分支线预留
3	带形母线与设备连接	0.5	从设备端子接口算起
4	多片重型母线与设备连接	1.0	从设备端子接口算起
5	槽形母线与设备连接	0.5	从设备端子接口算起

(18) 带形母线、槽形母线安装均不包括支持瓷瓶安装和钢构件配置安装，其工程量应分别按设计成品数量执行本册相应定额。

由于本节内容不常用，故不再赘述。

4.5 控制设备及低压电器

4.5.1 控制设备及低压电器计价定额内容说明

(1) 本章包括电气控制设备、低压电器的安装，盘、柜配线，焊(压)接线端子，基础槽钢、角钢制作、安装。

(2) 控制设备安装，除限位开关及水位电气信号装置外，其他均未包括支架制作安装。发生时，可执行本册相应定额。

(3) 控制设备安装未包括的工作内容：

1) 二次喷漆及喷字；

2) 电器及设备干燥；

3) 焊、压接线端子；

4) 端子板外部(二次)接线。

(4) 屏上辅助设备安装，包括标签框、光字牌、信号灯、附加电阻、连接片等，但不包括屏上开孔工作。

(5) 设备的补充油按设备考虑。

4.5.2 控制设备及低压电器工程量计算规则

(1) 控制设备及低压电器安装均以"台"为计量单位。以上设备安装均未包括基础槽钢、角钢的制作安装，其工程量应按相应定额另行计算。

（2）网门、保护网制作安装，按网门或保护网设计图示的框外围尺寸，以“m^2”为计量单位。

（3）盘柜配线分不同规格，以“m”为计量单位。

（4）盘、箱、柜的外部进出线预留长度按表 4.7 计算。

表 4.7　　盘、箱、柜的外部进出线预留长度

序号	项　目	预留长度/(m/根)	说　明
1	各种箱、柜、盘、板盒	高＋宽	盘面尺寸
2	单独安装的铁壳开关、自动开关、刀开关、启动器、箱式电阻器、变阻器	0.5	从安装对象中心算起
3	继电器、控制开关、信号灯、按钮、熔断器等小电器	0.3	从安装对象中心算起
4	分支接头	0.2	分支线预留

（5）配电板制作安装及包铁皮，按配电板图示外形尺寸，以“m^2”为计量单位。

（6）焊（压）接线端子定额只适用于导线，电缆终端头制作安装定额中已包括压接线端子，不得重复计算。

（7）端子板外部接线按设备盘、箱、柜、台的外部接线图计算，以“10 个”为计量单位。

（8）盘、柜配线定额只适用于盘上小设备元件的少量现场配线，不适用于工厂的设备修、配、改工程。

（9）开关、按钮安装的工程量，应区别开关、按钮安装形式，开关、按钮种类，开关极数以及单控与双控，以“套”为计量单位计算。

（10）插座安装的工程量，应区别电源相数、额定电流、插座安装形式、插座插孔个数，以“套”为计量单位计算。

（11）安全变压器安装的工程量，应区别安全变压器容量，以“台”为计量单位计算。

（12）电铃、电铃号码牌箱安装的工程量，应区别电铃直径、电铃号牌箱规格（号），以“套”为计量单位计算。

（13）门铃安装工程量计算，应区别门铃安装形式，以“个”为计量单位计算。

（14）风扇安装的工程量，应区别风扇种类，以“台”为计量单位计算。

（15）盘管风机三速开关、请勿打扰灯，须刨插座安装的工程量，以“套”为计量单位计算。

由于本节内容不常用，故不再赘述。

4.6 滑触线装置

4.6.1 滑触线装置计价定额内容说明

（1）起重机的电气装置系按未经生产厂家成套安装和试运行考虑的，因此起重机的电

机和各种开关、控制设备、管线及灯具等均按分部分项定额编制预算。

(2) 滑触线支架的基础铁件及螺栓，按土建预埋考虑。

(3) 滑触线及支架的油漆，均按涂一遍考虑。

(4) 移动软电缆敷设未包括轨道安装及滑轮制作。

(5) 滑触线的辅助母线安装，执行“车间带形母线”安装定额。

(6) 滑触线伸缩器和坐式电车绝缘子支持器的安装，已分别包括在“滑触线安装”和“滑触线支架安装”定额内，不另行计算。

(7) 滑触线及支架安装是按10m以下标高考虑的，若超过10m，按分册说明的超高系数计算。

(8) 铁构件制作，执行本册相应项目。

4.6.2 滑触线装置工程量计算规则

(1) 起重机上的电气设备、照明装置和电缆管线等安装均执行本册的相应定额。

(2) 滑触线安装以“m/单相”为计量单位，其附加和预留长度按表4.8的规定计算。

表4.8 滑触线安装附加和预留长度

序号	项　目	预留长度/(m/根)	说　明
1	圆钢、铜母线与设备连接	0.2	从设备接线端子接口起算
2	圆钢、铜滑触线终端	0.5	从最后一个固定点起算
3	角钢滑触线终端	1.0	从最后一个支持点起算
4	扁钢滑触线终端	1.3	从最后一个固定点起算
5	扁钢母线分支	0.5	分支线预留
6	扁钢母线与设备连接	0.5	从设备接线端子接口起算
7	轻轨滑触线终端	0.8	从最后一个支持点起算
8	安全节能及其他滑触线终端	0.5	从最后一个固定点起算

由于本节内容不常用，故不再赘述。

4.7 防雷及接地装置

4.7.1 防雷接地装置的基本知识

防雷接地装置一般由接闪器、引下线和接地体三大部分组成。

(1) 接闪器。接闪器是指直接接受雷击的金属构件。根据被保护的建筑物（或构筑物）的外形以及接闪器形状的不同，可分为避雷针、避雷带、避雷网。

避雷针是装在细高的建筑物（或构筑物）最突出的部位或独立装设的针形导体，通常用圆钢或者钢管加工而成。一般要求圆钢直径≥12mm，钢管直径≥20mm，壁厚≥3mm。

避雷带是利用圆钢或扁钢做成的条形长带，作为接闪器装于建筑物（或构筑物）容易遭到雷击的部位，如屋脊、屋檐、女儿墙等。

避雷网由网状形的避雷带组成，用以保护建筑物（或构筑物）顶部水平面不受雷击。

材料大多采用圆钢或扁钢，圆钢直径≥8mm，扁钢截面面积≥48mm^2，厚度≥4mm。

（2）引下线。引下线是指连接接闪器与接地装置的金属导体，可以用单独的圆钢或扁钢作为引下线，也可利用建筑物的柱筋或其他钢筋作为引下线。

（3）接地体。接地体是指埋入土壤或混凝土基础中作为散流用的金属导体，分为自然接地体和人工接地体两种。

4.7.2 防雷及接地装置计价定额内容说明

（1）本章定额适用于建筑物、构筑物的防雷接地，变配电系统接地，设备接地以及避雷针的接地装置。

（2）户外接地母线敷设定额系按自然地坪和一般土质综合考虑，包括地沟的挖填土和夯实工作，执行本定额时不应再计算土方量。如遇有石方、矿渣、积水、障碍物等情况时，可另行计算。

（3）本章定额不适于采用爆破法施工敷设接地线、安装接地极，也不包括高土壤电阻率地区采用换土或化学处理的接地装置及接地电阻的测定工作。

（4）本章定额中，避雷针的安装、半导体少长针消雷装置的安装均已考虑了高空作业的因素。

（5）独立避雷针的中加工制作执行本册“一般铁构件”制作定额。

（6）防雷均压环安装定额是按利用建筑物圈梁内主筋作为防雷接地连接线考虑的。如果采用单独扁钢或圆钢明敷作均压环时，可执行“户内接地母线敷设”定额。

（7）利用铜绞线作接地引下线时，配管、穿铜绞线执行本册第十一章中同规格的相应项目。

4.7.3 防雷及接地装置工程量计算规则

（1）接地极制作安装以“根”为计量单位，其长度按设计长度计算，设计无规定时，每根长度按 2.5m 计算。若设计有管帽时，管帽另按加工件计算。

（2）接地母线敷设，按设计长度以“m”为计量单位计算工程量。接地终线、避雷线敷设均按延长米计算，其长度按施工图设计水平和垂直规定长度另加 3.9%的附加长度（包括转弯、上下波动、避绕障碍物、搭接头所占长度）计算。计算主材费时应另增加规定的损耗率。

（3）接地跨接线以“处”为计量单位，按规程规定凡需作接地跨接线的工程内容，每跨接一次按一处计算，户外配电装置构架均需接地，每副构架按“一处”计算。

（4）避雷针的加工制作、安装，以“根”为计量单位，独立避雷针安装以“基”为计量单位。长度、高度、数量均按设计规定。独立避雷针的加工制作应执行“一般铁件”制作定额或按成品计算。

（5）半导体少长针消雷装置安装以“套”为计量单位，按设计安装高度分别执行相应定额。装置本身由设备制造厂成套供货。

（6）利用建筑物内主筋作接地引下线安装以“10m”为计量单位，每一柱子内焊接两根主筋考虑，如果焊接主筋数超过两根时，可按比例调整。

（7）断接卡子制作安装以“套”为计量单位，按设计规定装设的断接卡子数量计算，接地检查井内的断接卡子安装按每井一套计算。

（8）高层建筑物屋顶的防雷接地装置应执行“避雷网安装”定额，电缆支架的接地线安装应执行“户内接地母线敷设”定额。

（9）均压环敷设以“m”为单位计算，主要考虑利用圈梁内主筋作均压环接地连线，焊接按两根主筋考虑，超过两根时，可按比例调整。长度按设计需要作均压接地的圈梁中心线长度，以延长米计算。

（10）钢、铝窗接地以“处”为计量单位（高层建筑六层以上的金属窗设计一般要求接地），按设计规定接地的金属窗数进行计算。

（11）柱子主筋与圈梁连接以“处”为计量单位，每处按两根主筋与两根圈梁钢筋分别焊接连接考虑。如果焊接主筋和圈梁钢筋超过两根时，可按比例调整，需要连接的柱子主筋和圈梁钢筋“处”数按设计规定计算。

4.7.4 清单、计价定额对照表

防雷接地装置安装计量工程量清单项目设置、项目特征描述和计价定额及工程量计算规则，应按表4.9规定执行。

表4.9　防雷及接地装置清单、计价定额对照表

<table>
<tr><td rowspan="3">清单</td><td>编码</td><td>030409001～030409011</td><td>工程量计算规则</td></tr>
<tr><td>特征</td><td>1. 制作；2. 材质；3. 规格；4. 安装部位；5. 安装形式</td><td rowspan="2">按设计图示尺寸以长度计算（水平＋垂直＋附加）</td></tr>
<tr><td colspan="2">材料的制作、安装，跨接，补刷（喷）油漆</td></tr>
<tr><td rowspan="2">定额</td><td colspan="2">第四册　第九章　定额编号从4－897到4－966</td><td>工程量计算规则</td></tr>
<tr><td colspan="2">工作内容：平直、下料、侧位、打眼、埋卡子、焊接、固定、刷漆</td><td>按设计图示尺寸以长度计算（水平＋垂直＋附加）</td></tr>
</table>

【例4.2】 某建筑物的避雷接地系统，如图4.1所示，避雷网采用直径$\phi12$镀锌圆钢在女儿墙0.8m上明敷设，支撑架为1m间距设置并利用建筑物结构柱中的对称2根$\phi10$镀锌圆钢主筋焊接引下与接地母线－50mm×5mm的扁钢连接，接地母线与角钢接地极（L50×5，h＝2.5mm）作了可靠的电气连接（接地母线距建筑物外墙边均为3m），建筑物屋面高度24m，基础埋深2m，试计算防雷接地工程量。

解：（1）清单工程量（表4.10）。

表4.10　工程量清单表

项目编码	项目名称	项目特征描述	计量单位	工程量
030409001001	接地极	角钢L50mm×5mm，h＝2.5m，普通土	根	8
030409002001	室外接地母线	镀锌扁钢－50mm×5mm	m	115.29
030409003001	避雷引下线	镀锌钢管$\phi10$，利用建筑物2根主筋，断接卡子	m	107.2
030409005001	避雷网	镀锌钢管$\phi12$明敷设在女儿墙	m	87.28

避雷网镀锌钢管$\phi12$：$[(25+10)\times2]\times(1+0.2)\times1.039=87.28$m。

（其中0.2为单根支撑架长，0.039是附加长度系数，为避雷网转弯、避绕障碍物搭

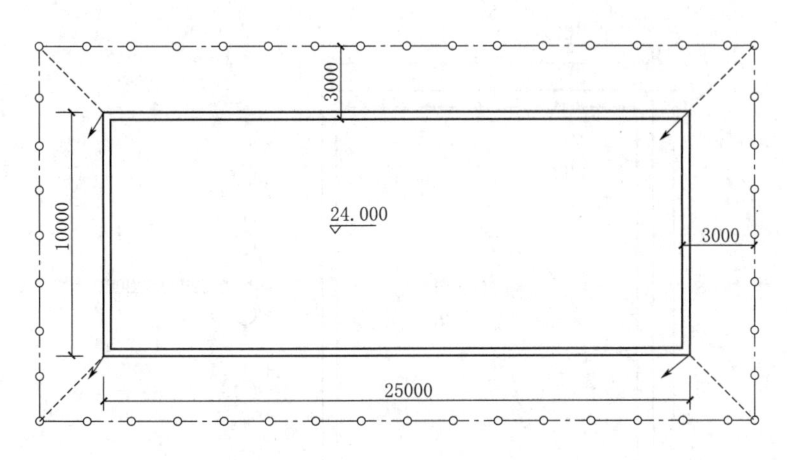

图 4.1 避雷接地系统

接头所占长度附加值)

防雷引下线镀锌钢管 ϕ10：(24＋2＋0.8)×4＝107.2m。

室外接地母线－50×5 的扁钢：$[(25+3\times2+10+3\times2)\times2+\sqrt{9+9}\times4]\times1.039=$ 115.29m。

L50×5 角钢接地极：8 根

断接卡子制作安装：4 套

(2) 定额工程量（同清单工程量见表 4.11)。

表 4.11 **定额工程量表**

定额编号	项目名称	计量单位	工程量
4-899	角钢接地极	根	8
4-905	室外接地母线	10m	11.53
4-915	避雷引下线	10m	10.72
4-964	断接卡子	10套	0.40
4-919	避雷网	10m	8.728

【例 4.3】 如图 4.2 所示，长 53m，宽 22m，高 23m 的宿舍楼在房顶上沿女儿墙敷设避雷带（沿支架)，3 处沿建筑物外墙引下与一组接地极（5 根，材料为 SC50，每根长为 2.5m）连接，试求：(1) 列出预算项目；(2) 计算工程量；(3) 套用计价定额并计算安装费用。

注：本题目采用《江苏省安装工程计价定额》(2014 版)，距地面 1.7m 处设断接卡子，距地面 1.7m 以上的引下线材料采用 ϕ8 镀锌圆钢，1.7m 以下材料采用 40mm×4mm 的镀锌扁钢。

解：(1) 预算项目包括：①接地极制作与安装；②接地母线敷设；③沿建筑物引下线敷设；④断接卡子制作与安装；⑤避雷带或网敷设；⑥接地电阻测试。

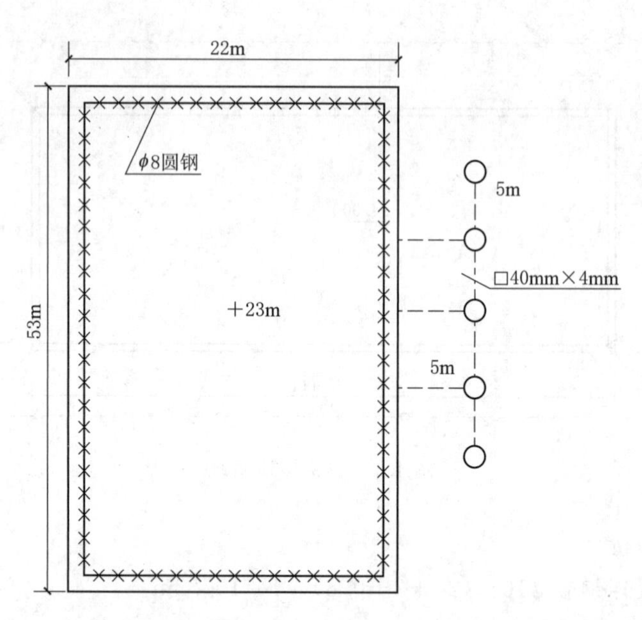

图4.2 某宿舍楼屋顶防雷接地平面图

(2) 工程量计算：

① 接地极制作与安装工程量（镀锌钢管SC50，$L=2.5$m）：5根

② 接地母线敷设工程量40mm×4mm的镀锌扁钢：(5×4+5×3+0.7×3)m×(1+3.9%)=38.55m

③ 引下线敷设工程量：

距地1.7m以上ϕ8镀锌圆钢为 (1+23−1.7)m×3×(1+3.9%)=69.5m

距地1.7m以下40mm×4mm的镀锌扁钢为1.7m×3×(1+3.9%)=5.3m

合计：69.5m+5.3m=74.8m

④ 断接卡子制作与安装工程量：3套

⑤ 避雷带或网敷设工程量ϕ8镀锌圆钢：(53+22)m×2×(1+3.9%)=155.85m

⑥ 接地电阻测试：1次

(3) 套用《江苏省安装工程消耗量定额》(2014版)，计算安装费用如表4.12所示。

表4.12　　防雷接地工程安装费

序号	定额编号	工　程　项　目	单位	工程量	基价/元	合价/元
1	4-897	钢管接地极（普通土）	根	5	98.87	494.35
2	4-906	接地母线埋地敷设截面200mm^{2}以内	10m	3.86	271.56	1048.22
3	4-914	引下线沿建筑物、构筑物引下	10m	7.48	151.47	1132.99
4	4-964	断接卡子制作与安装	10套	0.3	361.85	108.55
5	4-919	沿女儿墙支架敷设	10m	15.59	304.88	4753.08
6		分部分项工程合计				7537.19

4.7.5 注意事项

（1）利用桩基础做接地极时，应描述桩台下桩的根数，每根几根柱筋需焊接，其工程量计入柱引下线的工程量。

（2）利用柱筋作引下线的，需描述是几根柱筋焊接作为引下线。

（3）使用电缆、电线作接地线，应按本附录电缆、配管配线相关项目编码列项。

（4）型钢属于主要材料，计取5%的损耗率。

【例4.4】 某民用建筑住宅防雷接地平面布置图如图4.3所示，避雷网在平屋顶四周沿檐沟外折板支架敷设，其余沿混凝土块敷设。折板上口距离室外地坪19m。避雷引下线均沿外墙引下，并在距离室外地坪0.45m处设置接地电阻测试断接卡子，土壤为普通土壤。

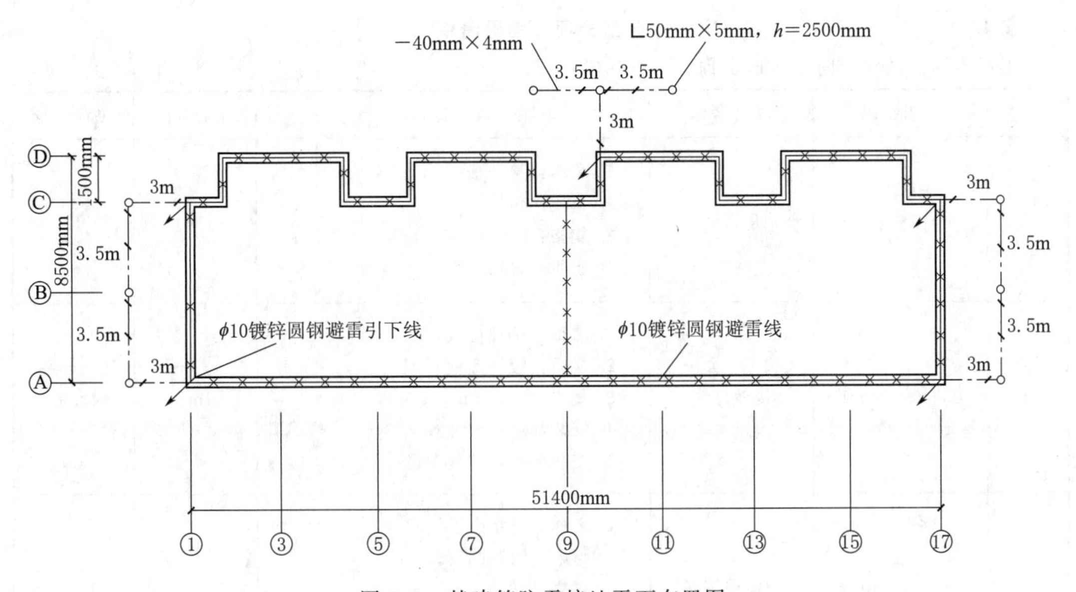

图4.3 某建筑防雷接地平面布置图

试计算：（1）该工程的工程量，按《江苏省安装工程计价定额》（2014版）计算；

（2）编制该工程的分部分项工程量清单。

解：（1）工程量计算如表4.13所示。

表4.13 工程量计算表

定额编号	项目名称	单位	数量	计算公式
4-919	避雷网沿折板支架安装镀锌圆钢 ϕ10	10m	13.382	51.4+51.4+1.5×8+7+7=128.8 128.8×(1+3.9%)=133.82
4-918	避雷网沿混凝土块支架安装镀锌圆钢 ϕ10	10m	0.7	8.5−1.5=7 （9轴线全长减去凹凸部分长度）
4-914	避雷引下线敷设镀锌圆钢 ϕ10	10m	9.275	19×5−0.45×5=92.75（楼总高×引下线根数−断接卡子距室外地坪高×根数）

续表

定额编号	项 目 名 称	单位	数量	计 算 公 式
4-899	接地极制作安装 L50mm×5mm，h＝2500mm	根	15	15根(按图示数量计算)
4-906	户外接地母线敷设－40mm×4mm	10m	4.338	(3＋0.7＋0.45)×5＋3.5×6＝41.75 41.75×(1＋3.9%)＝43.38
4-964	断接卡子制作安装	套	5	5套(每根引下线为一套)
4-1857	独立接地装置调试	系统	1	

（2）分部分项工程量清单（表4.14）。

表4.14　　分部分项工程量清单

工程名称：某建筑防雷接地工程　　标段：　1　　第　页　共　页

序号	项目编码	项目名称	项 目 特 征	计量单位	工程数量
1	030409001001	接地极	1. 名称：接地极； 2. 材质：角钢； 3. 规格：L50mm×5mm，h＝2500； 4. 土质：普通土壤	根	15
2	030409002001	接地母线	1. 名称：接地母线； 2. 材质：镀锌扁钢； 3. 规格：－40mm×4mm； 4. 安装部位：户外； 5. 安装形式：埋地敷设	m	43.38
3	030409003001	避雷引下线	1. 名称：避雷引下线； 2. 材质：镀锌圆钢； 3. 规格：ϕ10； 4. 安装部位及形式：沿外墙引下； 5. 断接卡子：5套	m	92.75
4	030409006001	避雷网	1. 名称：避雷网； 2. 材质：镀锌圆钢； 3. 规格：ϕ10； 4. 安装形式：沿折板支架安装	m	133.82
5	030409006002	避雷网	1. 名称：避雷网； 2. 材质：镀锌圆钢； 3. 规格：ϕ10； 4. 安装形式：沿混凝土块支架安装	m	7.0
6	030414011001	接地装置调试	1. 名称：系统调试； 2. 类别：接地网	系统	1

4.8 10kV 以下架空配电线路

4.8.1 10kV 以下架空配电线路计价定额内容说明

本节架空线路主要由导线（绝缘导线和裸导线）、电杆、绝缘子和线路金具等组成，适用于从区域变电站到厂区内专用变电站（总降压站）配电线路以及厂区内的高压架空线路。有关问题做如下说明。

（1）本节计价表按平地施工条件考虑，如在其他地形条件下施工时，其人工和机械按表 4.15 所列地形类别予以调整。

表 4.15 调整系数表

地形类别	丘陵（市区）	一般山区、沼泽地带
调整系数	1.20	1.60

（2）地形划分的特征。

平地：地形比较平坦、地面比较干燥的地带。

丘陵：地形有起伏的矮岗、土丘等地带。

一般山地：指一般山岭或沟谷地带、高原台地等。

沼泽地带：指经常积水的田地或泥水淤积的地带。实际工程中，全线地形分为几种类型时，可按各种类型长度所占百分比求出综合系数进行计算。

（3）架空配电线路一次施工工程量按 5 根以上考虑，如 5 根以内者，其全部人工和机械应乘以系数 1.3。

（4）如果出现钢管杆的组立，按同高度混凝土杆组立的人工、机械乘以系数 1.4，材料不调整。

（5）导线跨越架设。

1）每个跨越间距均按 50m 以内考虑，大于 50m 而小于 100m 时按 2 处计算，以此类推。

2）在跨越档内有多种（或多次）跨越物时，应根据跨越物种类分别执行定额。

3）跨越定额仅考虑因跨越而多耗的人工、材料和机械台班，在计算架线工程量时，不扣除跨越档的长度。

（6）杆上变压器安装不包括变压器调试、抽芯、干燥工作。

4.8.2 10kV 以下架空线路工程工程量计算规则

（1）工地运输工程量计算规则。

工地运输是指定额内未计价材料从集中材料堆放点或工地仓库运至杆位上的工程运输，分人力运输和汽车运输，以“吨公里”为计量单位。

运输量计算公式为

$$工程运输量=施工图用量\times(1+损耗率)$$

各种材料的损耗率可按表 4.16 的规定取值。

表 4.16 各种材料的损耗率

名　称	损耗率/%	名　称	损耗率/%
混凝土制品	0.5	裸软导线	1.3
木杆材料	1.0	绝缘导线	1.8
绝缘子	2.0	拉线材料	1.5
金具	1.0		

预算运输重量＝工程运输量＋包装物重量(不需要包装的可不计算包装物重量)

运输重量可按表 4.17 的规定进行计算。

表 4.17 运输重量表

材料名称		单位	运输重量/kg	备　注
混凝土制品	人工浇制	m^3	2600	包括钢筋
	离心浇制	m^3	2860	包括钢筋
线材	导线	kg	$W\times1.15$	有线盘
	钢绞线	kg	$W\times1.07$	无线盘
木杆材料		m^3	500	包括木横担
金具、绝缘子		kg	$W\times1.07$	—
螺栓		kg	$W\times1.01$	—

注 1. W 为理论重量；
2. 未列入者均按净重计算。

(2) 无底盘、卡盘的电杆坑，其挖方体积为

$$V=0.8\times0.8\times h \tag{4.1}$$

式中：h 为坑深，m。

(3) 电杆坑的马道土、石方量按每坑 0.2m^3 计算。

(4) 施工操作裕度按底拉盘底宽每边增加 0.1m。

(5) 各类土质的放坡系数按表 4.18 计算。

表 4.18 各类土质的放坡系数

土质	普通土、水坑	坚土	松砂石	泥水、流砂、岩石
放坡系数	1∶0.3	1∶0.25	1∶0.2	不放坡

(6) 冻土厚度大于 300mm 时，冻土层的挖方量按挖坚土定额乘以系数 2.5。其他土层仍按土质性质执行定额。

(7) 土方量按下式计算：

$$V=h/[ab+(a+a_1)\times(b+b_1)+a_1\times b_1] \tag{4.2}$$

式中：V 为土（石）方体积，m^3；h 为坑深，m；$a(b)$ 为坑底宽，m，$a(b)$＝底拉盘底宽＋2×每边操作裕度；$a_1(b_1)$ 为坑口宽，m，$a_1(b_1)=a(b)+2\times h\times$边坡系数。

(8) 杆坑土质按一个坑的主要土质而定，如一个坑大部分为普通土，少量为坚土，则该坑应全部按普通土计算。

(9) 带卡盘的电杆坑，如原计算的尺寸不能满足卡盘安装时，因卡盘超长而增加的土（石）方量另计。

(10) 底盘、卡盘、拉线盘按设计用量以“块”为计量单位。

(11) 杆塔组立，分别杆塔形式和高度按设计数量以“根”为计量单位。

(12) 拉线制作安装按施工图设计规定，分别不同形式，以“根”为计量单位。

(13) 横担安装按施工图设计规定分为不同形式和截面，以“根”为计量单位，定额按单根拉线考虑，若安装V形、Y形或双拼形拉线时，按2根计算。拉线长度按设计全根长度计算，设计无规定时可按表4.19计算。

表4.19　　拉线长度

项目		普通拉线/(m/根)	V(Y)形拉线/(m/根)	弓形拉线/(m/根)
杆高/m	8	11.47	22.94	9.33
	9	12.61	25.22	10.10
	10	13.74	27.48	10.92
	11	15.10	30.20	11.82
	12	16.14	32.28	12.62
	13	18.69	37.38	13.42
	14	19.68	39.36	15.12
水平拉线		26.47		

(14) 导线架设，分导线类型和不同截面以“km/单线”为计量单位计算。导线预留长度按表4.20的规定计算。导线长度按线路总长度和预留长度之和计算。计算主材费时应另增加规定的损耗率。

表4.20　　导线预留长度

项目名称		长度/(m/根)
高压	转角	2.5
	分支、终端	2.0
低压	分支、终端	0.5
	交叉跳线转角	1.5
与设备连线		0.5
进户线		2.5

(15) 导线跨越架设，包括越线架的搭、拆和运输以及因跨越（障碍）施工难度增加而增加的工作量，以“处”为计量单位。每个跨越间距按50m以内考虑，大于50m而小于100m时按2处计算，依此类推。在计算架线工程量时，不扣除跨越档的长度。

(16) 杆上变配电设备安装以“台”或“组”为计量单位，定额内包括杆上钢支架及设备的安装工作，但钢支架主材、连引线、线夹、金具等应按设计规定另行计算，设备的接地装置安装和调试应按本册相应定额另行计算。

4.8.3 清单、计价定额对照表

10kV以下架空线路安装计量工程量清单项目设置、项目特征描述和计价定额及工程量计算规则，应按下表4.21规定执行。

表4.21 10kV以下架空线路安装计量清单、计价定额对照表

<table>
<tr><td rowspan="3">清单</td><td>编码</td><td>030410001～030410004</td><td>工程量计算规则</td></tr>
<tr><td>特征</td><td>1. 名称；2. 材质；3. 规格；4. 配置形式；5. 接地</td><td rowspan="2">按设计图示尺寸以长度计算</td></tr>
<tr><td colspan="2">施工定位、电杆组立，土方挖填，本体安装、补刷油漆</td></tr>
<tr><td rowspan="2">定额</td><td colspan="2">第四册 第十章 定额编号从4-967到4-1050</td><td>工程量计算规则</td></tr>
<tr><td colspan="2">工作内容：侧位、划线、钻孔、打眼、横担安装、装瓷瓶、防水弯头</td><td>按设计图示尺寸以长度计算</td></tr>
</table>

4.9 配管、配线

4.9.1 配管、配线计价定额内容说明

(1) 配管工程均未包括接线箱、盒及支架的制作、安装。

(2) 钢索架设及拉紧装置的制作、安装、插接式母线槽支架制作，槽架制作及配管支架应执行铁构件制作定额。

(3) 桥架安装：

1) 桥架安装包括运输、组对、吊装、固定；弯通或三、四通修改、制作组对；切割口防腐、桥架开孔、上管件、隔板安装、盖板安装、接地、附件安装等工作内容。

2) 桥架支撑架定额适用于立柱、托臂及其他各种支撑架的安装。本定额已综合考虑了采用螺栓、焊接和膨胀螺栓三种固定方式，在实际施工中不论采用何种固定方式，定额均不做调整。

3) 玻璃钢梯式桥架和铝合金梯式桥架定额均按不带盖考虑，如这两种桥架带盖，则分别执行玻璃钢槽式桥架定额和铝合金槽式桥架定额。

4) 钢制桥架主结构设计厚度大于3mm时，定额人工、机械乘以系数1.2。

5) 不锈钢桥架按本章钢制桥架定额乘以系数1.1执行。

4.9.2 配管、配线工程量计算规则

(1) 各种配管应区别不同敷设方式、敷设位置、管材材质、规格，以“延长米”为计量单位，不扣除管路中间的接线箱（盒）、灯头盒、开关盒所占长度。

(2) 定额中未包括钢索架设及拉紧装置、接线箱（盒）、支架的制作安装，其工程量应另行计算。

(3) 管内穿线的工程量，应区别线路性质、导线材质、导线截面，以单线“延长米”为计量单位计算。线路分支接头线的长度已综合考虑在定额中，不得另行计算。照明线路中的导线截面大于或等于6mm^{2}时，应执行动力线路穿线相应项目。

(4) 线夹配线工程量，应区别线夹材质（塑料、瓷质），线式（两线、三线），敷设位置（在木、砖、混凝土）以及导线规格，以线路“延长米”为计量单位。

(5) 绝缘子配线工程量，应区别绝缘子形式（针式、鼓式、蝶式），绝缘子配线位置（沿屋架、梁、柱、墙、跨屋架、木结构、顶棚内、砖、混凝土结构，沿钢支架及钢索），导线截面积，以线路“延长米”为计量单位计算。绝缘子暗配，引下线按线路支持点至顶棚下缘距离的长度计算。

(6) 槽板配线工程量，应区别槽板材质（木质、塑料），配线位置（木结构、砖、混凝土），导线截面，线式（二线、三线），以线路每米“延长米”为计量单位计算。

(7) 塑料护套线明敷工程量，应区别导线截面、导线芯数（二芯、三芯）、敷设位置（木结构、砖混凝土结构、铅钢索），以单根线路“延长米”为计量单位计算。

(8) 线槽配线工程量，应区别导线截面，以单根线路“延长米”为计量单位计算。若为多芯导线、二芯导线时，按相应截面定额子目基价乘以系数1.2；若为四芯导线时，按相应截面定额子目基价乘以系数1.4；若为八芯导线时，按相应截面定额子目基价乘以系数1.8；若为十六芯导线时，按相应截面定额子目基价乘以系数2.1。

(9) 钢索架设工程量，应区别圆钢、钢索直径（$\phi 6$、$\phi 9$），按墙（柱）内缘距离，以“延长米”为计量单位计算，不扣除拉紧装置所占长度。

(10) 母线拉紧装置及钢索拉紧装置制作安装工程量，应区别母线截面、花篮螺栓直径（M12、M16、M18），以“套”为计量单位计算。

(11) 车间带形母线安装工程量，应区别母线材质（铝、钢）、母线截面、安装位置（沿屋架、梁、柱、墙，跨屋架、梁、柱）以“延长米”为计量单位计算。

(12) 动力配管混凝土地面刨沟工程量，应区别管子直径，以“延长米”为计量单位计算。

(13) 接线箱安装工程量，应区别安装形式（明装、暗装）、接线盒半周长，以“个”为计量单位计算。

(14) 接线盒安装工程量，应区别安装形式（明装、暗装、钢索上）以及接线盒类型，以“个”为计量单位计算。

(15) 灯具、明、暗开关、插座、按钮等的预留线，已分别综合在相应定额内，不另行计算。

(16) 配线进入开关箱、柜、板的预留线，按表4.22规定的长度分别计入相应的工程量。

表4.22　　配线进入开关箱、柜、板的预留线（每一根线）

序号	项　目	预留长度	说　明
1	各种开关箱、柜、板	宽+高	盘面尺寸
2	单独安装（无箱、盘）的铁壳开关、闸刀、开关、启动器、母线槽进出线盒等	0.3m	从安装对象中心算起
3	由地面管子出口引至动力接线箱	1.0m	从管口计算
4	电源与管内导线连接（管内穿线与软、硬母线节点）	1.5m	从管口计算
5	出户线	1.5m	从管口计算

（17）桥架安装，按桥架中心线长度，以“10m”为计量单位。

4.9.3　清单、计价定额对照表

配管安装计量工程量清单项目设置、项目特征描述和计价定额及工程量计算规则，应按表4.23规定执行。

表4.23　　配管安装清单、计价定额对照表

清单	编码	030412001	单位	m	工程量计算规则
	特征	1. 名称；2. 材质；3. 规格；4. 配置形式；5. 接地	—	—	按设计图示尺寸以长度计算（水平＋垂直）
	电线管路敷设、钢索架设、预留沟槽、接地				
定额	第四册　第十一章　定额编号从4-1051到4-1554		单位	100m	工程量计算规则
	工作内容：侧位、划线、打眼、埋螺栓、锯管、煨管、接管配管				按设计图示尺寸以长度计算（水平＋垂直）

配线安装计量工程量清单项目设置、项目特征描述和计价定额及工程量计算规则，应按表4.24规定执行。

表4.24　　配线安装清单、计价定额对照表

清单	编码	030412004	单位	m	工程量计算规则
	特征	1. 名称；2. 材质；3. 规格；4. 配置形式；5. 接地	—	—	按设计图示尺寸以长度计算（水平＋垂直＋预留）
	电线管路敷设、钢索架设、预留沟槽、接地				
定额	第四册　第十一章　定额编号从4-1051到4-1554		单位	100m	工程量计算规则
	工作内容：穿引线、扫管、涂滑石粉、穿线、编号、接焊包头				按设计图示尺寸以长度计算（水平＋垂直＋预留）

【例4.5】 某建筑物的局部电气照明安装工程，其平面图、系统图如图4.4所示，该建筑物的层高为2.8m，照明配电箱的规格为390mm×250mm×140mm，底边距地1.8m，开关距地1.5m，插座距地0.3m，试计算该电气工程配管配线的清单工程量。

解： 清单工程量（表4.25）

N123　PC25管　1.8＋1.2×2＋1.5×3＋(0.3＋0.1)×3＝9.9m

BV-4mm^2　[9.9＋(0.39＋0.25)]×3＝31.62m

N2　PC20管　(2.8－1.8－0.25)＋1.2×2＋1.5×2＋1.2×4＋1.5×2×3＋(2.8－1.5)＝21.25m

BV-2.5mm^2　[21.25＋(0.39＋0.25)]×2＋1.2＋1.2×2＋1.2×2＋(2.8－1.5)×2＝52.38m

N3　PC20管　(2.8－1.8－0.25)＋1.2×2＋1.5×4＋1.8＋0.6＋0.6＋(2.8－1.5)＝13.45m

BV-2.5mm^2　[13.45＋(0.39＋0.25)]×2＋0.6＝28.78m

合计　PC25管　　9.9m

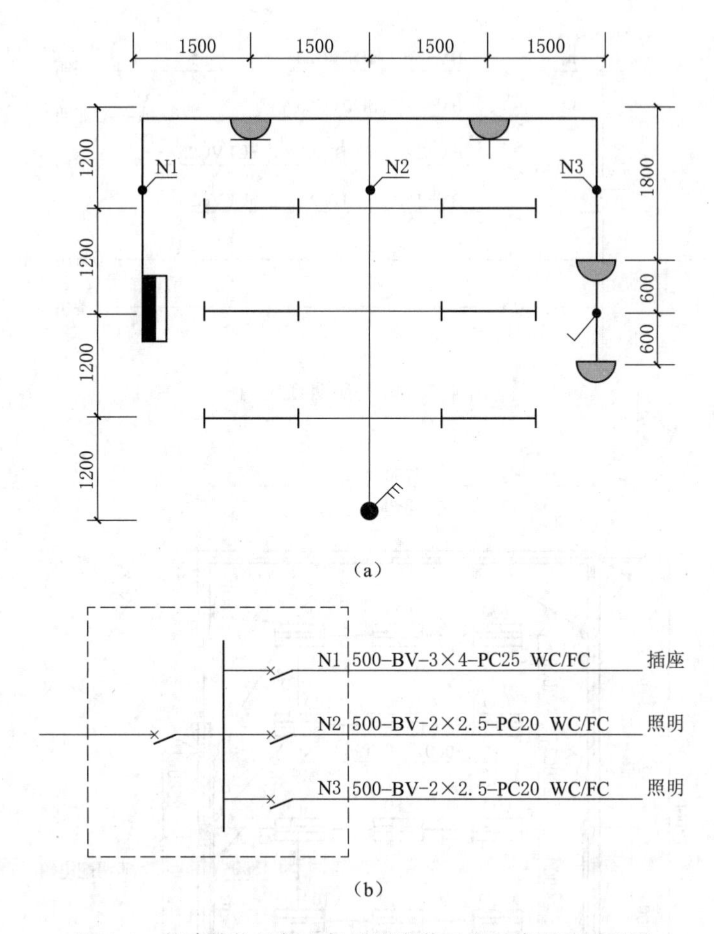

图 4.4 某建筑物局部电气照明安装工程系统图和平面图

(a) 系统图；(b) 平面图

PC20 管　　21.25＋13.45＝34.7m

BV－4mm² 线　　30.9m

BV－2.5mm² 线　52.38＋28.78＝81.16m

表 4.25　　清单工程量表

项目编码	项目名称	项目特征描述	计量单位	工程量
030412001001	PC25 塑料管	沿天棚墙暗敷设	m	9.9
030412001002	PC20 塑料管	沿天棚墙暗敷设	m	34.7
030412004001	管内穿线	BV－4mm² 线	m	30.9
030412004002	管内穿线	BV－2.5mm² 线	m	81.16

【例 4.6】 某城市街道有个一层楼的商铺，其内部部分配电干线电气平面布置图和系统图如图 4.5、图 4.6 所示。

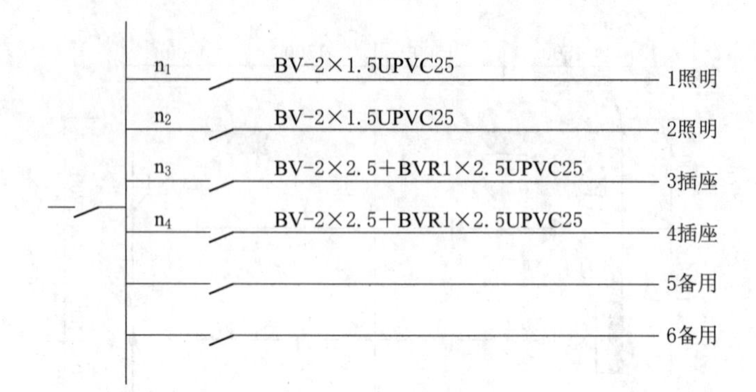

图4.5 电气照明系统图

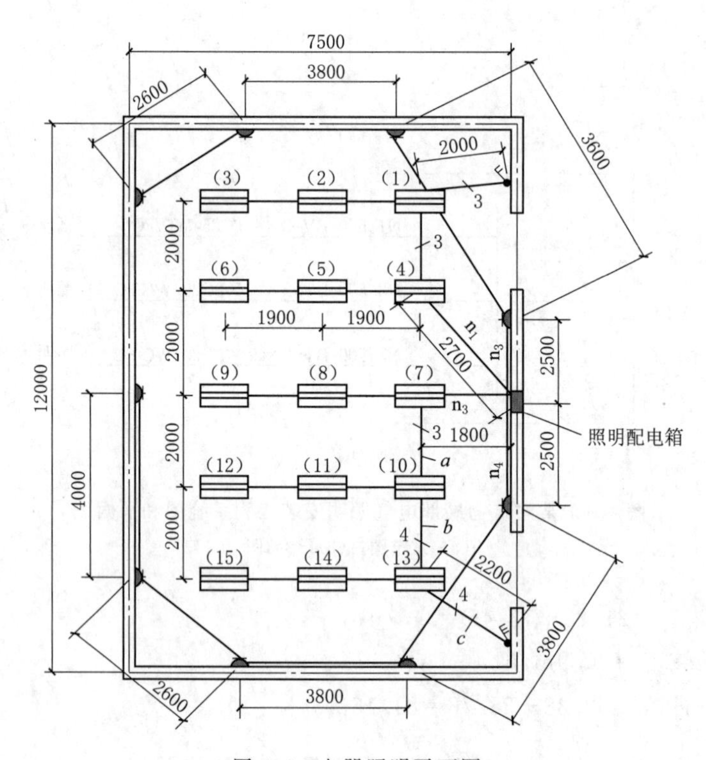

图4.6 电器照明平面图

楼层地坪到楼板上地面高度为6m，商铺内有吊顶装饰（吊顶到地面高度为5m），照明配电箱M的尺寸为高×宽=300mm×500mm，嵌入墙内安装，其底边离地坪距离为1.8m，开关离地坪距离为1.3m，插座离地坪距离为0.3m，电线管埋地或嵌入墙体或在楼板内暗敷，埋入地坪或楼板的深度都按0.1m计算（其中管、线及塑料安装盒不计算超高增加费）。

该商铺内灯具为成套嵌入式双管荧光灯，安装在吊顶上，从荧光灯顶面到楼板底部灯头盒距离为0.9m，为15号金属软管连接，所有回路均穿PVC-U电线管DN25。主要设备材料的价格见表4.26。

表 4.26 主要材料设备表

序号	名　　称	单位	备注
1	15 号金属软管	m	—
2	两位电极双用插座 AP86Z223－10N 带接地	只	—
3	嵌入式双管荧光灯（含灯管）	套	成套
4	PVC－U 塑料电线管 DN25	m	—
5	套接管 DN25	m	—
6	铜芯塑料绝缘电线 BV－1.5mm²	m	—
7	铜芯塑料绝缘电线 BV－2.5mm²	m	—
8	铜芯塑料绝缘导线 BVR－2.5mm²	m	—
9	照明配电箱	台	成套
10	两位电极开关 86 型 10A	只	—
11	三位电极开关 86 型 10A	只	—
12	塑料安装盒（接线盒、灯头盒、开关盒、插座盒）	只	—

试计算：(1) 该商铺电气工程的工程量；

(2) 编制该商铺电气工程的分部分项工程量清单。

解：(1) 计算该商铺电气工程的工程量。

1) n_1 回路：

a. PVC－U25 电气配管工程量

① 水平配管工程量：2.7＋1.9×2＋2＋3.8＋2＝17m

② 垂直配管工程量：[6－1.8－0.3(配电箱处)]＋[6－1.3(双联单控开关处)]＝8.6m

PVC－U25 电气配管工程量：

$$17m+8.6m=25.6m$$

b. 管内穿线（BV－1.5mm²）工程量

① 水平配管内穿线工程量：

$$2.7\times2+1.9\times2\times2+2\times3+3.8\times2+2\times3=32.6m$$

② 垂直配管内穿线工程量：

$$(6-1.8-0.3)\times2+(6-1.3)\times3=21.9m$$

③ 预留线：

$$(0.3+0.5)\times2+0.3\times3=2.5m$$

管内穿线（BV－1.5mm²）工程量合计：32.6＋21.9＋2.5＝57m

c. 其余工程量

① 15 号金属软管吊顶内敷设工程量：

$$0.9\times6=5.4m$$

② 15 号金属软管穿线 BV－1.5mm² 工程量：

$$1\times2\times6=12m$$

③ 嵌入式双管荧光灯（含灯管）：6 套

灯头盒6个

单控双联开关86型10A：1套

开关盒1个

2）n_2 回路：

a. PVC－U25电气配管工程量

① 水平配管工程量：1.8＋2.2＋1.9×2×3＋2×2＝19.4m

② 垂直配管工程量：[6－1.8－0.3(配电箱处)]＋[6－1.3(三联单控开关处)]＝8.6m

PVC－U25电气配管工程量：

19.4＋8.6＝28m

b. 管内穿线（BV－1.5mm²）工程量

① 水平配管内穿线工程量：

2.2×4＋1.9×2×3×2＋2×4＋2×3＋1.8×2＝49.2m

② 垂直配管内穿线工程量：

(6－1.8－0.3)×2＋(6－1.3)×4＝26.6m

③ 预留线：

(0.3＋0.5)×2＋0.3×4＝2.8m

管内穿线（BV－1.5mm²）工程量合计：42.9＋26.6＋2.8＝79.2m

c. 其余工程量

① 15号金属软管吊顶内敷设工程量：

0.9×9＝8.1m

② 15号金属软管穿线BV－1.5mm² 工程量：

1×2×9＝18m

③ 嵌入式双管荧光灯（含灯管）：9套

灯头盒9个

单控三联开关86型10A：1套

开关盒1个

3）n_3 回路：

a. PVC－U25电气配管工程量

① 水平配管工程量：2.5＋3.6＋3.8＋2.6＝12.5m

② 垂直配管工程量 [1.8(配电箱处)＋0.1]＋[0.3(两位电极双用插座处)＋0.1]×4＝3.5m

PVC－U25电气配管工程量：12.5＋3.5＝16m

b. 管内穿线（BV－2.5mm²）工程量

① 水平配管内穿线工程量：12.5×2＝25m

② 垂直配管内穿线工程量：3.5×2＝7m

③ 预留线：(0.3＋0.5)×2＋0.3×4×2＝4m

管内穿线（BV－2.5mm²）工程量合计：25＋7＋4＝36m

c. 管内穿线（BVR－2.5mm²）工程量

① 水平配管内穿线工程量：12.5×1=12.5m

② 垂直配管内穿线工程量：3.5×1=3.5m

③ 预留线：(0.3+0.5)×1+0.3×4×1=2m

管内穿线（BVR-2.5mm^2）工程量合计：12.5+3.5+2=18m

d. 其余工程量

① 暗装单项三极插座 AP86Z223-15A 带接地：4 套

② 插座盒：4 个

4）n_4 回路：

a. PVC-U25 电气配管工程量

① 水平配管工程量：2.5+3.8+3.8+2.6+4=16.7m

② 垂直配管工程量 [1.8(配电箱处+0.1)]+[0.3(两位电极双用插座处)+0.1]×9=5.8m

PVC-U25 电气配管工程量：16.7m+5.8m=22.5m

b. 管内穿线（BV-2.5mm^2）工程量

①水平配管内穿线工程量：16.7×2=33.4m

②垂直配管内穿线工程量：5.8×2=11.6m

③预留线：(0.3+0.5)×2+0.3×5×2=4.6m

管内穿线（BV-2.5mm^2）工程量合计：33.4+11.6+4.6=49.6m

c. 管内穿线（BVR-2.5mm^2）工程量

① 水平配管内穿线工程量：16.7×1=16.7m

② 垂直配管内穿线工程量：5.8×1=5.8m

③ 预留线：(0.3+0.5)×1+0.3×5×1=2.3m

管内穿线（BVR-2.5mm^2）工程量合计：16.7+5.8+2.3=24.8m

d. 其余工程量

① 暗装单项三极插座 AP86Z223-15A 带接地：5 套

② 插座盒：5 个

5）嵌入式照明配电箱安装

配电箱半周长 (0.3+0.5)=0.8m；

该商铺电气工程的工程量见表 4.27。

表 4.27 工程量汇总表

序号	项目名称	单位	回路				
			n_1	n_2	n_3	n_4	合计
1	PVC-U25 电气配管	m	25.6	28	16	22.5	92.1
2	15 号金属软管	m	5.4	8.1	—	—	13.5
3	BV-1.5mm^2	m	57	79.2	—	—	136.2
4	BV-2.5mm^2	m	—	—	36	24.8	60.8
5	BVR-2.5mm^2	m	—	—	18	24.8	42.8

续表

序号	项 目 名 称	单位	回 路				
			n_1	n_2	n_3	n_4	合计
6	嵌入式双管荧光灯	套	6	9	—	—	15
7	单控双联开关86型10A	个	1	—	—	—	1
8	单控三联开关86型10A	个	—	1	—	—	1
9	暗装单项三极插座AP86Z223－15A带接地	个	—	—	4	5	9
10	灯头盒	个	6	9	—	—	15
11	开关盒	个	1	1	—	—	2
12	插座盒	个	—	—	4	5	9
13	嵌入式配电箱安装（半周长0.8m）	台	—	—	—	—	1
14	送配电系统调试	系统	—	—	—	—	1

（2）编制该商铺分部分项工程量清单（表4.28）。

表4.28 分部分项工程量清单

工程名称：某商铺电气照明工程 工程编号：

第 页共 页

序号	项目编码	项目名称	项 目 特 征 描 述	计量单位	工程量
1	030404017001	配电箱	1. 名称：成套照明配电箱 2. 安装方式：嵌入式	台	1
2	030404033001	照明开关	1. 名称：单控双联开关 2. 型号、规格：86型10A	个	1
3	030404033002	照明开关	1. 名称：单控三联开关 2. 型号、规格：86型10A	个	1
4	030404034001	插座	1. 名称：暗装单项三极插座 2. 型号、规格：AP86Z223－15A带接地	个	9
5	030412001001	配管	1. 名称：电线管 2. 材质：UPVC 3. 规格：SC25 4. 配管形式及部位：砖混结构暗配	m	92.1
6	030412001002	配管	1. 名称：金属软管 2. 材质：金属 3. 规格：15mm 4. 配管形式及部位：吊顶内暗配	m	13.5
7	030412004001	配线	1. 种类（导线、母线）：导线 2. 导线用途、配线形式、部位：照明配线 3. 型号、规格：BV－1.5 4. 材质：铜芯	m	136.2

续表

序号	项目编码	项目名称	项 目 特 征 描 述	计量单位	工程量
8	030412004002	配线	1. 种类（导线、母线）：导线 2. 导线用途、配线形式、部位：插座配线 3. 型号、规格：BV－2.5 4. 材质：铜芯	m	60.8
9	030412004003	配线	1. 种类（导线、母线）：导线 2. 导线用途、配线形式、部位：插座配线 3. 型号、规格：BVR－2.5 4. 材质：铜芯	m	42.8
10	030412003001	接线盒	1. 名称：灯头盒 2. 材质：塑料 3. 型号、规格：86HS60	个	15
11	030412003002	接线盒	1. 名称：开关盒 2. 材质：塑料 3. 型号、规格：86HS60	个	2
12	030412003003	接线盒	1. 名称：荧光灯 2. 材质：塑料 3. 型号、规格：86HS60	个	9
13	030413004001	荧光灯	1. 名称：荧光灯 2. 型号、规格：双管 20W/只 3. 安装形式：顶棚嵌入式	套	15
14	030411002001	送配电装置系统	1. 电压类别：（交流或直流）交流 2. 电压等级：（V 或 kV）1kV 3. 类型：综合	系统	1

4.10 照 明 器 具

4.10.1 照明器具计价定额内容说明

（1）各型灯具的引线，除注明者外，均已综合考虑在定额内，执行时不得换算。

（2）路灯、投光灯、碘钨灯、氙气灯、烟囱或水塔指示灯，均已考虑了一般工程的高空作业因素，其他器具安装高度如超过 5m，则应按册说明中规定的超高系数另行计算。

（3）定额中装饰灯具项目均已考虑了一般工程的超高作业因素，不包括脚手架搭拆费用。

（4）装饰灯具定额项目与示意图号配套使用。

（5）定额内已包括利用摇表测量绝缘及一般灯具的试亮工作（但不包括调试工作）。

4.10.2 照明器具工程量计算规则

（1）普通灯具安装的工程量，应区别灯具的种类、型号、规格以“套”为计量单位计算。普通灯具安装定额适用范围见表 4.29。

表4.29 普通灯具安装定额适用范围

定额名称	灯具种类
圆球吸顶灯	材质为玻璃的螺口、卡口圆球独立吸顶灯
半圆球吸顶灯	材质为玻璃的独立的半圆球吸顶灯、扁圆罩吸顶灯、平圆形吸顶灯
方形吸顶灯	材质为玻璃的独立的矩形罩吸顶灯、方形罩吸顶灯、大口方罩顶灯
软线吊灯	利用软线为垂吊材料、独立的，材质为玻璃、塑料、搪瓷，形状如碗伞、平盘灯罩组成的各式软线吊灯
吊链灯	利用吊链作辅助悬吊材料、独立的，材质为玻璃、塑料罩的各式吊链灯
防水吊灯	一般防水吊灯
一般弯脖灯	圆球弯脖灯、风雨壁灯
一般墙壁灯	各种材质的一般壁灯、镜前灯
软线吊灯头	一般吊灯头
声光控座灯头	一般声控、光控座灯头
座灯头	一般塑胶、瓷质座灯头

(2) 吊式艺术装饰灯具的工程量，应根据装饰灯具示意图集所示，区别不同装饰以及灯体直径垂吊长度，以“套”为计量单位计算。灯体直径为装饰物的最大外缘直径，灯体垂吊长度为灯座底部到灯梢之间总长度。

(3) 吸顶式艺术装饰灯具安装的工程量，应根据装饰灯具示意图集所示，区别不同装饰物、吸盘的几何形状、灯体直径、灯体周长和灯体垂吊长度，以“套”为计量单位计算。灯体直径为吸盘最大外缘直径；灯体半周长为矩形吸盘的半周长；吸顶式艺术装饰灯具的灯体垂吊长度为吸盘到灯梢之间的总长度。

(4) 荧光艺术装饰灯具安装的工程量，应根据装饰灯具示意图集所示，区别不同安装形式和计量单位计算。

1) 组合荧光灯光带安装的工程量，应根据装饰灯具示意图集所示，区别安装形式、灯管数量，以“延长米”为计量单位计算。灯具的设计数量与定额不符时可以按设计量加损耗量调整主材。

2) 内藏组合式灯安装的工程量，应根据装饰灯具示意图集所示，区别灯具组合形式，以“延长米”为计量单位。灯具的设计数量与定额不符时，可根据设计数量加损耗量调整主材。

3) 发光棚安装的工程量，应根据装饰灯具示意图集所示，以“m^2”为计量单位，发光棚灯具按设计用量加损耗量计算。

4) 立体广告灯箱、荧光灯光沿的工程量，应根据装饰灯具示意图所示，以“延长米”为计量单位。灯具设计用量与定额不符时，可根据设计数量加损耗量调整主材。

5) 几何形状组合艺术灯具安装的工程量，应根据装饰灯具示意图集所示，区别不同安装形式及灯具的不同形式，以“套”为计量单位计算。

6) 标志、诱导装饰灯具安装的工程量，应根据装饰灯具示意图集所示，区别不同安装形式，以“套”为计量单位计算。

7）水下艺术装饰灯具安装的工程量，应根据装饰灯具示意图集所示，区别不同安装形式，以“套”为计量单位计算。

8）点光源艺术装饰灯具安装的工程量，应根据装饰灯具示意图集所示，区别不同安装形式、不同灯具直径，以“套”为计量单位计算。

9）草坪灯具安装的工程量，应根据装饰灯具示意图集所示，区别不同安装形式，以“套”为计量单位计算。

10）歌舞厅灯具安装的工程量，应根据装饰灯具示意图集所示，区别不同灯具形式，分别以“套”“延长米”“台”为计量单位计算。

装饰灯具安装定额适用范围见表4.30。

表4.30　　装饰灯具安装定额适用范围

定额名称	灯具种类（形式）
吊式艺术装饰灯具	不同材质、不同灯体垂吊长度、不同灯体直径的蜡烛灯、挂片灯、串珠（穗）、串棒灯、吊杆式组合灯、玻璃罩（带装饰）灯
吸顶式艺术装饰灯具	不同材质、不同灯体垂吊长度、不同灯体几何形状的串珠（穗）、串棒灯、挂片、挂碗、挂吊蝶灯、玻璃（带装饰）灯
荧光艺术装饰灯具	不同安装形式、不同灯管数量的组合荧光灯光带，不同几何组合形式的内藏组合式灯，不同几何尺寸、不同灯具形式的发光蓬，不同形式的立体广告灯箱、荧光灯光沿
几何形状组合艺术灯具	不同固定形式、不同灯具形式的繁星灯、钻石星灯、礼花灯、玻璃罩钢架组合灯、凸片灯、反射挂灯、筒形钢架灯、U型组合灯、弧形管组合灯
标志、诱导装饰灯具	不同安装形式的标志灯、诱导灯
水下艺术装饰灯具	简易形彩灯、密封形彩灯、喷水池灯、幻光型灯
点光源艺术装饰灯具	不同安装形式、不同灯体直径的筒灯、牛眼灯、射灯、轨道射灯
草坪灯具	各种立柱式、墙壁式的草坪灯
歌舞厅灯具	各种安装形式的变色转盘灯、雷达射灯、幻影转彩灯、维纳斯旋转彩灯、卫星旋转效果灯、飞碟旋转效果灯、多头转灯、滚筒灯、频闪灯、太阳灯、雨灯、歌星灯、边界灯、射灯、泡泡发生器、迷你满天星彩灯、迷你单立（盘彩灯）、多头宇宙灯、镜面球灯、蛇光管

11）荧光灯具安装的工程量，应区别灯具的安装形式、灯具种类、灯管数量，以“套”为计量单位计算。

荧光灯具安装定额适用范围见表4.31。

表4.31　　荧光灯具安装定额适用范围

定额名称	灯具种类
组装型荧光灯	单管、双管、三管、吊链式、吸顶式、现场组装独立荧光灯
成套型荧光灯	单管、双管、三管、吊链式、吊管式、成套独立荧光灯

12）工厂灯及防水防尘灯安装的工程量，应区别不同安装形式，以“套”为计量单位计算。工厂灯及防水防尘灯安装定额适用范围见表4.32。

表4.32 工厂灯及防水防尘灯安装定额适用范围

定额名称	灯具种类
直杆工厂吊灯	配罩（GC1-A）、广照（GC3-A）、深照（GC5-A）、斜照（GC7-A）、圆球（GC17-A）、双罩（GC19-A）
吊链式工厂灯	配罩（GC1-B）、深照（GC3-B）、斜照（GC5-C）、圆球（GC7-B）、双罩（GC19-A）、广照（GC19-B）
吸顶式工厂灯	配罩（GC1-C）、广照（GC3-C）、深照（GC5-C）、斜照（GC7-C）、双罩（GC19-C）
弯杆式工厂灯	配罩（GC1-D/E）、广照（GC3-D/E）、深照（GC5-D/E）、斜照（GC7-D/E）、双罩（GC19-C）、局部深照（GC26-F/H）
悬挂式工厂灯	配罩（GC21-2）、深照（GC23-2）
防水防尘灯	广照（GC9-A、B、C）、广照保护网（GC11-A、B、C）、散照（GC15-A、B、C、D、E、F、G）

13）工厂其他灯具安装的工程量，应区别不同灯具类型、安装形式、安装高度，以“套”“个”“延长米”为计量单位计算。

工厂其他灯具安装定额适用范围见表4.33。

表4.33 工厂其他灯具安装定额适用范围

定额名称	灯具种类
防潮灯	扁形防潮灯（GC-31）、防潮灯（GC-33）
腰形舱顶灯	腰形舱顶灯CCD-1
碘钨灯	DW型、220V、300～1000W
管形疝气灯	自然冷却式200V/380V 20kW内
投光灯	TG型室外投光灯
高压水银灯镇流器	外附式镇流器125～450W
安全灯	（AOB-1、2、3）、（AOC-1、2）型安全灯
防爆灯	CB C-200型防爆灯
高压水银防爆灯	CB C-125/250型高压水银防爆灯
防爆荧光灯	CB C-1/2单/双管防爆型荧光灯

14）医院灯具安装的工程量，应区别灯具种类，以“套”为计算单位计算。

医院灯具安装定额适用范围见表4.34。

表4.34 医院灯具安装定额适用范围

定额名称	灯具种类
病房指示灯	病房指示灯
病房暗脚灯	病房暗脚灯
无影灯	3～12孔管式无影灯

15）路灯安装工程，应区别不同臂长，不同灯数，以“套”为计量单位计算。

工厂厂区内、住宅小区路灯安装执行本册定额，城市道路的路灯安装执行《江苏省市政工程计价定额》。

路灯安装定额适用范围见表 4.35。

表 4.35　　路灯安装定额适用范围

定额名称	灯　具　种　类
大马路弯灯	臂长 1200mm 以下、臂长 1200mm 以上
庭院路灯	三火以下、七火以下

4.10.3　清单与计价定额对照表

照明器具计量工程量清单项目设置、项目特征描述和计价定额及工程量计算规则，应按表 4.36 规定执行。

表 4.36　　清单与计价定额对照表

<table>
<tr><td rowspan="3">清单</td><td>编码</td><td>030413001～030413011</td><td>单位</td><td>套</td><td>工程量计算规则</td></tr>
<tr><td>特征</td><td>1. 名称；2. 型号；3. 规格；4 类型；5. 安装形式</td><td></td><td></td><td rowspan="2">按设计图示数量计算</td></tr>
<tr><td colspan="4">本体安装</td></tr>
<tr><td rowspan="2">定额</td><td colspan="2">第四册　第十二章　定额编号从 4-1555 到 4-1810</td><td>单位</td><td>10 套</td><td>工程量计算规则</td></tr>
<tr><td colspan="4">工作内容：测定、划线、打眼、埋螺栓、上木台、灯具安装、接焊包头</td><td>按设计图示数量计算</td></tr>
</table>

练习题

一、填空题

1、BV3×6+1×2.5-SC20-FC 表示________________。

2、灯具的安装方式有三种：________、________、________。

3、防雷接地装置一般由________、________和________三大部分组成。

4、管线埋地发生挖填土石方工作时，应执行________定额。

5、接地母线埋地敷设定额未包括________，应执行其他定额。

6、普通灯具安装，定额分为________和________两类。

7、管内穿线中照明线路导线截面面积大于 $6mm^2$ 时，执行________相应定额。

8、接地极长度按照设计长度计算，设计未规定时，每根按照________计算，若设计有管帽时，管帽另按加工件计算。

二、判断题

1、10kV 以下架空输电线路安装定额是以在丘陵地区施工为准的。(　　)

2、架空配电线路一次施工工程量按照 10 根以上考虑，10 根以内者，其全部人工和机械应乘以 1.3 的系数。(　　)

3、常用的接地极可以是钢管、角钢、圆钢等。(　　)

4、管内穿线工程量，根据设计图区分不同的线路性质、导线材质、导线截面以及“100m单线”为单位计算工程量，导线价值另行计算。(　　)

5、配管定额是按照各专业配合施工考虑的，包括预留预埋过程中不可避免的零星的剔墙、挖空洞工作。(　　)

6、配线在各种盘、柜、箱、板的进出线预留长度为0.5m。(　　)

7、灯具、明暗开关、插座、按钮等预留线，已分别综合在相应的定额内，不另行计算。(　　)

8、避雷引下线清单项目中，包含断接卡子工程量。(　　)

9、建筑电气设备工程定额的脚手架搭拆费，按定额人工费（10kV架空配电线路、路灯工程、单独承担的室外直埋敷设电缆工程除外）的5%计算，其费用中人工费占35%。(　　)

第5章

给排水、采暖、燃气工程计量与计价

本章要点

排水、采暖、燃气工程施工图纸的识读方法及识读技巧，各种规格的管道安装的工程量计算方法，给排水、采暖、燃气工程的清单设置规范以及项目编码的设置要求，《通用安装工程工程量计算规范》(GB 50856—2013) 的有关要求及使用方法，《江苏省安装工程计价定额》(2014 版) 各个分部分项工程子目的设置内容以及套用方法。

学习目标

1. 掌握给排水、采暖、燃气工程施工图的识读方法。

2. 掌握给排水、采暖、燃气工程工程量的计算规则以及清单设置的内容。

3. 熟悉给排水、采暖、燃气工程的项目编码设置的原则；熟悉并掌握给排水、采暖、燃气工程定额子目的套用方法，能熟练地根据施工图纸计算给排水、采暖、燃气工程的施工图预算。

5.1 给排水、采暖、燃气工程计价定额总说明

5.1.1 给排水、采暖、燃气工程计价定额的使用总说明

1.《江苏省安装工程计价定额》(2014 版)

给排水、采暖、燃气管道计价定额适用于室内外生活用给水、排水、雨水、采暖热源管道、低压燃气管道、室外直埋式预制保温管道的安装。

2. 界线划分

(1) 给水管道：室内外界线以建筑物外墙皮 1.5m 为界，入口处设阀门者以阀门为界；与市政管道界线以水表井为界，无水表井者，以与市政管道碰头点为界。

(2) 排水管道：室内外以出户第一个排水检查井为界；室外管道与市政管道界线以与市政管道碰头井为界。

(3) 采暖热源管道：室内外以入口阀门或建筑物外墙皮 1.5m 为界；与工业管道界线以锅炉房或泵站外墙皮 1.5m 为界；工厂车间内采暖管道以采暖系统与工业管道碰头点为界；设在高层建筑内的加压泵间管道与本章项目的界线，以泵间外墙皮为界。

(4) 燃气管道：室内外管道分界，地下引入室内的管道以室内第一个阀门为界，地上引入室内的管道以墙外三通为界；室外管道与市政管道分界，以两者的碰头点为界。

3. 本册计价定额包括的工作内容

(1) 场内搬运，检查清扫。

(2) 管道及接头零件安装。

(3) 水压试验或灌水试验；燃气管道的气压试验。

(4) 室内DN32以内钢管包括管卡及托钩制作安装。

(5) 钢管包括弯管制作与安装（伸缩器除外），无论是现场煨制或成品弯管均不得换算。

(6) 铸铁排水管、雨水管及塑料排水管均包括管卡及托吊支架、臭气帽、雨水漏斗制作与安装。

4. 本册计价定额不包括的工作内容

(1) 室内外管道沟土方及管道基础。

(2) 管道安装中不包括法兰、阀门及伸缩器的制作安装，按相应项目另行计算。

(3) 室内外给水、雨水铸铁管包括接头零件所需的人工，但接头零件价格应另行计算。

(4) DN32以上的钢管支架按本册第二章定额另行计算。

(5) 燃气管道的室外管道所有带气碰头。

5. 燃气管道

(1) 承插煤气铸铁管（柔性机械接口）安装，定额内未包括接头零件，可按设计数量另行计算，但人工、机械不变。

(2) 承插煤气铸铁管以N1和X型接口形式编制的。如果采用N型和SMJ型接口时，其人工乘系数1.05，当安装X型、ϕ400铸铁管接口时，每个口增加螺栓2.06套，人工乘系数1.08。

(3) 燃气输送压力大于0.2MPa时，承插煤气铸铁管安装定额中人工乘以系数1.3。

(4) 燃气管道燃气输送压力（表压）分级见表5.1。

表5.1　燃气输送压力（表压）分级

名　称	低压燃气管道	中压燃气管道		高压燃气管道	
		B	A	B	A
压力/MPa	$P \leqslant 0.005$	$0.005 < P \leqslant 0.2$	$0.2 < P \leqslant 0.4$	$0.4 < P \leqslant 0.8$	$0.8 < P \leqslant 1.6$

6. 直埋式预制保温管道及管件

(1) 直埋式预制保温管安装由管道安装、外套管碳钢哈夫连接、管件安装三部分组成。

(2) 预制保温管的外套管管径按芯管管径乘以2进行测算，定额套用时，只按芯管管径大小套用相应的定额，外套管的实际管径无论大小均不做调整。

(3) 定额编制时，芯管为氩电联焊，外套管为电弧焊，实际施工时，焊接方式不同，定额不做调整。

(4) 本册计价定额的工作内容中不含路面开挖、沟槽开挖、垫层施工、沟槽土方回填、路面修复等工作内容，发生时，套用《江苏省建筑与装饰工程计价定额》或《江苏省市政工程计价定额》。

(5) 管道安装定额的工作内容中不含芯管的水压试验，芯管连接部位的焊缝探伤、防腐及保温材料的填充，发生时，套用《江苏省安装工程计价定额》中的第八册《工业管道工程》及第十一册《刷油、防腐蚀、绝热工程》的相应定额。

(6) 外套管碳钢哈夫连接定额的工作内容中不含焊缝探伤、焊缝防腐，发生时，套用《江苏省安装工程计价定额》中的第八册《工业管道工程》及第十一册《刷油、防腐蚀、绝热工程》的相应定额。

(7) 管件安装中若涉及焊缝探伤，保温材料的填充，焊缝防腐等工作内容，另套《江苏省安装工程计价定额》中的第八册《工业管道工程》及第十一册《刷油、防腐蚀、绝热工程》的相应定额。

7. 本册计价定额其他说明

与本册管道安装工程相配套的室内外管道沟的挖土、回填、夯实、管道基础等，执行《江苏省建筑与装饰工程计价定额》(2014 版)。

5.1.2 给排水、采暖、燃气工程计价定额的工程量计算规则

(1) 各种管道，均以施工图所示中心长度，以“m”为计量单位，不扣除阀门、管件(包括减压器、疏水器、水表、伸缩器等组成安装) 所占的长度。

(2) 管道安装工程量计算中，应扣除暖气片所占的长度。

(3) 钢管焊接挖眼接管工作，均在定额中综合取定，不得另行计算。

(4) 直埋式预制保温管道及管件安装适用于预制式成品保温管道及管件安装。管道按“延长米”计算，需扣除管件所占长度。

(5) 直埋式预制保温管安装定额按管芯的公称直径大小设置定额步距，套用该定额时，按管芯直径套用相应的定额。

(6) 直埋式预制保温管管件安装主要指弯头、补偿器、疏水器等，管件尺寸应按照芯管的公称直径，以“个”为计量单位，套用相应的定额。

(7) 燃气管道中的承插煤气铸铁管(柔性机械接口) 安装定额中未列出接头零件，其本身价值应按设计用量另行计算，其余不变。

(8) 管道支架制作安装，室内管道公称直径 32mm 以下的安装工程已包括在内，不得另行计算。公称直径 32mm 以上的可另行计算。

(9) 铸铁排水管、雨水管、塑料排水管安装，均包含管卡、托吊支架、臭气帽、雨水漏斗的制作安装，但未包括雨水漏斗本身价格，雨水漏斗及雨水管件按设计量另计主材费。

(10) 管道消毒、冲洗、压力试验，均按管道长度以“m”为计量单位，不扣除阀门、管件所占的长度。

(11) 本定额已综合考虑了配合土建施工的留洞留槽、修补洞槽的材料和人工，列在其他材料费内。

(12) 室外管道碰头，套用《江苏省市政工程计价定额》相应子目。

按室外、室内管道分别设置有镀锌钢管和焊接钢管螺纹连接、钢管焊接项目，另外还

设有管道支架制作安装以及室内地板辐射采暖管道等项目。

5.2 《江苏省安装工程计价定额》(2014版)的内容及使用注意事项

5.2.1 《江苏省安装工程计价定额》(2014版)的内容说明

《江苏省安装工程计价定额》第十册《给排水、采暖、燃气工程》适用于新建、扩建和整体更新改造工程项目中的生活用给水、排水、燃气、采暖热源管道、空调水系统管道及上述各管道系统中的附件、配件、器具安装、小型容器制作安装等。这里所说的“生活用”，除了比较直观地服务于人们居住生活的住宅工程外，还指为完善生产、工作及其他公共场所设施条件、提高环境舒适度而设置的上述管道系统，即附属于建筑物的（不属于生产工艺、生产过程）水、暖、卫等工程项目，包括厂房、办公室、写字楼、商场、医院、学校、影剧院等。适用于新建、扩建项目中的生活用给水、排水、燃气、采暖热源管道以及附件配件安装，小型容器制作安装。本计价定额共8章。安装（施工）的设计规格与定额子目规格不符时，使用接近规格的项目；规格居中时按大者套；超过本定额最大规格时可做补充定额。本条说明适用于第十册定额的其他各章节。

5.2.2 《江苏省安装工程计价定额》(2014版)第十册计价定额使用注意事项

关于下列各项费用的规定：

(1) 脚手架搭拆费按人工费的5%计算，其中人工工资占25%。

(2) 高层建筑增加费（指高度在6层或20m以上的工业与民用建筑）按表5.2计算。

表5.2 高层建筑增加费 %

层数	9层以下(30m)	12层以下(40m)	15层以下(50m)	18层以下(70m)	21层以下(70m)	24层以下(80m)	27层以下(90m)	30层以下(100m)	33层以下(110m)
按人工费的占比	12	17	22	27	31	35	40	44	48
其中人工工资占比	17	18	18	22	26	29	33	36	40
机械费占比	83	82	82	78	74	71	68	64	60
层数	36层以下(120m)	40层以下(130m)	42层以下(140m)	45层以下(150m)	48层以下(160m)	51层以下(170m)	54层以下(180m)	57层以下(190m)	60层以下(200m)
按人工费的占比	53	58	61	65	68	70	72	73	75
其中人工工资占比	42	43	46	48	50	52	56	59	61
机械费占比	58	57	54	52	50	48	44	41	39

(3) 超高增加费：定额中操作高度均以3.6m为界线，超过3.6m时其超过部分（指由3.6m至操作物高度）的定额人工费乘以表5.3所列系数。

表 5.3 超高增加费系数

标高（±）/m	3.6～8	3.6～12	3.6～16	3.6～20
超高系数	1.10	1.15	1.20	1.25

（4）采暖工程系统调整费按采暖工程人工费的15%计算，其中人工工资占20%。

（5）空调水工程系统调试，按空调水系统（扣除空调冷凝水系统）人工费的13%计算，其中人工工资占25%。

（6）设置于管道间、管廊内的管道、阀门、法兰、支架安装，人工乘以系数1.3。

（7）主体结构为现场浇筑采用钢模施工的工程，内外浇筑的人工乘以系数1.05，内浇外砌的人工乘以系数1.03。

以下内容执行其他册相应定额：

（1）工业管道、生产生活共用的管道、锅炉房和泵类配管以及高层建筑物内加压泵间的管道执行第八册《工业管道工程》相应项目。

（2）刷油、防腐蚀、绝热工程执行第十一册《刷油、防腐蚀、绝热工程》相应项目。

（3）室内外挖填土方、管沟与井类砌筑、管道基础等使用《江苏省建筑与装饰工程计价定额》。

（4）住宅以外的给水、排水、供热、燃气管道使用市政工程消耗量定额。

（5）整体工程改造项目中的管道拆除内容使用修缮工程定额。

（6）其他未尽事宜参阅第十册《给排水、采暖、燃气工程》的每章有关内容。

5.3 给排水、采暖、燃气管道支架及其他

5.3.1 给排水、采暖、燃气管道支架及其他计价定额的说明

（1）单件支架质量100kg以上的管道支架，执行设备支架制作、安装。

（2）成品支架安装执行相应管道支架或设备支架安装项目，不再计取制作费。

（3）套管制作安装，适用于穿基础、墙、楼板等部位的防水套管、填料套管、无填料套管及防火套管等，分别套用相应的定额。

（4）本章中的刚性防水套管制作安装，适用于一般工业及民用建筑中有防水要求的套管制作安装；工业管道、构筑物等有防水要求的套管，执行第八册《工业管道工程》的相应定额。

（5）弹簧减震器定额适用于各类减震器安装。

5.3.2 给排水、采暖、燃气管道支架及其他计价定额的工程量计算规则

（1）管道支架按材质、管架形式，按设计图示质量计算。

（2）套管制作安装定额按照设计图示及施工验收相关规范，以“个”为计量单位。

（3）在套用套管制作、安装定额时，套管的规格应按实际套管的直径选用定额（一般应比穿过的管道大两号）。

5.4 给排水、采暖、燃气工程管道附件

5.4.1 给排水、采暖、燃气工程管道附件计价定额的说明

（1）螺纹阀门安装适用于各种内外螺纹连接的阀门安装。

（2）法兰阀门安装适用于各种法兰阀门的安装，如仅为一侧法兰连接时，定额中的法兰、带帽螺栓及钢垫圈数量减半。

（3）各种法兰连接用垫片均按石棉橡胶板计算。如用其他材料，不做调整。

（4）减压器、疏水器组成与安装是按《采暖通风国家标准图集》（N108）编制的，如实际组成与此不同时，阀门和压力表数量可按实际调整，其余不变。

（5）低压法兰式水表安装定额包含一副平焊法兰安装，不包括阀门安装。

（6）浮标液面计FQ－Ⅱ型安装是按《采暖通风国家标准图集》（N102－3）编制的。

（7）水塔、水池浮漂水位标尺制作安装，是按《全国通用给水排水标准图集》（S318）编制的。

5.4.2 给排水、采暖、燃气工程管道附件计价定额的工程量计算规则

（1）各种阀门安装均以“个”为计量单位。法兰阀门安装，如仅为一侧法兰连接时，定额所列法兰、带帽螺栓及垫圈数量减半，其余不变。

（2）法兰阀（带短管甲乙）安装，均以“套”为计量单位，接口材料不同时可做调整。

（3）自动排气阀安装以“个”为计量单位，已包括了支架制作安装，不得另行计算。

（4）浮球阀安装均以“个”为计量单位，已包括了联杆及浮球的安装，不得另行计算。

（5）安全阀安装，按阀门安装相应定额项目乘以系数2.0计算。

（6）塑料阀门套用第八册《工业管道工程》相应定额。

（7）倒流防止器根据安装方式，套用相应同规格的阀门定额，人工乘以系数1.3。

（8）热量表根据安装方式，套用相应同规格的水表定额，人工乘以系数1.3。

（9）减压器、疏水器组成安装以“组”为计量单位，如设计组成与定额不同时，阀门和压力表数量可按设计用量进行调整，其余不变。

（10）减压器安装按高压侧的直径计算。

（11）各种伸缩器制作安装，均以“个”为计量单位。方形伸缩器的两臂，按臂长的两倍合并在管道长度内计算。

（12）各种法兰连接用垫片，均按石棉橡胶板计算，如用其他材料，不得调整。

（13）法兰水表安装是按《全国通用给水排水标准图集》（S145）编制的，以“组”为计量单位，包含旁通管及止回阀等。若单独安装法兰水表，则以“个”为计量单位，套用本章“低压法兰式水表安装”定额。

（14）住宅嵌墙水表箱按水表箱半周长尺寸，以“个”为计量单位。

（15）浮标液面计、水位标尺是按国标编制的，如设计与国标不符时，可做调整。

（16）塑料排水管消声器，其安装费已包含在相应的管道和管件安装定额中，相应的管道按延长米计算。

5.5 给排水工程中的卫生器具

5.5.1 给排水工程中的卫生器具计价定额的说明

（1）本节所有卫生器具安装项目，均参照全国通用《给水排水标准图集》中有关标准图集计算，除以下说明者外，设计无特殊要求均不作调整。

（2）成组安装的卫生器具，定额均已按标准图集计算了与给水、排水管道连接的人工和材料。

（3）浴盆安装适用于各种型号的浴盆，但浴盆支座和浴盆周边的砌砖、瓷砖粘贴应另行计算。

（4）淋浴房安装定额包含了相应的龙头安装。

（5）洗脸盆、洗手盆、洗涤盆适用于各种型号。

（6）不锈钢洗槽为单槽，若为双槽，按单槽定额的人工乘以1.20计算。本子目也适用于瓷洗槽。

（7）台式洗脸盆定额不含台面安装，发生时套用相应的定额。已含支撑台面所需的金属支架制作安装，若设计用量超过定额含量的，可另行增加金属支架的制作安装。

（8）化验盆安装中的鹅颈水嘴、化验单嘴、双嘴适用于成品件安装。

（9）洗脸盆肘式开关安装不分单双把均执行同一项目。

（10）脚踏开关安装包括弯管和喷头的安装人工和材料。

（11）高（无）水箱蹲式大便器，低水箱坐式大便器安装，适用于各种型号。

（12）小便槽冲洗管制作安装定额中，不包括阀门安装，可按相应项目另行计算。

（13）小便器带感应器定额适用于挂式、立式等各种安装形式。

（14）淋浴器铜制品安装适用于各种成品淋浴器安装。

（15）大、小便槽水箱托架安装已按标准图集计算在定额内，不得另行计算。

（16）冷热水带喷头淋浴龙头适用于仅单独安装淋浴龙头。

（17）感应龙头不分规格，均套用感应龙头安装定额。

（18）容积式水加热器安装，定额内已按标准图集计算了其中的附件，但不包括安全阀安装、本体保温、刷油和基础砌筑。

（19）蒸汽-水加热器安装项目中，包括了莲蓬头安装，但不包括支架制作安装，阀门和疏水器安装，可按相应项目另行计算。

（20）冷热水混合器安装项目中包括了温度计安装，但不包括支座制作安装，可按相应项目另行计算。

5.5.2 给排水工程中的卫生器具计价定额的工程量计算规则

（1）卫生器具组成安装以“组”为计量单位，已按标准图综合了卫生器具与给水管、排水管连接的人工与材料用量，不得另行计算。

（2）浴盆安装不包括支座和四周侧面的砌砖及瓷砖粘贴。

（3）按摩浴盆安装以“组”为计量单位，包含了相应的水嘴安装。

（4）淋浴房组成、安装以“套”为计量单位，包含了相应的水嘴安装。

（5）蹲式大便器安装；已包括了固定大便器的垫砖，但不包括大便器蹲台砌筑。

（6）大便槽、小便槽自动冲洗水箱安装以“套”为计量单位，已包括了水箱托架的制作安装，不得另行计算。

（7）台式洗脸盆安装，不包括台面安装，台面安装需另计。

（8）小便槽冲洗管制作与安装以“m”为计量单位，不包括阀门安装，其工程量可按相应定额另行计算。

（9）脚踏开关安装，已包括了弯管与喷头的安装，不得另行计算。

（10）冷热水混合器安装以“套”为计量单位，不包括支架制作安装及阀门安装，其工程量可按相应定额另行计算。

（11）蒸汽-水加热器安装以“台”为计量单位，包括莲蓬头安装，不包括支架制作安装及阀门、疏水器安装，其工程量可按相应定额另行计算。

（12）容积式水加热器安装以“台”为计量单位，不包括安全阀安装、保温与基础砌筑可按相应定额另行计算。

（13）烘手器安装套用第四册《电气设备安装工程》相应计价定额。

5.6 采暖工程中的供暖器具

5.6.1 采暖工程中的供暖器具计价定额的使用说明

（1）本章系参照《全国通用暖通空调标准图集》（T9N112）“采暖系统及散热器安装”编制的。

（2）各类型散热器不分明装或暗装，均按类型分别编制，柱型散热器为挂装时，可执行M132项目。

（3）柱型和M132型铸铁散热器安装用拉条时，拉条另行计算。

（4）定额中列出的接口密封材料，除圆翼汽包垫采用橡胶石棉板外，其余均采用成品汽包垫，如采用其他材料，不做换算。

（5）光排管散热器制作、安装项目，单位每10m系指光排管长度，联管作为材料已列入定额，不得重复计算。

（6）板式、壁板式，已计算了托钩的安装人工和材料，闭式散热器，如主材价不包括托钩者，托钩价格另行计算。

（7）采暖工程暖气片安装定额中未包含其两端的阀门，可以按其规格，另套用阀门安装定额相应子目。

5.6.2 采暖工程中的供暖器具计价定额的工程量计算规则

（1）热空气幕安装以“台”为计量单位，其支架制作安装可按相应定额另行计算。

（2）长翼、柱型铸铁散热器组成安装以“片”为计量单位，其汽包垫不得换算；圆翼型铸铁散热器组成安装以“节”为计量单位。

（3）光排管散热器制作安装以“m”为计量单位，已包括联管长度，不得另行计算。

5.7 采暖、给排水设备工程

5.7.1 采暖、给水设备计价定额的使用说明

（1）本章系参照《全国通用给水排水标准图集》（S151、S342）及《全国通用采暖通风图集》（T905、T906）编制，适用于给排水、采暖系统中一般低压碳钢容器的制作和安装。

（2）太阳能热水器安装中已含支架制作安装，若设计用量超过定额含量的，可另行增加金属支架的制作安装。

（3）电热水器、电开水炉安装定额内只考虑了本体安装，连接管、连接件等可按相应项目另行计算。

（4）饮水器安装的阀门和脚踏开关安装，可按相应项目另行计算。

（5）各种水箱连接管，均未包括在定额内，可执行室内管道安装的相应项目。

（6）各类水箱均未包括支架制作安装，如为型钢支架，套用本册第二章相应定额；若为混凝土或砖支座，套用《江苏省建筑与装饰工程计价定额》（2014 版）。

（7）水箱制作包括水箱本身及人孔的重量。水位计内外人梯均未包括在定额内，发生时可另行计算。

5.7.2 采暖、给水设备计价定额的工程量计算规则

（1）太阳能热水器安装以“台”为计量单位，包含了吊装费用，不再另计。

（2）电热水器、电开水炉安装以“台”为计量单位，只考虑本体安装，连接管、连接件等工程量可按相应定额另行计算。

（3）饮水器安装以“台”为计量单位，阀门和脚踏开关工程量可按相应定额另行计算。

（4）钢板水箱制作，按施工图所示尺寸，不扣除人孔、手孔重量，以“kg”为计量单位，法兰和短管水位计可按相应定额另行计算。

（5）钢板水箱安装，按国家标准图集水箱容量“m^3”执行相应定额。各种水箱安装，均以“个”为计量单位。

5.8 燃气工程中的燃气器具及其他

5.8.1 燃气工程中的燃气器具及其他计价定额的使用说明

（1）本章包括燃气加热设备、燃气表、民用灶具、公用炊事灶具、燃气嘴、燃气附件的安装。

（2）沸水器、消毒器适用于容积式沸水器、自动沸水器、燃气消毒器等。

（3）燃气计量表安装，不包括表托、支架、表底基础。

（4）燃气加热器具只包括器具与燃气管终端阀门连接，其他执行相应定额。

（5）燃气灶具适用于人工煤气灶具、液化石油气灶具、天然气燃气灶具等，用途应描述民用或公用，类型应描述所采用气源。

5.8.2 燃气工程中的燃气器具及其他计价定额的工程量计算规则

（1）燃气表安装按不同规格、型号分别以“块”为计量单位，不包括表托、支架、表底垫层基础，其工程量可根据设计要求另行计算。

（2）燃气加热设备、灶具等按不同用途规定型号，分别以“台”为计量单位。

（3）气嘴安装按规格型号连接方式，分别以“个”为计量单位。

（4）调长器及调长器与阀门连接，包括一副法兰安装，螺栓规格和数量以压力为0.6MPa的法兰装配，如压力不同可按设计要求的数量、规格进行调整，其他不变。

（5）引入口砌筑套用《江苏省建筑与装饰工程计价定额》相应子目。

5.9 其他零星工程

5.9.1 其他零星工程计价定额的使用说明

（1）本章内容主要为配管砖墙刨沟、配管混凝土刨沟、砖墙打孔、混凝土墙及楼板打孔等。

（2）本计价定额已综合考虑了配合土建施工的留洞留槽、修补洞槽的材料和人工，列在相应定额的其他材料费内。二次施工中发生的配管砖墙刨沟、配管混凝土刨沟、砖墙打孔、混凝土墙及楼板打孔，适用本章定额的相应内容。

（3）砖墙打孔，混凝土墙、楼板打孔，适用于机械打孔。若为人工打孔，执行修缮定额。

（4）管道沟挖、填土执行《江苏省建筑与装饰工程计价定额》。

5.9.2 其他零星工程计价定额的工程量计算规则

（1）配管砖墙（混凝土）刨沟，以“m”为计量单位。

（2）砖墙打孔，混凝土墙、楼板打孔为机械打孔，以“个”为计量单位。

5.10 给排水工程工程量计量与计价应用示例

5.10.1 给排水工程的基本知识

1. 概述

给排水工程包括给水工程和排水工程两个系统。按照其所处的位置不同，可分为城市给排水工程和建筑给排水工程，其关系如图5.1所示。本书主要以建筑物内部的给排水工程为讲述对象。

2. 给排水的分类与组成

（1）室内给水系统的分类：生活给水系统、生产给水系统、消防给水系统。

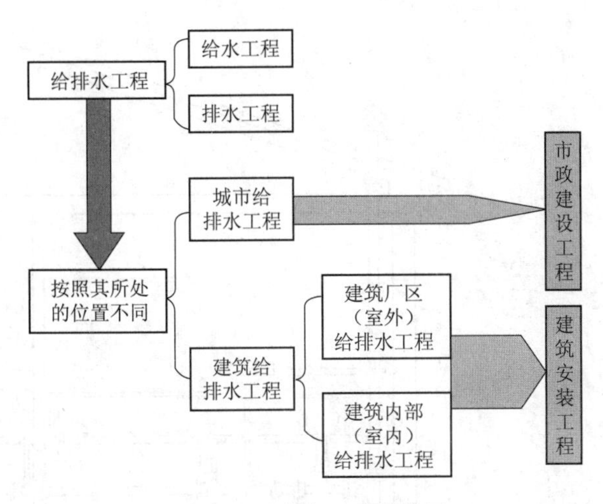

图 5.1　给排水工程分类图

（2）室内给水系统的组成：引入管、水表节点、给水管网、给水附件、升压和储水设备等。室内给水系统的给水方式：直接给水方式、设有水箱的给水方式、气压给水方式、分区给水方式、水泵给水方式等，如图 5.2 所示。

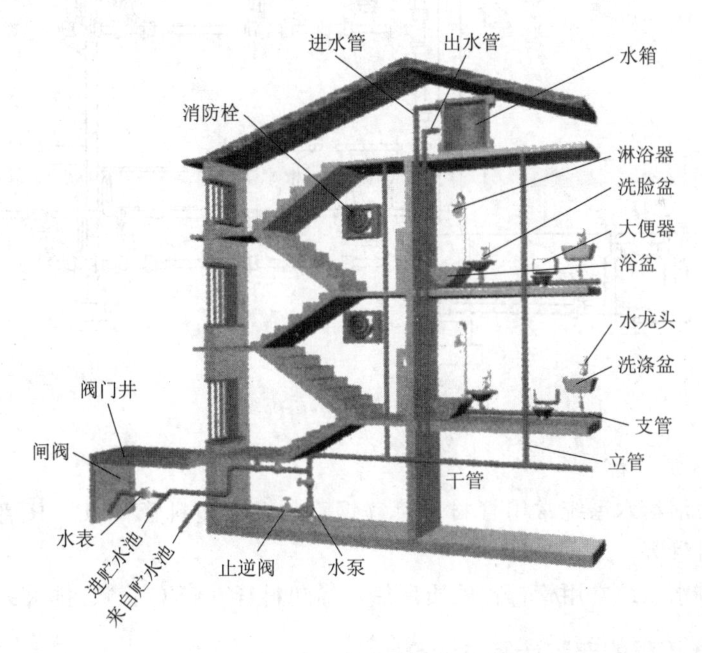

图 5.2　室内给水系统的组成

（3）室内排水系统的分类：生活污水排水系统、工业废水排水系统、屋面雨水排水系统。

（4）室内排水系统的组成：污废水收集器（卫生器具）、排水管道系统（器具排水管）、通气管道、清通设备、抽升设备、污水局部处理设备等，如图 5.3 所示。

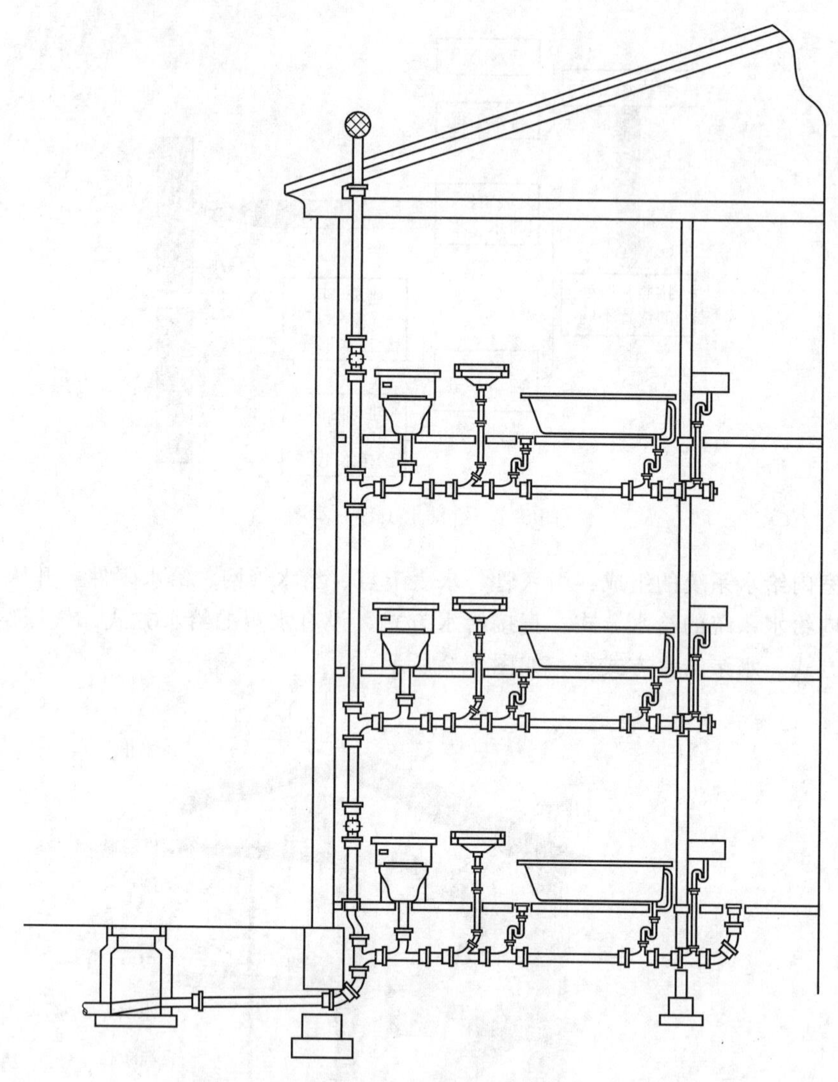

图5.3 室内排水系统组成

3. 给排水常用管材

（1）室内生活给水系统常用管材：镀锌钢管、无毒塑料管（PP－R管、PE－管等）、铜管、铝塑复合管等。

（2）室内排水系统常用管材：硬质聚氯乙烯塑料管（PVC管）、排水铸铁管等。

5.10.2 给排水工程的安装计量与计价

《江苏省安装工程计价定额》（2014版）第十册《给排水、采暖、燃气工程》适用于新建、扩建和整体更新改造工程项目中的生活用给水、排水、燃气、采暖热源管道、空调水系统管道及上述各管道系统中的附件、配件、器具安装、小型容器制作安装等。

1. 计价定额中管道的界限划分

（1）给水管道。

1）室内外界线：入口处设阀门者以阀门为界，无阀门者以建筑物外墙皮 1.5m 为界。

2）与市政管道界线以水表井为界，无水表井者，以与市政管道碰头点为界，如图 5.4 所示。

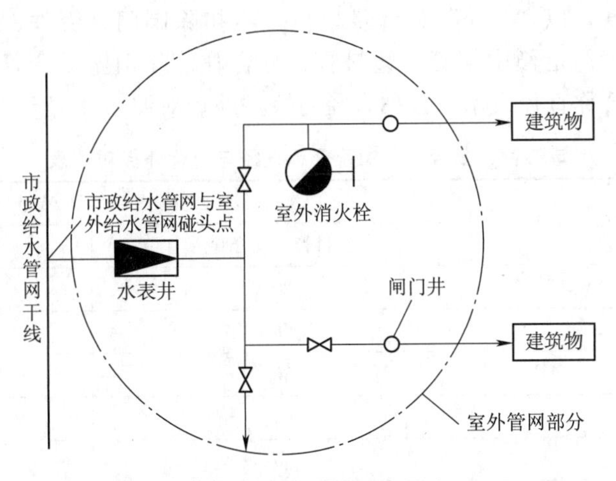

图 5.4 给水管道界限划分

(2) 排水管道。

1）室内外以出户第一个排水检查井为界。

2）室外管道与市政管道界线以与市政管道碰头井为界，如图 5.5 所示。

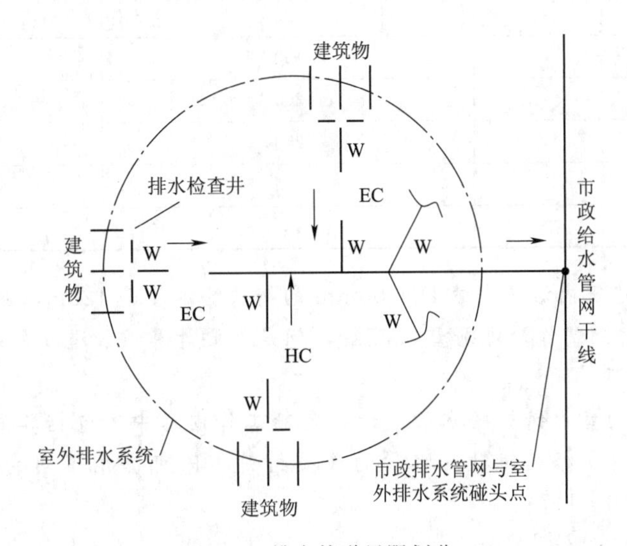

图 5.5 排水管道界限划分

2. 计价定额应用中的注意事项

本册管道安装定额内均包括管道与管件安装、水压试验及消毒冲洗（排水管道则为灌水试验）；室内管道安装（室内铸铁给水管和 DN≥200mm 的排水管道除外）定额内已包括了管卡（座）、托钩、支吊架制作安装及支吊架的除锈涂漆（防锈漆与银粉漆各两道）。若室内上述两类管道及室外给水管道需要设置支（吊）架时，可按本册定额第一章管道支架项目计算。

3. 工程量计算规则

(1) 给排水各类管道安装工程量，区分室内外、材质、连接形式、规格分别列项，按设计管道中心线长度，以“10m”为计量单位，不扣除阀门、管件、附件（包括器具组成）及井类所占长度。定额中铜管、塑料管、复合管（除钢塑复合管外）按公称外径表示，其他管道均按公称直径表示。公称直径与公称外径对照表如表5.4所示。

表5.4　塑料管、复合管、铜管公称直径与公称外径对照表

公称直径 DN/mm	公称外径 De/mm	
	塑料管、复合管	铜管
15	20	18
20	25	22
25	32	28
32	40	35
40	50	42
50	63	54
65	75	76
80	90	89
100	110	108
125	125	—
150	160	—
200	200	—
250	250	—
300	315	—
400	400	—

【例5.1】 某建筑内沿墙安装DN100mm的铸铁给水管道120m，共设托架10副，托架采用L75×7的角钢制作，每副重8.62kg，问是否要计算该管道托架的工程量？如果计算，应如何套用定额？

答：因该管道为室内铸铁给水管，计价定额工作内容中不包括其管道支吊架的工程量，所以应单独计算。根据铸铁给水管的连接材料不同可套用不同的定子目（10－78、10－88、10－98、10－107）。

注意：定额计量单位为10m。

(2) 室内外给水碳钢管（非镀锌）、室内排水铸铁管及雨水钢管已包括除锈和涂底漆（防锈漆两道），其面漆或防腐层按设计要求另行计算。室外排水铸铁管已包括除锈、涂底漆和沥青防腐（各两道），不要重复计算。

(3) 钢制雨水管定额中已包括钢制雨水斗的制作、安装；其他雨水管道的雨水斗已含在相应管件含量内。

(4) 室内给水铝塑复合管、塑料管等，若设计规定嵌墙或楼（地）面暗敷时，定额人工乘以系数 0.80，同时按实调整管件及管卡、扣座、支架类材料用量。

（5）管道安装中不包括法兰、阀门、水表以及铝塑管、塑料管分水器件安装，使用本册计价定额的相应项目计算。

（6）管道穿墙（楼板）采用钢套管，管道穿越地下室墙体、基础外墙、储水池壁等采用防水套管时，按第六册中的相应项目计算。

（7）管道保温绝热及绝热外保护层，按第十一册中的相应项目计算。

（8）给水铸铁管（包括采用给水铸铁管材的雨水管）按已带有沥青防腐层考虑，若实际发生现场防腐或加强防腐时，按设计要求另行计算。

上述给排水管道项目的综合内容如表 5.5 所示。

表 5.5　　排水管道项目的综合内容

项目	内容	管道	阀门	法兰	补偿器（方形）	管道支架类	试压冲洗（闭水）	底漆	面漆	套管
给排水管道	室外给水镀锌管（螺纹连接）	√								
	室外给水焊接管（螺纹连接）	√						√		
	室外给水钢管（焊接）	√						√		
	室外给水承插铸铁管	√								
	室外给水铝塑复合管、塑料管	√								
	室外排水铸铁管	√	√	√				√	√	
	室外排水塑料管、陶土管	√					√			
	室内给水镀锌管（螺纹连接）	√				√	√			
	室内给水焊接管（螺纹连接）	√				√	√	√		
	室内给水钢管（焊接）	√				√	√	√		
	室内给水承插铸铁管	√					√			
	室内给水铝塑复合管、塑料管、铜管	√				√	√			
	室内排水塑料管、铸铁雨水管	√				√ *	√	√		
	室内排水塑料管、塑料雨水管	√				√ *	√			
	室内钢管雨水管	√				√	√	√		

注　1. 管道支架类包括型钢支吊架、管子托钩、立管卡子以及铝塑管、塑料管用卡子、扣座等，本项内容已包含型钢支架除锈涂漆。

2. 试压冲洗一栏中：给水管道为水压试验与冲洗，排水管道为闭水试验。

3. 底漆项目中包括除锈内容。

4. 管道支架一栏中，带“*”者，表示 DN≥200mm 排水管道，定额项目内未包含其支架制作安装工作内容。

（9）室内外管沟、土方、井类砌筑、管道基础以及墙（地）面暗敷管道水泥砂浆保护层等，应按建筑工程消耗量定额相应项目计算。

（10）其他。

1）塑料管热熔、电熔连接定额综合列为一项，使用时管件价格可按实际换算，其余不变。

2）室外管道安装不分地上与埋设，均使用同一定额。

3）室外排水管道工程量计算时，一般检查井所占长度可不扣除，但化粪池所占长度应予扣除。

4）如设计采用本定额未编列的材质，如不锈钢等，或者超出本定额最大规格的管道，可按其他相应计价定额子项目计算。

【例5.2】

1. 工程概况

(1) 本例题为山东省青岛市花园小区某住宅楼的室内给水排水工程，本住宅楼一共5层，由3个单元组成，平面布置图完全相同。每单元一梯两户。对称布置。图5.6只画出了1/2单元的平面图和系统图。图中标注尺寸，标高以米（m）计，其余均以毫米（mm）计。所注标高以底层卧室地坪为±0.00m，室外地面为－0.60m。

(2) 给水管采用镀锌钢管，螺纹连接。排水管地上部分采用UPVC螺旋消声管，粘接连接。埋地部分采用铸铁排水管，承插连接，石棉水泥接口。

(3) 卫生器具安装均参照《全国通用给水排水标准图集》的要求，选用节水型。洗脸盆龙头为普通冷水嘴；洗涤盆水龙头为冷水单嘴；浴盆采用1200mm×650mm的铸铁搪瓷浴盆，采用冷热水带喷头式（不考虑热水供应）。给水总管下部安装一个J41T-1.6型螺纹截止阀，房间内水表为螺纹连接旋翼式水表。

(4) 施工完毕，给水系统进行静水压力试验，试验压力为0.6MPa，排水系统安装完毕进行灌水试验，施工完毕再进行通水、通球试验。排水管道横管严格按坡度施工，图中未注明坡度者以此管径大小分别为DN75mm，$i=0.025$；DN100mm，$i=0.02$。

(5) 给排水埋地干管管道做环氧煤沥青普通防腐，进户道穿越基础外墙设置刚性防水套管，给水干、立管穿墙及楼板处设置一般钢套管。（本示例不计刷油及管道套管等工作内容）

(6) 未尽事宜，按现行施工规范及验收规范的有关内容执行。

2. 本题要求

(1) 按照《山东省安装工程消耗量定额》（2016版）的有关内容，计算给排水的工程量。

(2) 套用《山东省安装工程消耗量定额》（2016版），计算给排水的直接工程费。（本示例，只计算主材消耗量，暂不计主材费）

3. 解题过程

(1) 几点说明。

1）关于管道长度工程量的量取方法。

a. 水平管道在平面图上获得，尽量采用图上标注的对应尺寸计算，如果图纸是按照比例绘制的，可用比例尺在图上按管线实际位置直接量取。

b. 垂直尺寸一般在系统图上获得，一般为“止点标高-起点标高”。

2）在给排水工程图中，给水管道一般标注管中心线标高（图中标高符号为），排水管道一般标注管底标高。当图示标高为管底标高时，应换算为管中心标高，排水管道因按一定的坡度敷设，所以其两端的标高不同，应按平均后的管中心标高计算（小于DN50的管径可以忽略不计）。

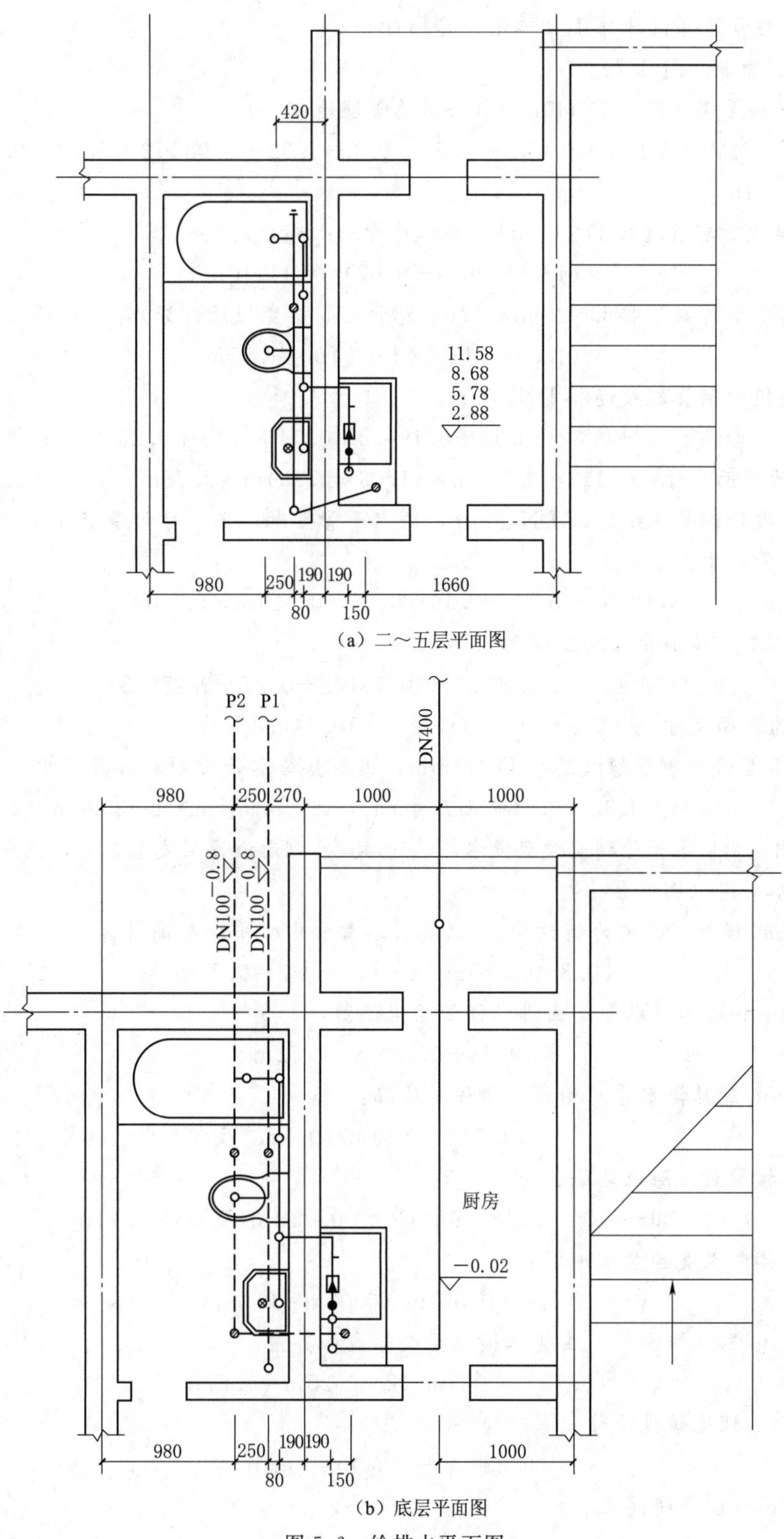

（a）二～五层平面图

（b）底层平面图

图 5.6 给排水平面图

(2) 工程量计算仅计算1/2单元，其细目如下。

1) 给水管道（图5.7)。

a. 镀锌钢管螺纹连接DN40mm（给水总管埋地部分）：

(1.5+0.12+0.8+0.9+0.75+0.57+0.1+0.32+0.08×2+0.63+0.18+1.4−0.02)m=7.41m

b. 镀锌钢管螺纹连接DN40mm（给水总管地上部分）：

(11.58−0.5+0.02)m=11.10m

c. 镀锌钢管螺纹连接DN20mm（给水总管至5层变径后部分）：

(12.63−11.58+0.5)m=1.55m

d. 1层镀锌钢管螺纹连接DN20mm：

(0.08×2+0.32+0.10+0.19×2+0.04+0.23+0.25×2)m

(以上为平面尺寸)+(1.2−1.03)m+(1.03−0.15)m=2.78m

e. 1层镀锌钢管螺纹连接DN15mm，给水干管至淋浴器尺寸计算数字中，增加0.1m到淋浴器干管尺寸：

(0.07+0.29+0.10+0.68−0.15)m=0.99m

f. 2～5层镀锌钢管螺纹连接DN20mm：

{(0.11+0.32+0.15+0.19×2+0.27+0.25×2)

(以上为平面尺寸)+(6.83−5.95)}m×4=10.44m

g. 2～5层镀锌钢管螺纹连接DN15mm，由器具给水干管到淋浴器尺寸：

{0.04+0.32+0.1(平面尺寸)+6.48−5.95}m×4=3.96m

h. 说明：由供水干管到坐便器低水箱、到浴盆、到淋浴器的支管尺寸，包含在定额内。

2) 排水管道（图5.8)。

a. 底层工程量（材质为铸铁管）。器具排水管管中心平均标高计算：

(0.8+0.76)m÷2−0.1m÷2=0.73m

DN100mm器具排水管。由排水横管至坐便器：

(0.73−0.02)m=0.71m

DN75mm器具排水管。由排水横管至地漏：

(0.73−0.03)m=0.7m

由排水横管至洗涤池地漏：

(0.36−0.04+0.18+0.19×2+0.08+0.25)m=1.21m

由排水横管至洗脸盆前地漏：

(0.76−0.04)m−0.03m=0.69m

DN50mm器具排水管。由排水横管至洗脸盆和浴盆：

(0.73−0.02)m×2+0.25m=1.67m

DN75mm埋地铸铁干管：

(0.23×2+0.04)m=0.5m

DN100mm埋地铸铁立管：

(0.76−0.05−0.02)m=0.69m

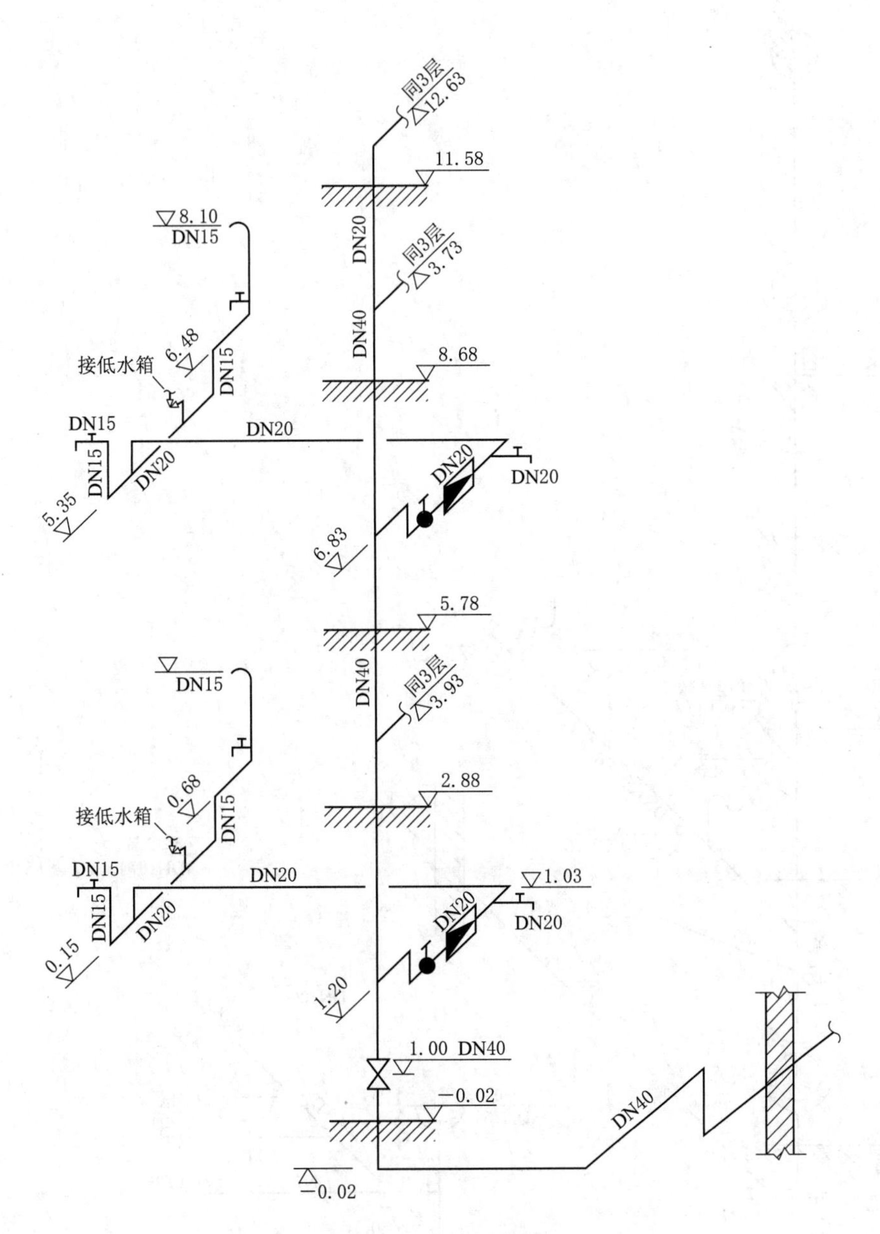

图 5.7 给水系统图

DN100mm 埋地铸铁干管。P1 系统：

(1.5+0.12+0.46+0.29+0.07+0.25×2+0.23×2+0.04+0.13)m=3.57m

P2 系统：

(1.5+0.12+0.46+0.29+0.07+0.25×2)m=2.94m

b. 2～5 层工程量（材质为 UPVC 螺旋消声管）。器具排水管管中心平均标高计算：

(2.88−2.36−0.05)m=0.47m

DN100mm 器具排水管。由排水横管至坐便器：

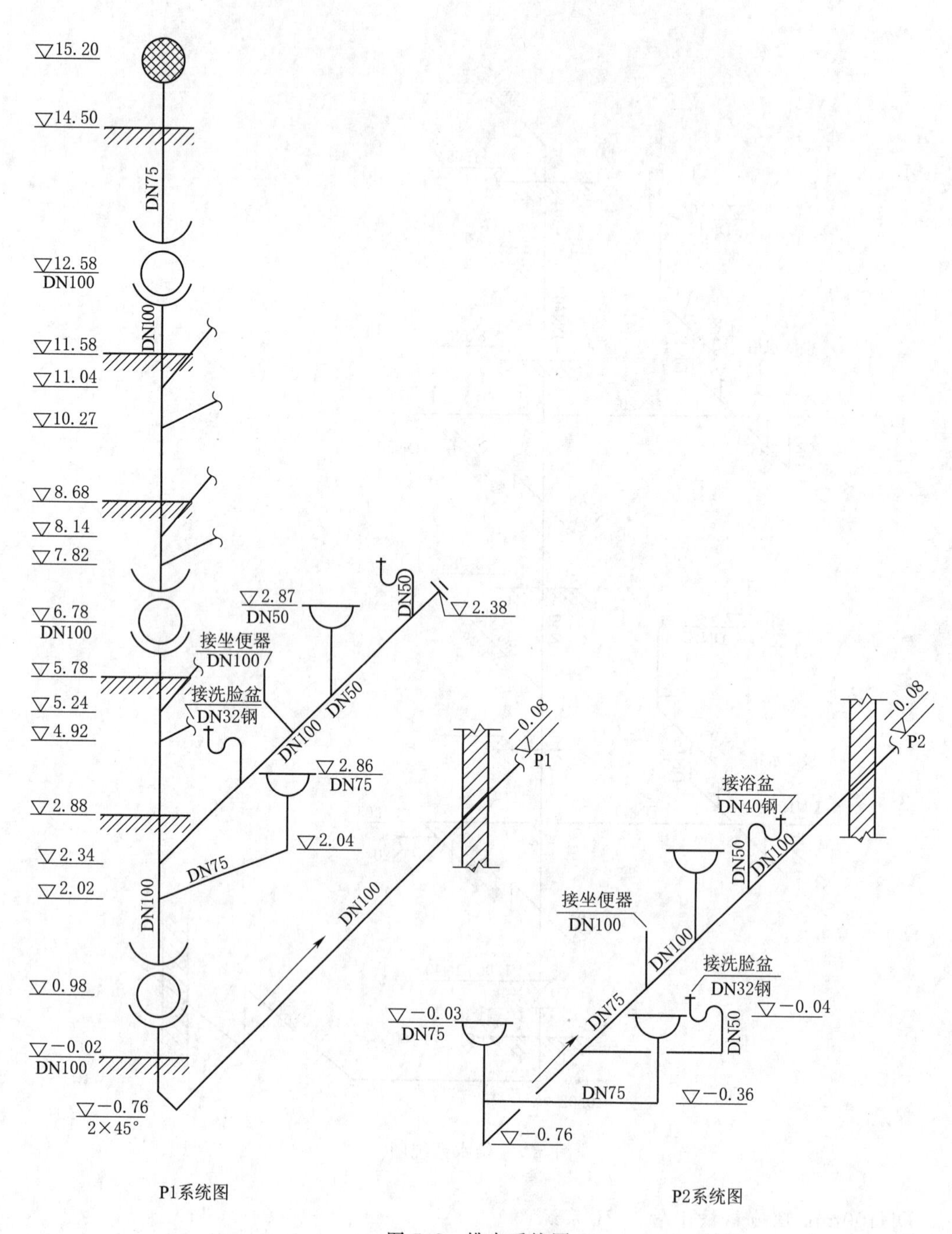

图 5.8 排水系统图

$$(0.47+0.25)\text{m}\times4=2.88\text{m}$$

DN75mm 器具排水管。由排水横管至洗涤池地漏：

$$\{2.86-2.04-0.04+[(0.08+0.38+0.15)\times2+0.222]\}\text{m}\times4=5.72\text{m}$$

DN50mm 器具排水管。由排水横管至洗脸盆和浴盆：

$$(0.47\times2\times4)\text{m}=3.76\text{m}$$

由排水横管至地漏：

[2.87－(2.38＋2.34)÷2－0.05]m×4＝1.84m

DN100mm 排水横管：

(0.22＋0.14＋0.27＋0.25×2＋0.04＋0.32＋0.10)m×4＝6.36m

DN100mm 排水立管：

(12.58＋0.02＋0.5)m＝13.1m

DN75mm 通气立管：

(15.2－12.58－0.5)m＝2.12m

3）卫生器具。

a. 洗脸盆（普通冷水嘴）：5 组。

b. 洗涤盆（单嘴）：5 组。

c. 低水箱坐式大便器：5 套。

d. 搪瓷浴盆（冷热水带喷头式）：5 组。

e. DN75mm 铸铁地漏：3 个。

f. DN75mm 塑料地漏：1×4＝4（个）。

g. DN50mm 塑料地漏：1×4＝4（个）。

h. DN100mm 塑料清扫口：4 个。

4）阀门、水表安装。

a. 螺纹截止阀 DN40mm：1 个。

b. 内螺纹水表 DN20mm：5 组。

（3）工程量汇总表：为三个单元工程量合计，如表 5.6 所示。

（4）安装工程直接费，如表 5.7 所示。

表 5.6　　给排水工程量汇总表

项目名称	单位	数量	计算过程
镀锌钢管螺纹连接 DN40mm	m	111.06	[7.41(给水总管埋地部分)＋11.10(给水总管地上部分)]×2(1 个单元户数)×3(单元数)
镀锌钢管螺纹连接 DN20mm	m	88.62	[1.55(给水总管至五层变径后部分)＋2.78(1 层)＋10.44(二～五层)]×2(1 个单元户数)×3(单元数)
镀锌钢管螺纹连接 DN15mm	m	29.7	[0.99(1 层)＋3.96(二～五层)]×2(1 个单元户数)×3(单元数)
铸铁排水管 DN100mm（石棉水泥接口）	m	47.46	[0.71(器具排水管)＋0.69(埋地立管)＋(3.97＋2.54)(埋地干管)]×2(1 个单元户数)×3(单元数)
铸铁排水管 DN75mm（石棉水泥接口）	m	18.6	[(0.7＋1.21＋0.69)(器具排水管)＋0.5(埋地干管)]×2(1 个单元户数)×3(单元数)
铸铁排水管 DN50mm（石棉水泥接口）	m	10.02	(1.67)(器具排水管)×2(1 个单元户数)×3(单元数)
UPVC 螺旋消声管 DN100mm（粘接）	m	134.04	[2.88(器具排水管)＋6.36(排水横管)＋13.1(排水立管)]×2(1 个单元户数)×3(单元数)
UPVC 螺旋消声管 DN75mm（粘接）	m	47.04	[5.72(器具排水管)＋2.12(通气立管)]×2(1 个单元户数)×3(单元数)

续表

项目名称	单位	数量	计算过程
UPVC螺旋消声管DN50mm（粘接）	m	33.60	(3.76+1.84)(器具排水管)×2(1个单元户数)×3(单元数)
洗脸盆（普通冷水嘴）	组	30	5×2(1个单元户数)×3(单元数)
洗涤盆（单嘴）	组	30	5×2(1个单元户数)×3(单元数)
低水箱坐式大便器	套	30	5×2(1个单元户数)×3(单元数)
搪瓷浴盆（冷热水带喷头式）	组	30	5×2(1个单元户数)×3(单元数)
DN50mm地漏	个	24	4×2(1个单元户数)×3(单元数)
DN75mm地漏	个	42	[3(铸铁地漏)+4(塑料地漏)]×2(1个单元户数)×3(单元数)
DN100mm清扫口	个	24	4×2(1个单元户数)×3(单元数)
螺纹截止阀DN40mm	个	6	1×2(1个单元户数)×3(单元数)
内螺纹水表DN20mm	组	30	5×2(1个单元户数)×3(单元数)

表5.7 安装工程直接费

工程编号： 工程名称： 年 月 日 共 页 第 页

定额编号	项目名称	单位	数量	主材用量	单价/元			合价/元		
					主材费	省基价	其中人工费	主材费	省基价（安装费）	其中人工费
8-287	镀锌钢管螺纹连接DN15mm	10m	0.495	0.495×10.2=5.049m		76.97	50.06		38.10	24.78
8-288	镀锌钢管螺纹连接DN20mm	10m	1.477	1.477×10.2=15.07m		76.57	50.06		113.09	73.94
8-291	镀锌钢管螺纹连接DN40mm	10m	1.851	1.851×10.2=18.88m		152.89	80.30		283.00	148.64
8-386	铸铁排水管接DN50mm（石棉水泥接口）	10m	0.167	0.167×8.8=17.03m		244.48	74.00		40.83	12.36
8-387	铸铁排水管接DN75mm（石棉水泥接口）	10m	0.31	0.31×9.3=2.88m		405.67	90.58		125.76	28.08
8-388	铸铁排水管接DN100mm（石棉水泥接口）	10m	0.791	0.791×8.9=7.04m		649.38	116.26		513.66	91.96
8-408	UPVC螺旋消声管DN50mm（粘接）	10m	0.56	0.56×9.67=5.42m		145.70	51.49		81.59	28.83
8-409	UPVC螺旋消声管DN75mm（粘接）	10m	0.784	0.784×9.63=7.55m		216.00	64.76		169.34	50.77
8-410	UPVC螺旋消声管DN100mm（粘接）	10m	2.234	2.234×8.52=19.03m		318.04	76.94		710.50	171.88

续表

定额编号	项目名称	单位	数量	主材用量	单价/元			合价/元		
					主材费	省基价	其中人工费	主材费	省基价（安装费）	其中人工费
8-440	搪瓷浴盆（冷热水带喷头式）	10组	0.5			535.54	313.01		267.77	156.51
	搪瓷浴盆	个		0.5×10=5						
	浴盆混合水嘴带喷头	套		0.5×10.1=5.05						
	浴盆排水配件（铜）	套		0.5×10.1=5.05						
8-448	洗脸盆（普通冷水嘴）	10组	0.5			346.70	140.48		173.35	70.24
	洗脸盆	个		0.5×10.1=5.05						
	水嘴	个		0.5×10.1=5.05						
	洗脸盆下水口（铜）	个		0.5×10.1=5.05						
8-457	洗涤盆（单嘴）	10组	0.5			775.56	141.40		387.78	70.70
	洗涤盆	个		0.5×10.1=5.05						
	水嘴（全铜磨光）DN15mm	个		0.5×10.1=5.05						
8-481	低水箱坐式大便器	10套	0.5			338.53	225.60		169.27	112.8
	低水箱坐便器	个		0.5×10.1=5.05						
	坐式低水箱	个		0.5×10.1=5.05						
	低水箱配件	套		0.5×10.1=5.05						
	坐便器桶盖	套		0.5×10.1=5.05						
	角型阀（带铜活）DN15mm	个		0.5×10.1=5.05						
8-514	DN50mm 地漏	10个	0.4	0.4×10=4		69.31	45.81		27.72	18.32
8-515	DN75mm 地漏	10个	0.7	0.7×10=7		144.81	105.92		101.37	74.14
8-520	DN100mm 清扫口	10个	0.4	0.4×10=4		28.47	27.16		11.39	10.86
8-530	螺纹截止阀 DN40mm	个	1	1.01		7.00	9.83		7.00	9.83
8-697	内螺纹水表 DN20mm	组	5	5		22.93	11.20		114.65	56.00
	第八册合计								3336.17	1210.64
措施项目	第八册脚手架搭拆费	第八册人工费×5%：1210.64×5%（其中人工工资占25%）							60.53	15.13

【例5.3】

1. 工程概况

（1）如图5.9、图5.10所示为某单位食堂热水采暖工程，供水温度为95℃，回水温度为70℃。图中标高尺寸以米计，其余均以毫米计。墙厚为240mm。所有阀门均为螺纹铜球阀，规格同管径。

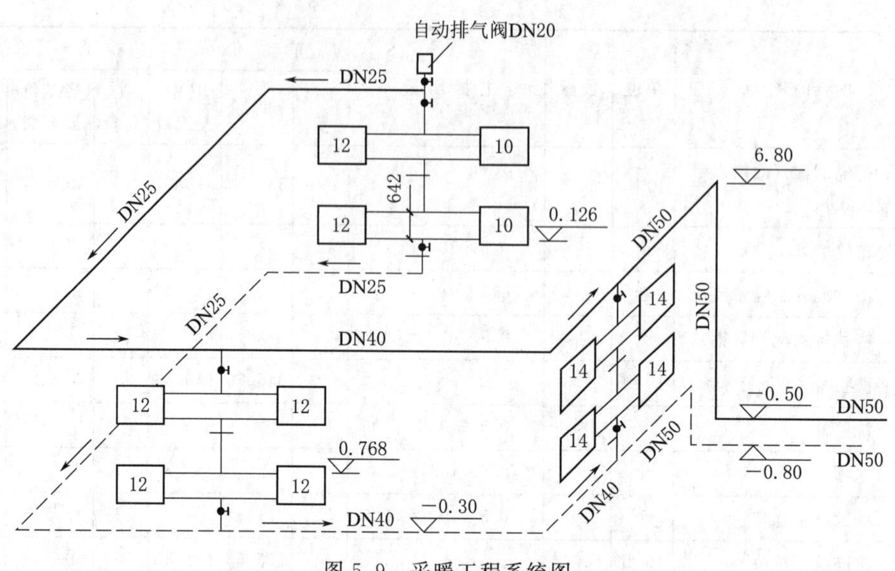

图5.9 采暖工程系统图

(2) 管道采用焊接钢管，DN＜32mm为螺纹连接，其余为焊接。立管管径均为DN20mm，散热器支管均为DN15mm。

(3) 散热器为四柱813型，每片厚度57mm，采用现场组成安装，采用带足与不带足的组成一组，其中心距离均为3.3m。每组散热器上均装ϕ10手动防风阀一个。

(4) 地沟内管道采用岩棉瓦块保温（厚30mm），外缠玻璃丝布一层，再涂沥青漆一道。地上管道人工除微锈后涂红丹防锈漆两遍，再涂银粉漆两遍。散热器安装后再涂银粉漆一遍。

(5) 干管坡度$i=0.003$。

(6) 管道穿地面和楼板，设一般钢套管。管道支架按标准做法施工。

2. 本题要求

(1) 按照《山东省安装工程消耗量定额》(2016版）的有关内容，计算工程量。

(2) 套用《山东省安装工程价目表》计算直接工程费（本题主材只计算其消耗量，暂不计主材费）。

3. 解题过程

(1) 几点说明。

1) 坡度考虑：供水干管一般抬头安装，坡度为0.003，引入口升高处为最低，干管设置集气罐（或自动排气阀）处为最高点。计算立管高度，应取其平均值。水平干管因坡度增加的斜长，由于增加值甚微，可以忽略不计（为了计算方便，本题暂不考虑该坡度）。

2) 实际安装时，干管与立管并不在同一垂直立面上，而是相交成Z字形弯，此Z字形弯以及立管绕支管时的抱弯，根据定额说明已包括在管道安装工作内容中，不应另计工程量。

3) 散热器支管长度：立管双侧连接散热器时支管长度=[散热器中心距离−(单片散热器厚度×片数)/2]×根数。

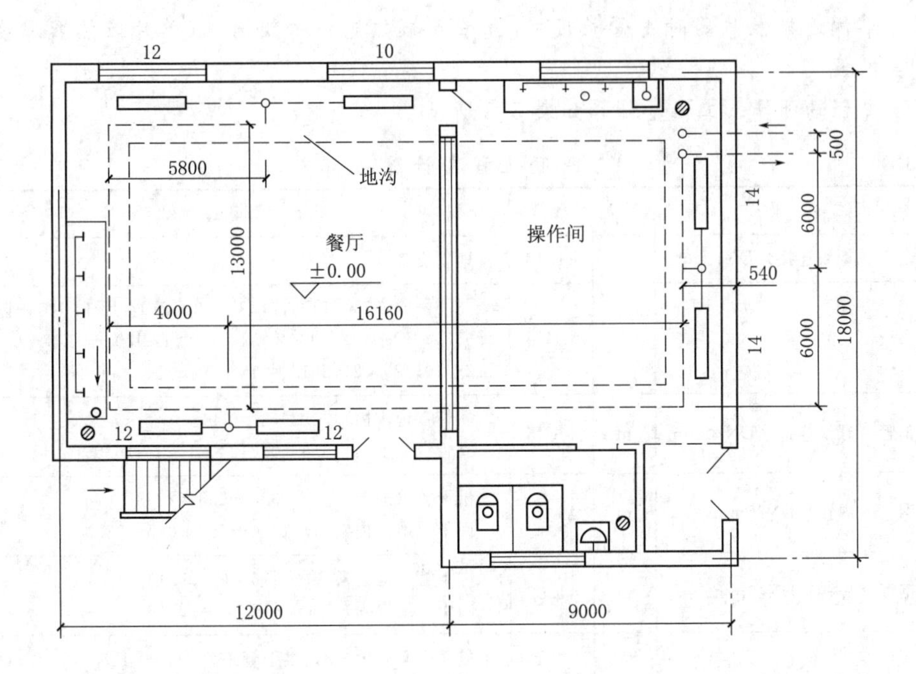

底层平面图

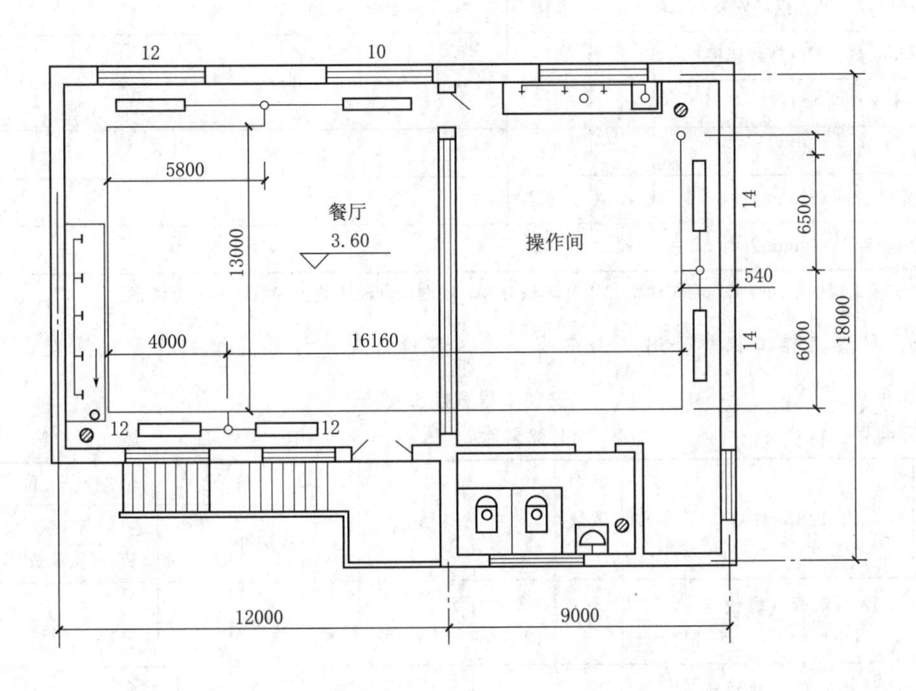

二层平面图

图 5.10　采暖工程平面图

立管单侧连接散热器时支管长度=[立管至散热器中心距离-(单片散热器厚度×片数)/2]×根数

(2) 工程量计算。工程量计算如表5.8所示。

表5.8 采暖工程量计算书

项目名称	单位	数量	计算过程
焊接钢管(螺纹连接)DN15mm	m	31.16	地上支管
			[3.3-0.057×(14+14)/2]×2×2(14片14片)+[3.3-0.057×(12+12)/2]×2×2(12片12片)+[3.3-0.057×(12+10)/2]×2×2(12片10片)
焊接钢管(螺纹连接)DN20mm	m	17.45	立管(地沟内):0.3×3=0.9 立管(地上):(6.8-0.642×2)×3=16.55
焊接钢管(焊接)DN25mm	m	46.10	供干管(地上):4+13.0+5.8=22.8 回干(地沟内):4+13.0+5.8+0.5=23.3
焊接钢管(焊接)DN40mm	m	44.32	供干管(地上):6.0+16.16=22.16 回干(地沟内):6.0+16.16=22.16
焊接钢管(焊接)DN50mm	m	24.38	(1.5+0.54+0.5)(供干管地沟内)+[1.5+0.54+(0.8+0.3)+6.0(地沟内回干管)]=11.08 供干管(地上):6.8+6.5=13.3
铸铁813型散热器组成安装	片	148	14×4+12×6+10×2
DN20mm截止阀(螺纹连接)	个	7	
DN20mm自动排气阀	个	1	
10mm手动放气阀	个	12	
一般钢套管DN32mm以内	个	6	
一般钢套管DN50mm以内	个	4	

注 在实际工程中,采暖工程与刷油绝热工程无法分开,本题的刷油绝热工程量计算另行考虑。

(3) 计算直接工程费套用《山东省安装工程价目表》计算直接工程费(见表5.9)。

表5.9 安装工程直接工程费

工程编号: 工程名称: 年 月 日 共 页 第 页

定额编号	项目名称	单位	数量	主材用量	单价/元			合价/元		
					主材单价	省基价	其中人工费	主材费	省基价(安装费)	其中人工费
8-49	焊接钢管(螺纹连接)DN15mm	10m	3.116	3.116×10.2=31.78m		81.21	53.09		253.05	165.43
8-50	焊接钢管(螺纹连接)DN20mm	10m	1.745	1.745×10.2=17.80m		110.28	65.30		192.44	113.95
8-59	焊接钢管(焊接)DN25mm	10m	4.610	4.61×10.2=47.02m		110.74	61.49		510.51	283.47

续表

定额编号	项目名称	单位	数量	主材用量	单价/元			合价/元		
					主材单价	省基价	其中人工费	主材费	省基价（安装费）	其中人工费
8-60	焊接钢管（焊接）DN40mm	10m	4.432	4.432×10.2=45.21m		137.96	71.15		611.44	315.34
8-61	焊接钢管（焊接）DN50mm	10m	2.438	2.438×10.2=24.87m		166.22	80.08		405.24	195.24
8-77	铸铁813型散热器组成安装	10片	14.8			92.42	31.16		1367.82	461.17
	铸铁散热器柱型			14.8×6.91=102.27						
	铸铁散热器柱型带足			14.8×3.19=47.21						
8-527	DN20mm截止阀（螺纹连接）	个	7	7×1.01=7.07		6.53	2.80		45.71	19.60
8-639	DN20mm自动排气阀	个	1	1×1=1		14.98	6.55		14.98	6.55
8-641	10mm手动放气阀	个	12	12×1.01=12.12		0.87	0.84		10.44	10.08
6-3011	一般钢套管DN32mm以内	个	6			17.47	3.95		104.82	23.70
6-3012	一般钢套管DN50mm以内	个	4			29.01	6.50		116.04	26.00
	第八册小计								3411.63	1570.83
	第六册小计								220.86	49.70
	合计								3632.49	1620.53
	采暖工程系统调整费	采暖工程人工费×15%：1620.53×15%（其中人工工资占20%）							243.08	48.62
	采暖工程直接工程费								3875.57	1669.15
	第八册脚手架搭拆费	第八册人工费×5%：1570.83×5%（其中人工工资占25%）							78.54	19.64
	第六册脚手架搭拆费	第六册人工费×7%：49.70×7%（其中人工工资占25%）							3.48	0.37
	脚手架搭拆费合计								82.02	20.51

【例5.4】 某住宅楼采暖系统管道安装形式如图5.11所示，按照《江苏省安装工程计价定额》（2014版）试计算其工程量，管道采用的是DN25焊接钢管，单管顺流式连接。

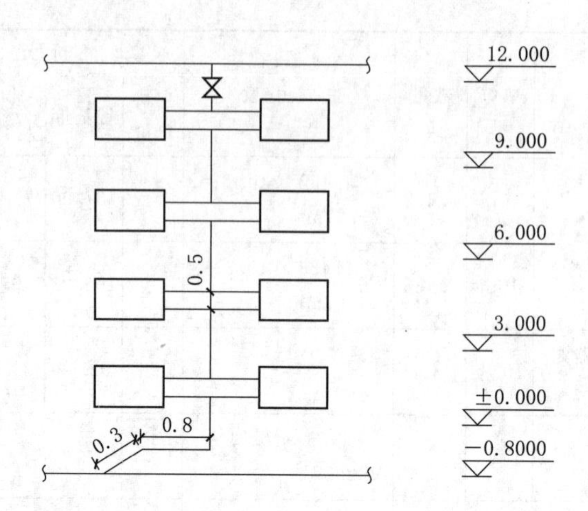

图 5.11 采暖系统示意图（单位：m）

解：（1）管道长度计算（DN25 焊接钢管）。

[12.0−(−0.800)](标高差)+0.3(水平埋管长度1)+0.8(水平埋管长度2)−0.5(散热器进出水管中心距)×4(层数)=11.9m

（2）定额与清单工程量。

1）清单工程量：

钢管 DN25，项目编码：031001002001，计量单位：m

工程数量：11.9/1(计量单位)=11.9

清单工程量见表5.10。

表5.10　　清单工程量计算表

项目编码	项目名称	项目特征描述	计量单位	工程量
031001002001	焊接钢管	DN25 焊接钢管，单管顺流式连接，室内	m	11.9

2）定额工程量：

室内焊接钢管安装（螺纹连接）定额编号：10-248，计量单位：10m

工程量：11.9/10(计量单位)=1.19

定额工程量见表5.11。

表5.11　　定额工程量计算表

定额编号	项目名称	计量单位	工程量
10-248	焊接钢管 DN25	10m	1.19

【例5.5】

1. 工程概况

如图5.12、图5.13所示为某住宅室内燃气工程。燃气为天然气，燃气管道均采用镀

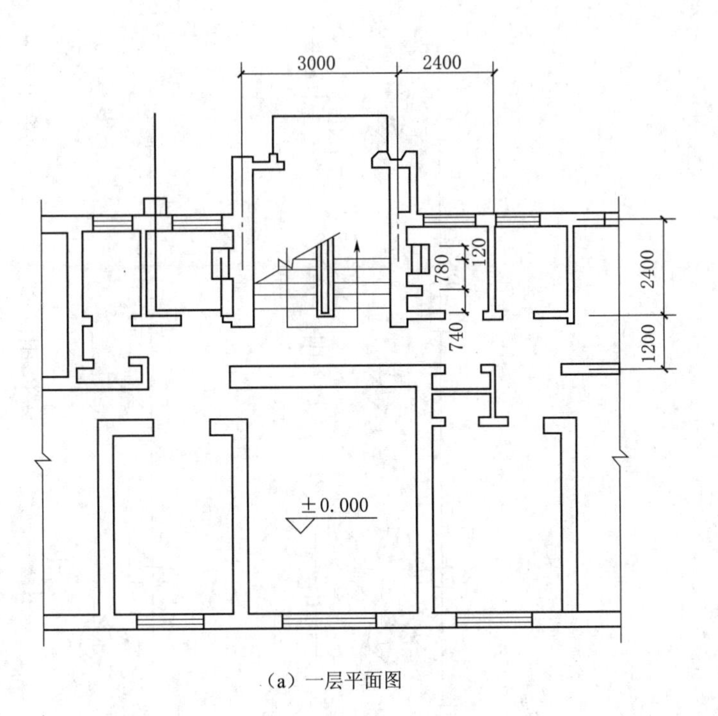

(a) 一层平面图

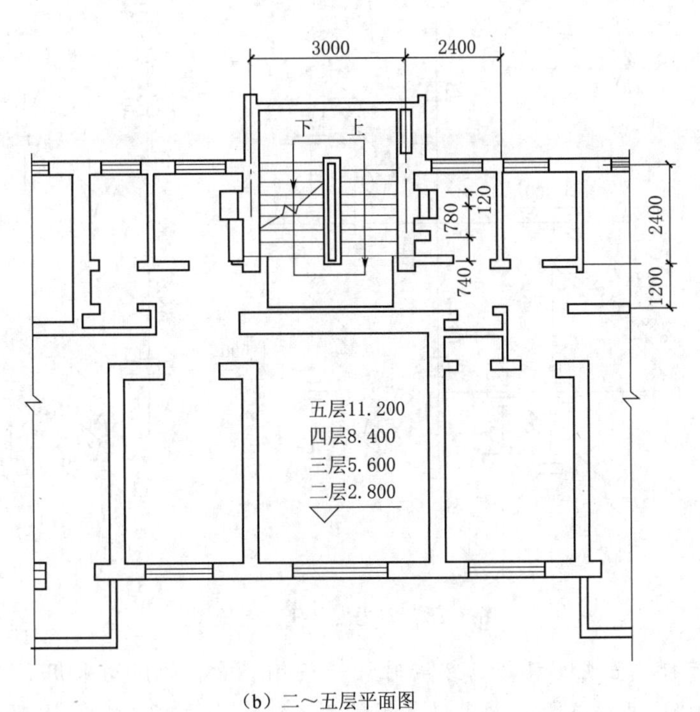

(b) 二~五层平面图

图 5.12 室内燃气管道平面图

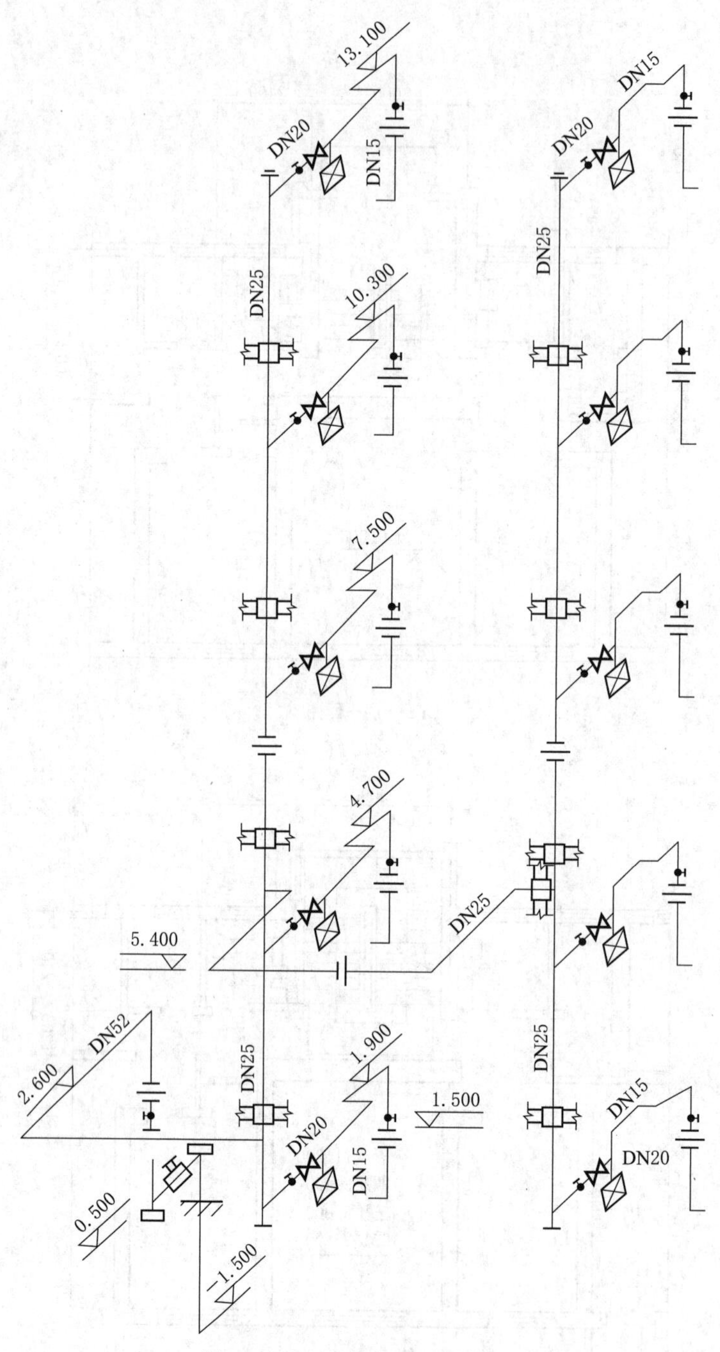

图5.13 室内燃气管道系统图

锌钢管，螺纹连接，管道穿楼板、穿墙时设一般钢套管。阀门均采用X13W-10型，煤气表用角钢L30×3支架支撑，额定煤气用量为2.0m³/h。每户装JZ双眼灶台1个。住宅层高为2.8m。

2. 本题要求

(1) 按照2016版《山东省安装工程消耗量定额》的有关内容，计算燃气工程量。

(2) 套用2016版《山东省安装工程消耗量定额》计算直接工程费。

(本题主材只计算其消耗量，暂不计主材费，不计刷油、保温等项目。)

3. 解题过程

工程量计算如表5.12所示，安装工程预算书如表5.13所示。

表5.12　燃气工程量计算表

项目名称	单位	数量	计算公式
镀锌钢管螺纹连接 DN15mm	m	13.00	[(0.78+0.12)(水平长度)+(1.9−1.5)(垂直长度)]×10
镀锌钢管螺纹连接 DN20mm	m	6.70	[0.74(煤气表中心距墙面净距)−0.07(立管中心距墙面距离)]×10
镀锌钢管螺纹连接 DN25mm	m	28.31	(13.10−1.9)×2(每根立管长度)+3(水平管)+0.37(两半墙厚)+0.07×2(立管中心距墙面距离)+1.2×2(水平管)
镀锌钢管螺纹连接 DN32mm	m	7.01	[(2.4+0.25+2.4−0.07×2)(水平长度)]×[(2.6−0.5)(垂直长度)]
旋塞阀 X13W-10DN15mm	个	10	
旋塞阀 X13W-10DN20mm	个	10	
旋塞阀 X13W-10DN32mm	个	1	
煤气表（型号 2.0m³/h）	块	10	
JZ双眼灶台	台	10	
一般钢套管 DN32mm	个	1	
一般钢套管 DN25mm	个	10	穿楼板8个，穿墙2个

表5.13　安装工程预算书

工程编号：　　　　工程名称：　　　　年　月　日　　共　页　第　页

定额编号	项目名称	单位	数量	主材用量	单价/元			合价/元		
					主材费	省基价	其中人工费	主材费	省基价（安装费）	其中人工费
8-820	燃气室内镀锌钢管（螺纹连接）DN15mm	10m	1.30	1.30×10.20=13.26m		96.32	60.96		125.22	79.25
8-821	燃气室内镀锌钢管（螺纹连接）DN20mm	10m	0.67	0.67×10.20=6.83m		97.14	61.04		65.08	40.90
8-822	燃气室内镀锌钢管（螺纹连接）DN25mm	10m	2.83	2.83×10.20=2.87m		112.15	67.40		317.38	190.72
8-823	燃气室内镀锌钢管（螺纹连接）DN30mm	10m	0.70	0.70×10.20=7.14m		128.74	73.16		90.12	51.21
8-876	民用灶具安装型号JZ	台	10			16.18	7.00		161.80	70.00
	燃气灶炉	台		10×1=10						

续表

定额编号	项目名称	单位	数量	主材用量	单价/元			合价/元		
					主材费	省基价	其中人工费	主材费	省基价（安装费）	其中人工费
8-854	民用燃气表安装（型号2.0m³/h)	块	10			33.88	18.84		338.80	188.40
	燃气计量表2.0m³/h	块		10×1=10						
	燃气表接头	套		10×1=10						
8-526	螺纹阀门安装DN15mm	个	10			5.91	2.80		59.10	28.00
	旋塞阀X13W-10 DN15mm	个		10×1.01=10.1						
8-527	螺纹阀门安装DN20mm	个	10			6.53	2.80		65.30	28.00
	旋塞阀X13W-10 DN20mm	个		1×1.01=1.01						
8-528	螺纹阀门安装DN32mm	个	1			8.55	3.36		8.55	3.36
	旋塞阀X13W-10 DN32mm	个								
6-3011	一般钢套管DN25mm	个	10			17.47	3.95		174.70	39.50
6-3011	一般钢套管DN32mm	个	1			17.47	3.95		17.47	3.95
	第八册小计								1231.35	679.84
	第六册小计								192.17	43.45
	直接工程费								1423.52	723.29
	第八册脚手架搭拆费	第八册人工费×5%：679.84×5%（其中人工工资占25%）							33.99	8.50
	第六册脚手架搭拆费	第六册人工费×5%：43.45×5%（其中人工工资占25%）							3.04	0.76
措施费	脚手架搭拆费合计								37.03	9.26

5.11 卫生器具安装

5.11.1 卫生器具安装计价定额说明

卫生器具安装项目均参照了《全国通用给水排水标准图集》中的有关标准图，包括各种浴盆、洗脸（手）盆、洗涤盆与化验盆、淋浴器、各式大、小便器及自动冲洗水箱、冲洗水管，以及水龙头、排水栓、地漏、扫除口等供、排水配件、附件安装，新增水力按摩浴盆和整体式淋浴房安装项目，共编列88个子目。除定额另有说明者外，设计无特殊要求均不做调整。

5.11.2　卫生器具安装工程量计算及注意事项

各种卫生器具安装工程量计算及注意事项如表5.14所示。

表5.14　常用卫生器具安装工程量计算及注意事项

器具名称	计算单位	计算范围	计算图示	注意事项
洗脸盆	10组	计算起点以给水（冷、热）水平管与支管交接处起，止点为排水管至存水弯（柜）交接处	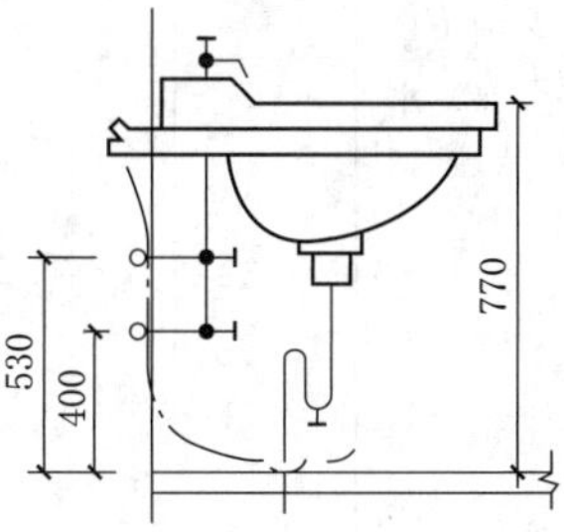 530 400 770	（1）洗脸盆、洗手盆、洗涤盆适用于各种型号。 （2）洗脸盆肘式开关安装不分单双把，均使用同一项目。 （3）化验盆安装中鹅颈水嘴、化验单嘴、双嘴三联化验盆适用于成品件安装
洗涤盆	10组	计算起点以给水（冷、热）水平管与支管交接处起，止点为排水管至存水弯（柜）交接处	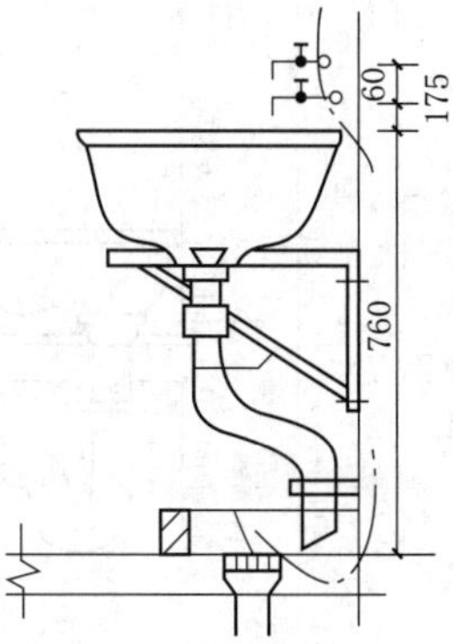 60 175 760	（1）与卫生器具配套的感应器安装、卫生间干手器等可按第二册相关项目计算。 （2）洗脸盆、淋浴器组成安装定额中分别列有钢管组成和铜管制品子目，其区别在于上水管连接时前者按标准图尺寸切管、套螺纹（套丝）现场组成；后者一般是在器具进水阀（角式截止阀）之后的部分均采用与器具配套的铜制（镀铬）成品短管与管件、配件（也称铜活）连接安装，有些器具的下水配件也是如此（如立式与理发店洗脸盆安装），使用中应加以区分
浴盆	10组	计算起点给水（冷、热）水平管与支管交接处起，止点为排水管至存水弯（柜）交接处	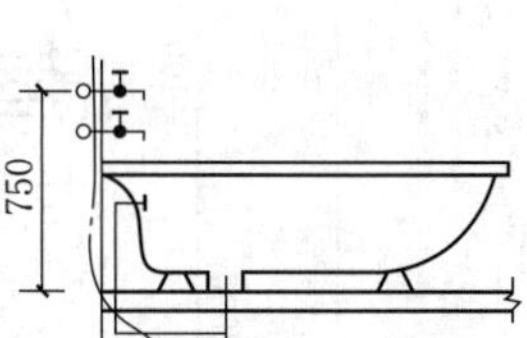 750	（1）浴盆安装适用于各种型号的浴盆，浴盆支座和浴盆周边的砌砖、瓷瓦粘贴应按建筑工程消耗量定额另行计算。 （2）水平管设计高度750mm，冷热水嘴需增加引下管，则该引下管计算入管道安装中
妇女净身盆	10组	计算起点以给水（冷、热）水平管与支管交接处起，止点为排水管至存水弯（柜）交接处	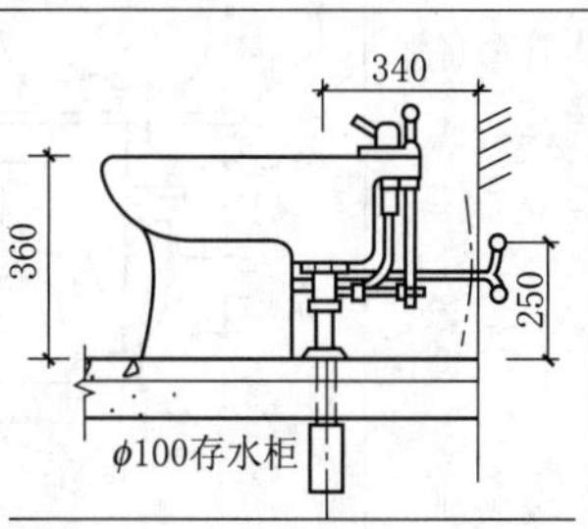 340 360 250 ϕ100存水柜	

续表

器具名称	计算单位	计算范围	计 算 图 示	注 意 事 项
淋浴器	10组	计算范围为给水（冷、热）水平管与支管交接处	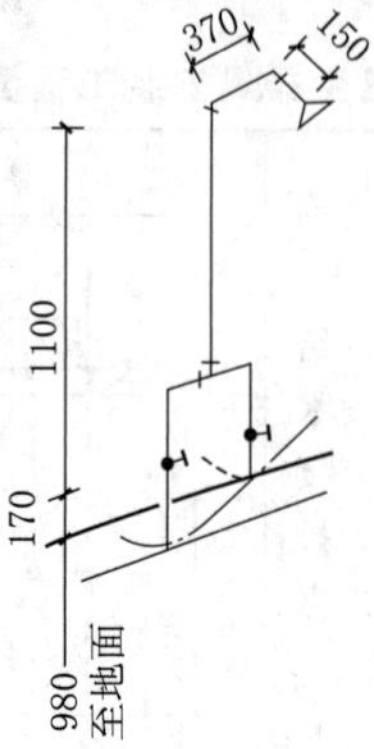 370 150 1100 170 980 至地面	（1）淋浴器铜制品安装，适用于各种成品淋浴器安装。 （2）脚踏开关安装，已包括了弯管与喷头的安装和人工审核材料，喷头主材另计
蹲式大便器（冲洗阀式）	10套	计算起点以给水水平管与支管交接处起，止点为排水管至存水弯交接处	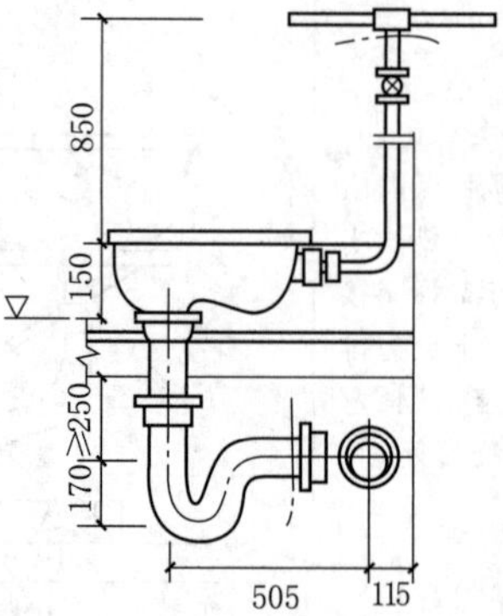 850 150 ≥250 170 505 115	（1）蹲式大便器安装已包括了固定大便器的垫砖，但不包括大便器蹲台的砌筑。 （2）实际施工中，如用金属软管做卫生器具上水分支管时，定额内分支管材料可以换算，其余不变，其他类似情况，如蹲便高水箱冲洗管使用塑料管代替镀锌管时，均可照此办理
蹲式大便器（高水箱式）	10套	计算起点以给水水平管与支管交接处起，止点为排水管至存水弯交接处	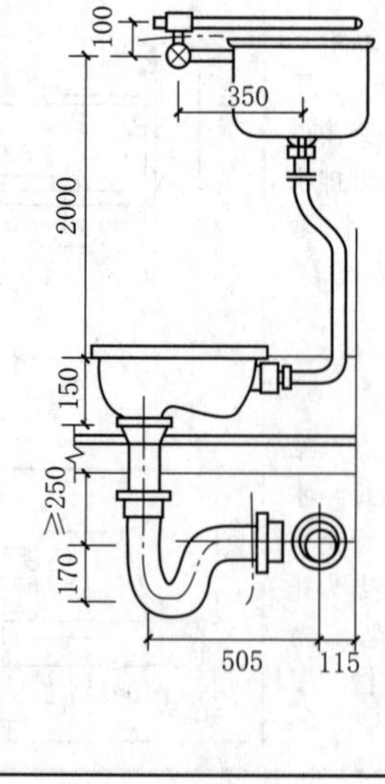 100 350 2000 150 ≥250 170 505 115	

续表

器具名称	计算单位	计算范围	计 算 图 示	注 意 事 项
坐式大便器	10套	计算起点以给水水平管与支管交接处起，止点为排水管出水口处（未包括任何管道）	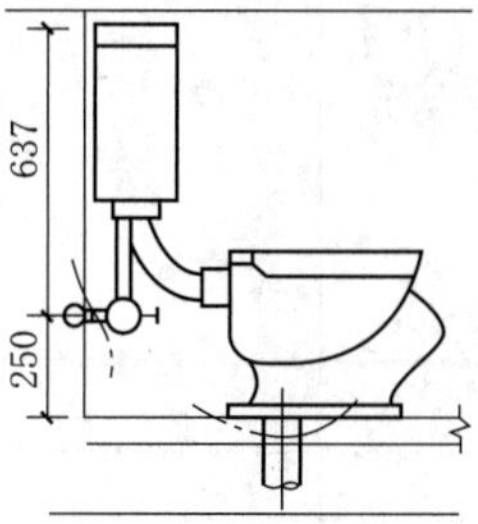 637 250	
挂式小便斗	10套	计算起点以给水水平管与支管交接处起，止点为排水管至存水弯交接处	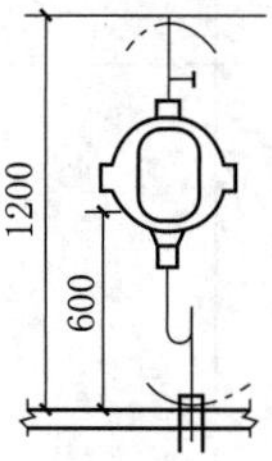 1200 600	
高水箱三联挂斗小便器	10套	计算起点以给水水平管与支管交接处起，止点为排水管至存水弯交接处	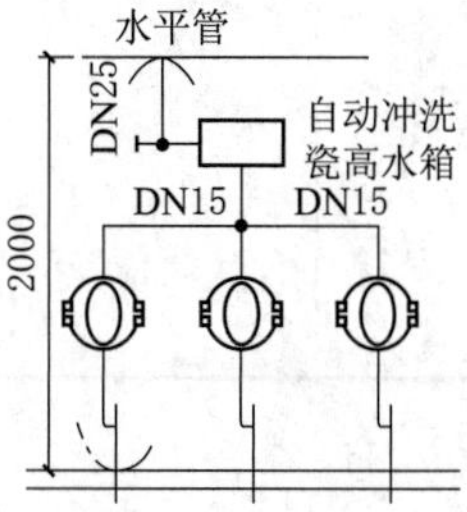 水平管 DN25 自动冲洗瓷高水箱 DN15 DN15 2000	
立式小便器	10套	计算起点以给水水平管与支管交接处起，止点为排水管至存水弯交接处	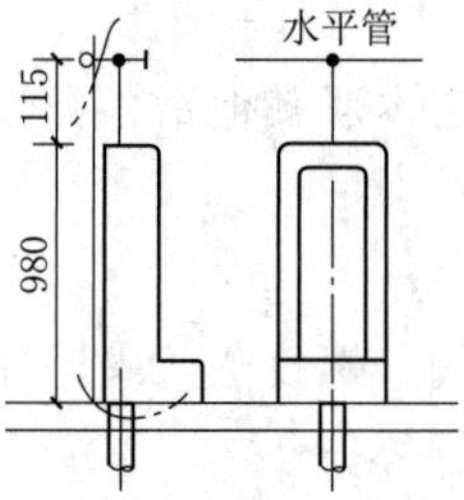 水平管 115 980	
小便槽冲洗管（含制作）	10m		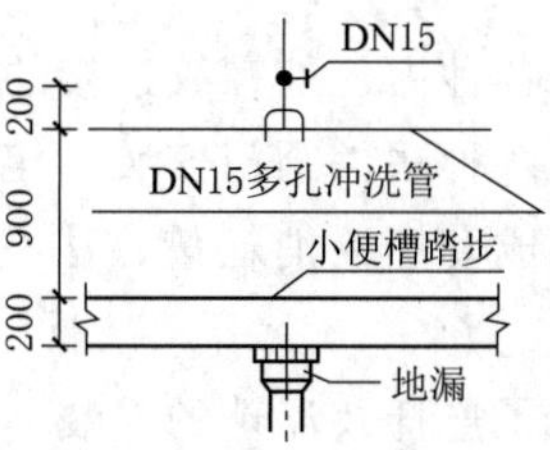 DN15 200 DN15多孔冲洗管 900 小便槽踏步 200 地漏	小便槽冲洗管制作与安装不包括阀门安装，其工程量可按相应定额另行计算

续表

器具名称	计算单位	计算范围	计 算 图 示	注 意 事 项
成品水力按摩浴盆	10套			包括配套小型循环设备（过滤罐、水泵、按摩泵、气泵等）安装，其循环管路材料、配件等按生产厂家成套供货考虑。定额内未包括相关的电气检查、接线工作，应按本套书第四册《电气设备安装工程》相应项目另行计算
大便槽、小便槽自动冲洗水箱	10套			大便槽、小便槽自动冲洗水箱安装，已包括了水箱托架的制作安装，不再另行计算
水龙头排水栓地漏地面扫除口	10个			(1) 水嘴、排水栓一般用于单独安装的污水池、盥洗槽内。 (2) 排水栓分带存水弯和不带存水弯两种。带存水弯者包括了其下的存水弯，不带存水弯者包括了和排水栓相连的0.5m塑料管。 (3) 地漏安装不分形式和材质，均按规格大小执行同一定额。地漏安装包括0.1m塑料管。 (4) 地面扫除口安装仅仅指扫除口安装本身，不包括与其相连的下水管

5.12 阀门、法兰安装

此处所指的阀门、法兰等与本册其他章各类管道安装项目配套使用，不适用于工业生产管道。

1. 阀门安装

(1) 项目设置：包括螺纹阀、螺纹法兰阀、焊接法兰阀、法兰阀、螺纹浮球阀、法兰浮球阀和法兰液压式水位控制阀等。

(2) 工程量计算规则：各种阀门安装均以“个”为计量单位。

(3) 注意事项：

1) 螺纹阀门项目适用于各种内、外螺纹连接的阀门安装。

2) 法兰阀门安装适用于各种法兰阀门安装，定额中已包括与其配套安装的一副法兰（或铸铁承盘短管）及相应的成套螺栓消耗量；法兰阀（带短管甲乙）安装，如接口材料不同时，可作调整。

3) 浮球阀安装，已包括了连杆及浮球的安装。

4) 自动排气阀安装，已包括了支架制作安装，不再另行计算。

2. 法兰安装

(1) 项目设置：包括螺纹法兰、焊接法兰两大类。

(2) 工程量计算规则：各种法兰安装均以“副”为计量单位。

(3) 注意事项：

1) 法兰安装定额中已包括了螺栓消耗量。

2) 各种法兰连接用垫片，均按石棉橡胶板计算，如用其他材料可作调整。

3) 法兰阀门安装如仅为一侧法兰连接时，定额所列法兰、带帽螺栓及垫圈数量减半，其余不变。

5.13 水表组成与安装

定额包括螺纹水表组成安装和焊接法兰水表组成安装，均以“组”为计量单位。螺纹水表组成安装，包括表前闸阀；法兰水表安装是按《全国通用给水排水标准图集》(S145) 编制的，分为带旁通管及止回阀、带旁通管无止回阀、无旁通管有止回阀、无旁通管无止回阀 4 种形式，可根据设计选用相应项目。

5.14 水箱制作与安装

1. 项目设置

水箱属于小型容器制作安装项目，定额分列了矩形和圆形钢板水箱制作、矩形和圆形钢板水箱安装、大小便槽冲洗水箱制作等项目。

2. 工程量计算规则

(1) 矩形和圆形钢板水箱制作，按施工图所示尺寸，包括箱体、人孔及连接短管的质量，以“100kg”为计量单位；其水位计安装和内、外人梯制作安装可按相应定额另行计算。

(2) 钢板水箱安装，均以“个”为计量单位，按国家标准图集水箱容量“m^3”使用相应定额。

3. 定额应用中的注意事项

(1) 各种水箱制作定额中已包括水箱的给水、出水、排污、溢流等连接短管的制作及焊接，其材料（包括法兰件）应按设计的种类、规格、数量计入主材用量。水箱制作定额中未包括支架制作安装，小容量水箱的型钢支架可使用本册定额第一章管道支架项目，混凝土或砖砌支座则应按建筑工程消耗量定额相应项目计算。

(2) 钢板水箱制作定额中已将箱体内除锈涂底漆（防锈漆二道）综合在内；其面漆或保温绝热按设计要求另计。大、小便冲洗水箱制作定额中的底漆与面漆已包括（各二道）。

5.15 采暖工程量计量与计价的应用

5.15.1 采暖管道安装计价定额应用说明

管道定额的界限划分如下：

(1) 采暖管道室内、外管道以入口阀门或以建筑物外墙皮 1.5m 为界。

(2) 采暖管道与工业管道界限以锅炉房或热力站外墙皮1.5m为界。

(3) 采暖管道工厂车间内采暖管道以采暖系统与工业管道碰头点为界。

(4) 采暖管道与设在高层建筑内的加压泵间管道以泵间外墙皮为界。

5.15.2 采暖管道安装计价定额应用注意事项

(1) 管道安装定额中已包括管道、管件、方形补偿器制作安装、管道试压冲洗以及碳钢管除锈涂底漆（防锈漆两道）等工作内容，如设计选用其他形式的补偿器（波纹管、套筒式补偿器等），补偿器及配套法兰螺栓另计材料费，其余不变。管道面漆及管道保温工程使用第十一册《刷油、防腐蚀、绝热工程》定额相应项目。

(2) 室内管道定额内已包括管卡、托钩、支吊架制作安装及涂漆（防锈漆与银粉漆各两道），室外管道则未包括管道支架，应按本章相应项目另行计算（注意：管道定额也已综合了除锈涂漆的工作内容）。采暖管道项目的综合内容如表5.15所示。

表5.15　采暖管道项目的综合内容

项目 \ 内容		管件	阀门	法兰	方形补偿器	管道支架类	试压冲洗（闭水）	底漆	面漆	套管
采暖管道	室外镀锌管（螺纹连接）	√			√		√			
	室外焊接管（螺纹连接）	√			√		√	√		
	室外钢管（焊接）	√			√		√	√		
	室内镀锌管（螺纹连接）	√			√	√	√			
	室内焊接管（螺纹连接）	√			√	√		√		
	室内钢管（焊接）	√			√	√		√		

注 1. 管道支架类包括型钢支吊架、管子托钩、立管卡子，本项内容已包含型钢支架除锈涂漆。
2. 试压冲洗一栏中：采暖管道为水压试验与冲洗。
3. 底漆项目中包括除锈内容。

(3) 安装已做好保温层的管道时，定额人工乘以系数1.10，保温补偿口按第十一册《刷油、防腐蚀、绝热工程》定额另计。此处的带保温层管道是指现场集中保温预置后进行安装的管段或虽由专门生产厂预置，但其外保护壳为塑料或玻璃钢等轻型材料的管段，不适用热力管线的直埋夹套保温双层钢管。

(4) 阀门、法兰、低压器具的安装，按本册定额第六章、第七章相应项目计算。

(5) 管道穿墙（楼板）钢套管或防水套管按第八册《工业管道工程》定额相应项目另计。

(6) 地板辐射管道的分（集）水器安装，使用本册定额第七章相应项目；管路敷设的固定方式按塑料卡钉考虑，当实际方式不同时，固体材料按时换算，其余不变。定额内已包括填充层混凝土浇筑的配合用工，但混凝土浇筑与敷设隔热层保温板应按建筑工程消耗量定额相应项目另行计算。有关地板辐射采暖的构造、设计、施工与检验等参见江苏省工程建设标准《低温热水地板辐射采暖技术规程》。

(7) 室外管道安装部分架空、埋地或地沟敷设，均使用同一定额；安装室内外管沟、土方、管道基础等，应按建筑工程消耗量定额相应项目另行计算。

5.16　供暖器具安装

1. 项目设置内容

定额是参照《全国通用暖通空调标题图》（T9N112）编制，包括各种类型铸铁散热器和钢制散热器的安装和光排管散热器的制作、安装以及暖风机、热空气幕的安装，如图5.14～图5.22所示。其中铸铁散热器按组成安装与成组安装分列项目，前者适用于散片进货现场组成安装（计量单位为“10片”）；后者适用于组装完成出场的成品安装（以“组”计量单位）。对于目前市场上出现的未录入国家标准图集的新型散热器，如立式、铝合金、铸钢散热器等，各按其结构形式和安装方式使用本定额相近项目。

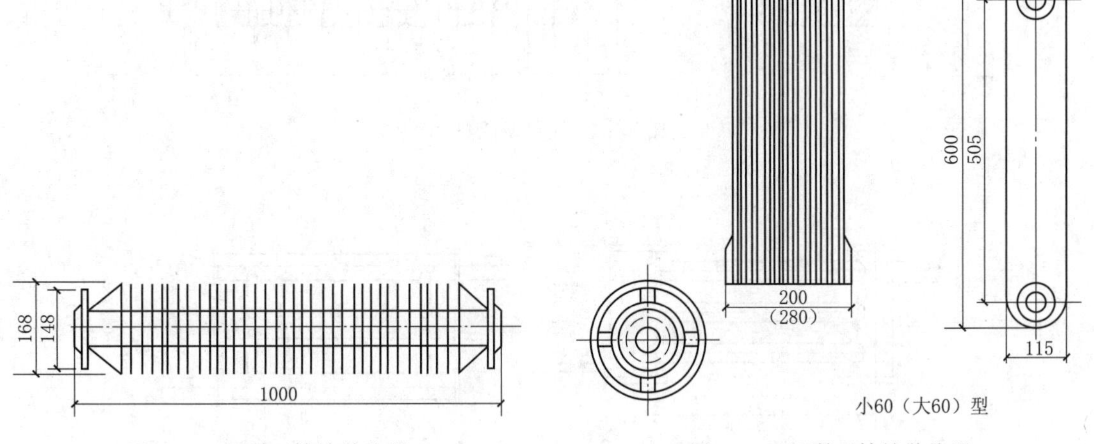

图5.14　圆翼型铸铁散热器

图5.15　长翼型铸铁散热器

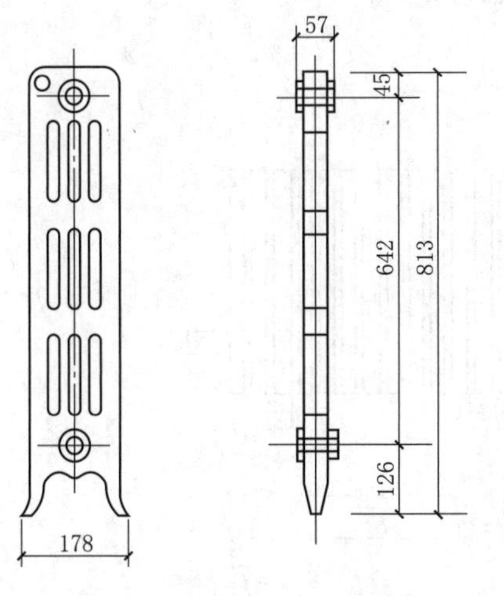

图5.16　四柱813型散热器

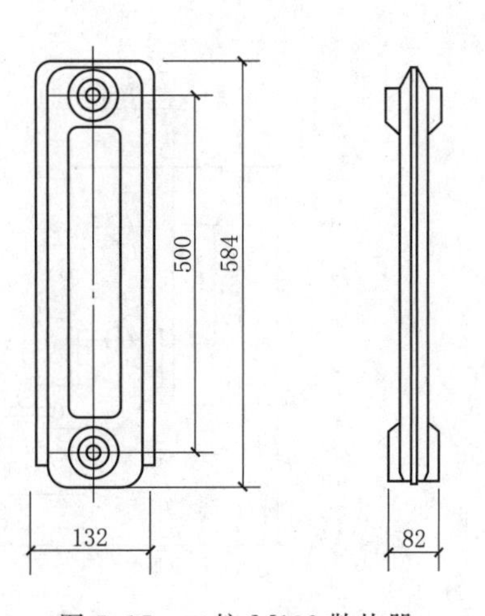

图5.17　二柱M132散热器

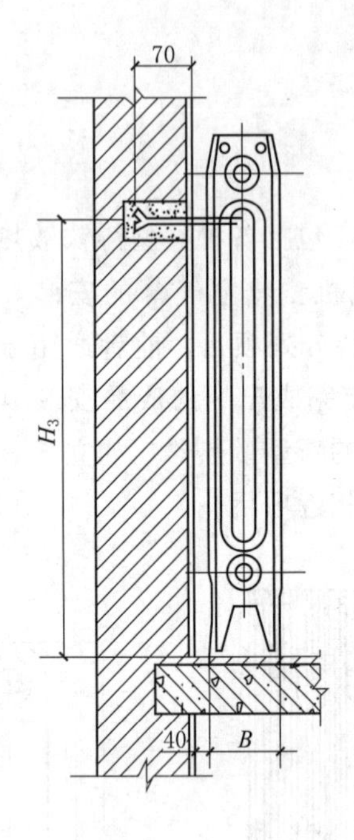

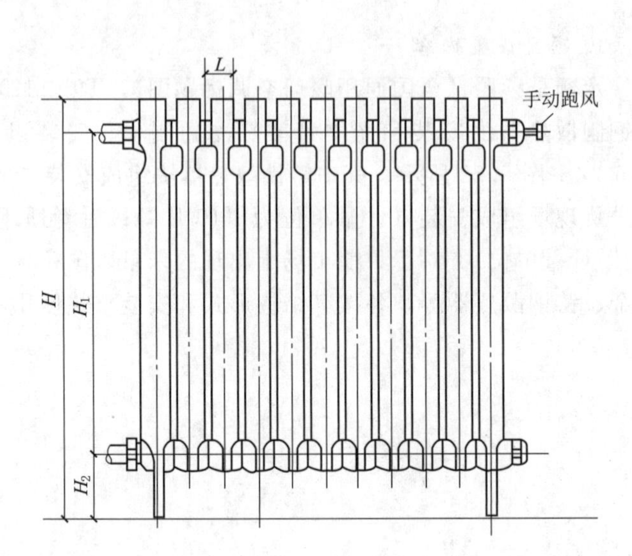

图 5.18 柱翼型散热器

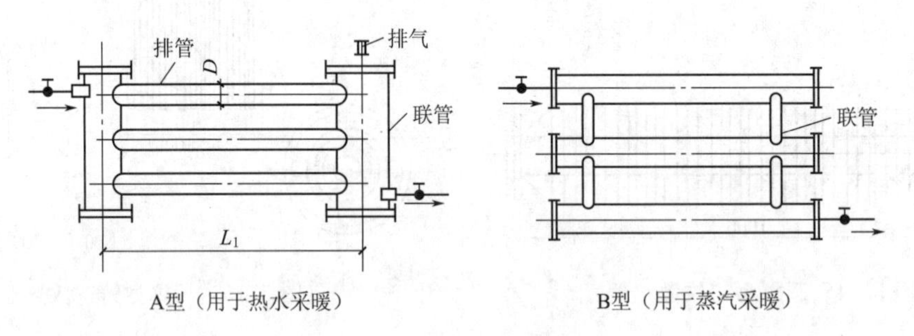

图 5.19 光排管型散热器

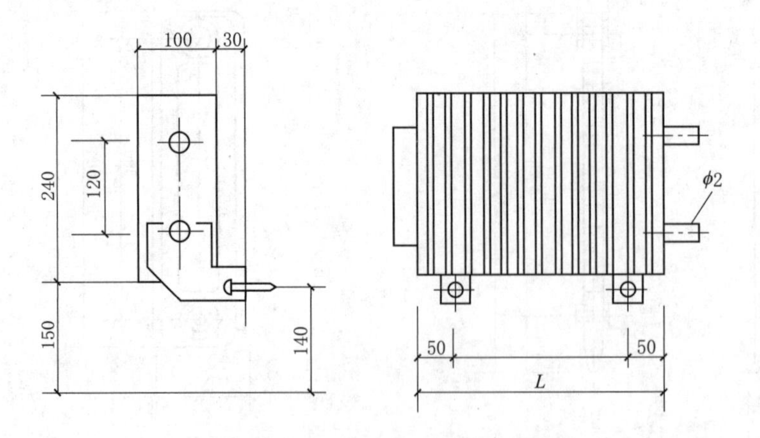

图 5.20 闭式对流串片型散热器

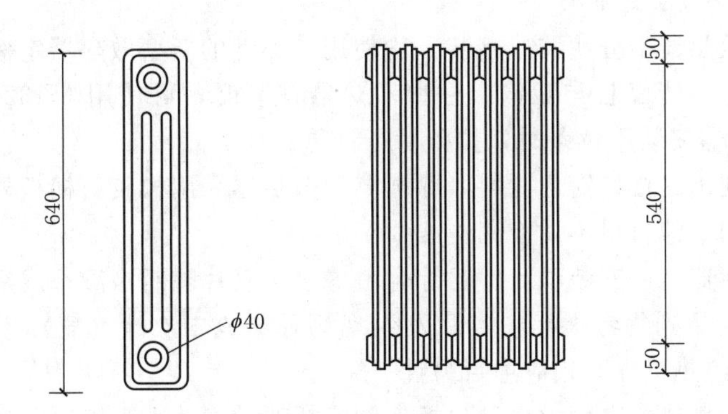

图 5.21 钢制柱型散热器

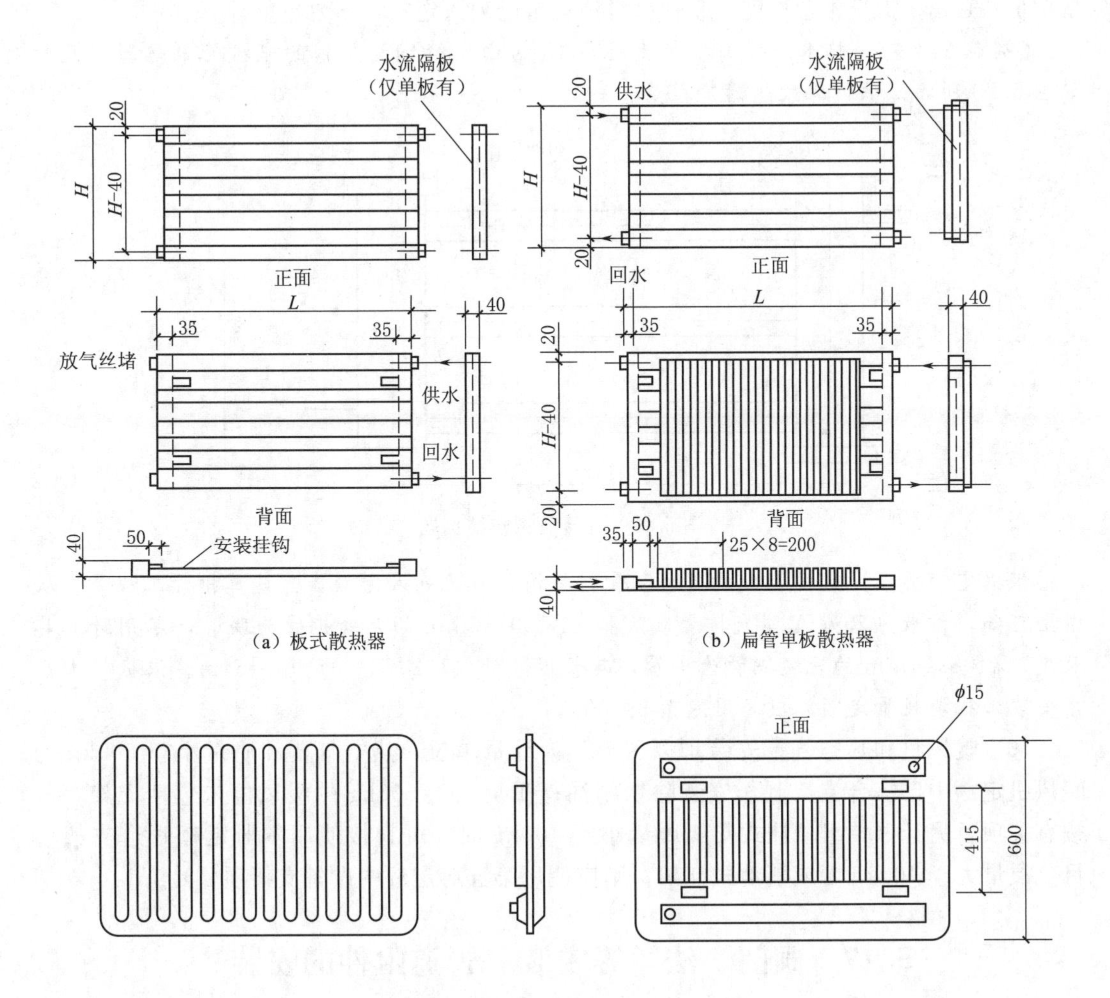

图 5.22 钢制板式散热器

2. 定额应用中的注意事项

(1) 各类型散热器不分明装或暗装，均使用同类型的新型散热器定额项目。铸铁散热器除柱型外已含打、堵墙眼与栽钩。柱型散热器挂装时，可使用M132型子目。柱型和M132型铸铁散热器安装用拉条时，拉条另行计算。

(2) 定额中列出的接口密封材料，除圆翼型散热器采用橡胶石棉板外，其余均采用成品汽包垫，如采用其他材料不做换算。

(3) 铸铁散热器组成安装项目中已综合考虑了暖气片除锈涂漆；成组散热器是按组装涂漆均已完成的成品到货考虑，如实际发生现场补漆或二次涂（喷）漆，可按第十一册《刷油、防腐蚀、绝热工程》相应项目另计。

(4) 各类钢制散热器定额内也已包括托钩或托架的安装人工工时和材料消耗量。

(5) 光排管散热器制作安装项目已包括组焊、试压、除锈涂漆等全部工作内容，其计量单位"10m"指光排管长度，联管材料消耗量已列入定额，不要重复计算。

【例5.6】 有一热水采暖工程，使用了15组由无缝钢管制作的光排管散热器，尺寸如图5.23所示。试计算散热器工程量。

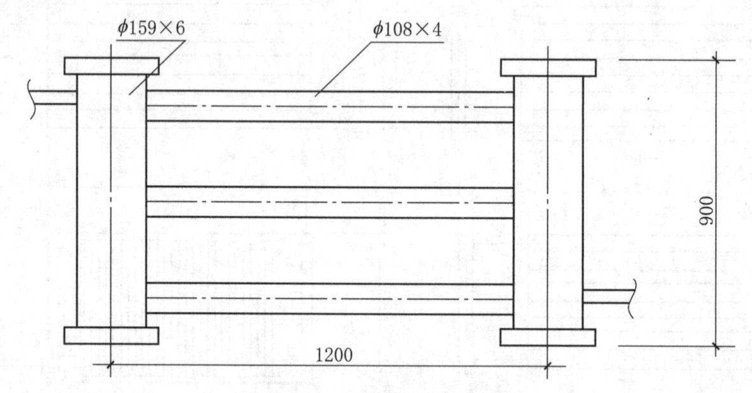

图5.23 光排管散热器例题

根据定额要求，光排管散热器的联管材料消耗量已列入定额，只计算排管工程量。从图上可知，该散热器为A型光排管散热器，$\phi159\times6$mm的无缝钢管为联管，不用计算其长度；$\phi108\times4$mm的无缝钢管为排管，其长度共计$(1.2\times3\times15)\text{m}=54\text{m}$。依据《山东省安装工程消耗量定额》应套用定额8-96。

(6) 暖风机和热空气幕安装均以"台"为计量单位，热空气幕和质量小于500kg的暖风机定额中已综合支架制作安装除锈刷油；质量大于500kg的暖风机未包括支架，可按有关项目另计（单组悬挂式支架质量小于100kg时，可直接使用本册定额管道支架项目，质量大于100kg者或落地式支架，则应使用第五册定额中设备支架项目）。

5.17 阀门、法兰等安装（管道附件的安装）

5.17.1 管道附件的安装计价定额应用说明

(1) 螺纹阀门安装适用于各种内外螺纹连接的阀门安装。

（2）法兰阀门安装适用于各种法兰阀门的安装，如仅为一侧法兰连接时，定额中的法兰、带帽螺栓及钢垫圈数量减半。

（3）各种法兰连接用垫片均按石棉橡胶板计算。如用其他材料，不做调整。

（4）减压器、疏水器组成与安装是按《采暖通风国家标准图集》（N108）编制的，如实际组成与此不同时，阀门和压力表数量可按实际调整，其余不变。

（5）低压法兰式水表安装定额包含一副平焊法兰安装，不包括阀门安装。

（6）浮标液面计FQ－Ⅱ型安装是按《采暖通风国家标准图集》（N102－3）编制的。

（7）水塔、水池浮漂水位标尺制作安装，是按《全国通用给水排水标准图集》（S318）编制的。

5.17.2 阀门、法兰等安装计价定额工程量计算规则

（1）各种阀门安装均以“个”为计量单位。法兰阀门安装，如仅为一侧法兰连接时，定额所列法兰、带帽螺栓及垫圈数量减半，其余不变。

（2）法兰阀（带短管甲乙）安装，均以“套”为计量单位，接口材料不同时可做调整。

（3）自动排气阀安装以“个”为计量单位，已包括了支架制作安装，不得另行计算。

（4）浮球阀安装均以“个”为计量单位，已包括了联杆及浮球的安装，不得另行计算。

（5）安全阀安装，按阀门安装相应定额项目乘以系数2.0计算。

（6）塑料阀门套用第八册《工业管道工程》相应定额。

（7）倒流防止器根据安装方式，套用相应同规格的阀门定额，人工乘以系数1.3。

（8）热量表根据安装方式，套用相应同规格的水表定额，人工乘以系数1.3。

（9）减压器、疏水器组成安装以“组”为计量单位，如设计组成与定额不同时，阀门和压力表数量可按设计用量进行调整，其余不变。

（10）减压器安装按高压侧的直径计算。

（11）各种伸缩器制作安装，均以“个”为计量单位。方形伸缩器的两臂，按臂长的两倍合并在管道长度内计算。

（12）各种法兰连接用垫片，均按石棉橡胶板计算，如用其他材料，不得调整。

（13）法兰水表安装是按《全国通用给水排水标准图集》（S145）编制的，以“组”为计量单位，包含旁通管及止回阀等。若单独安装法兰水表，则以“个”为计量单位，套用本章“低压法兰式水表安装”定额。

（14）住宅嵌墙水表箱按水表箱半周长尺寸，以“个”为计量单位。

（15）浮标液面计、水位标尺是按国标编制的，如设计与国标不符时，可做调整。

（16）塑料排水管消声器，其安装费已包含在相应的管道和管件安装定额中，相应的管道按延长米计算。

（17）排气装置安装包括集气罐制作安装、自动排气阀、手动防风门安装项目。按照不同规格，以“个”为计量单位。

（18）补偿器安装定额分列了螺纹连接（法兰）式套筒补偿器安装、焊接法兰式套筒

补偿器伸缩器安装项目。按照不同规格，以“个”为计量单位。对于方形补偿器，已综合在管道内，不要重复计算。

(19) 法兰式橡胶挠性接头如图5.25所示，按照不同规格，以“个”为计量单位。

【例5.7】 图5.24所示为某供暖管道干管上一方形补偿器，应如何计算？

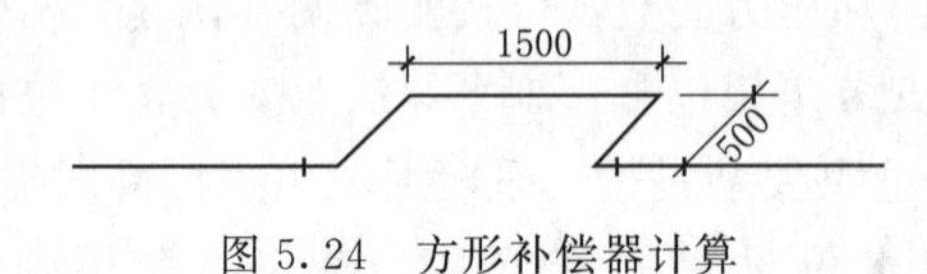

图5.24 方形补偿器计算

定额规定，方形补偿器应计入管道工程量，其长度为 (1.5+0.5×2)m=2.5m，不用单独套用定额。

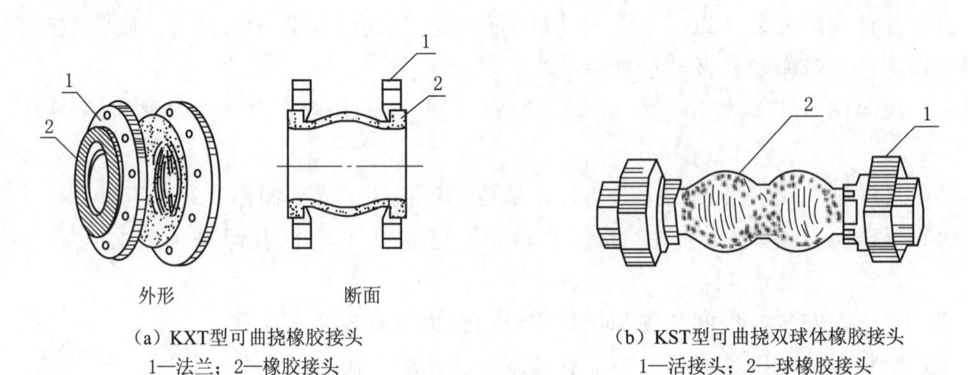

(a) KXT型可曲挠橡胶接头
1—法兰；2—橡胶接头

(b) KST型可曲挠双球体橡胶接头
1—活接头；2—球橡胶接头

图5.25 法兰式橡胶挠性接头

5.18 低压器具组成与安装

1. 项目设置内容

(1) 低压器具组成与安装定额包括减压器、疏水器组成安装及新增设的分水器安装项目，如图5.26～图5.28所示。

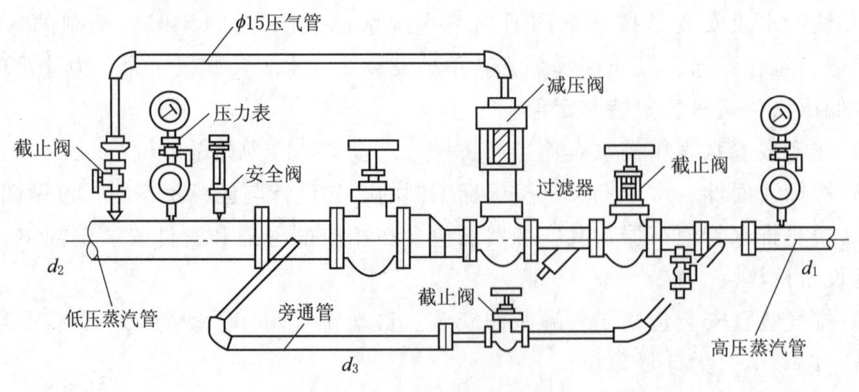

图5.26 减压阀安装图

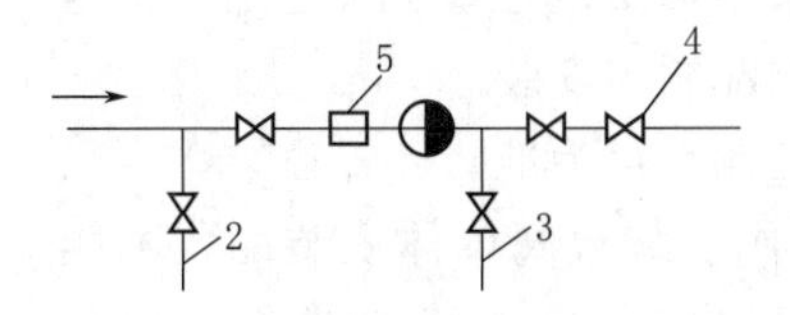

(a) 不带旁通管的水平安装

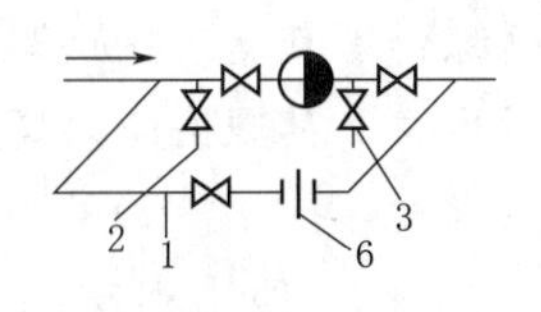

(b) 带旁通管的水平安装

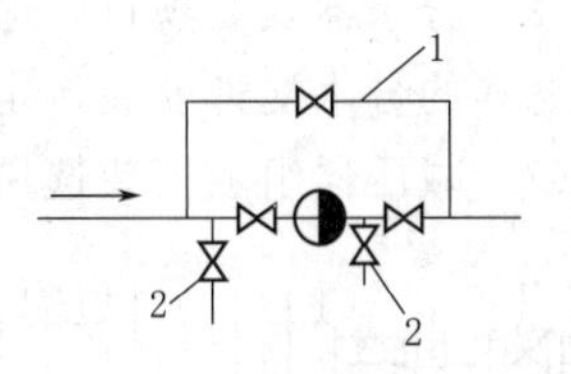

(c) 旁通管垂直安装

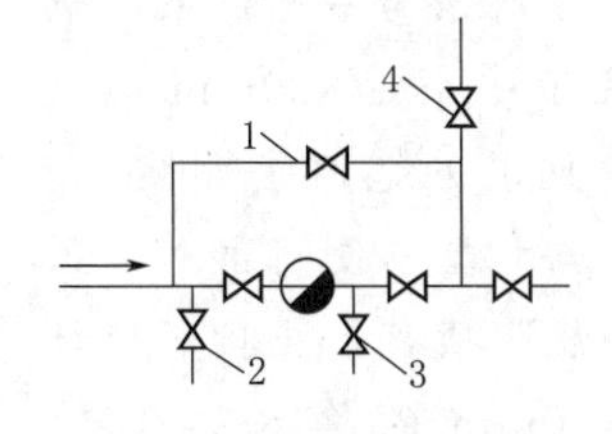

(d) 旁通管垂直安装（上返）

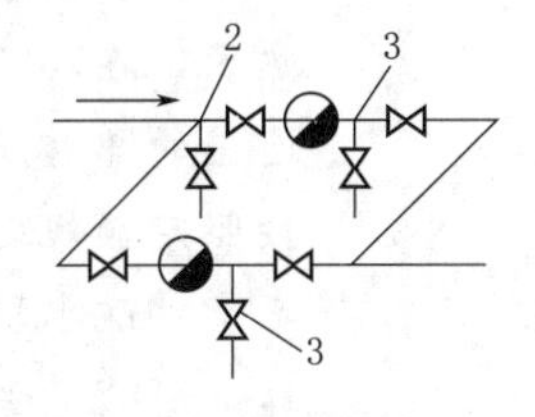

(e) 不带旁通管并联安装

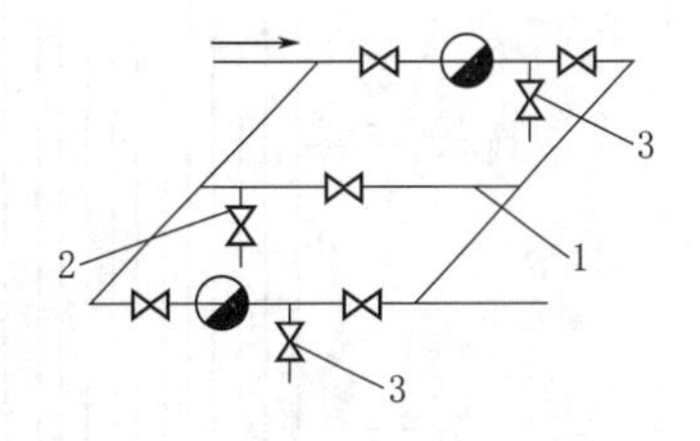

(f) 带旁通管并联安装

图 5.27 供暖疏水器安装图

1—旁通管；2—冲洗管；3—检查管；4—止回阀；5—过滤器；6—活接头

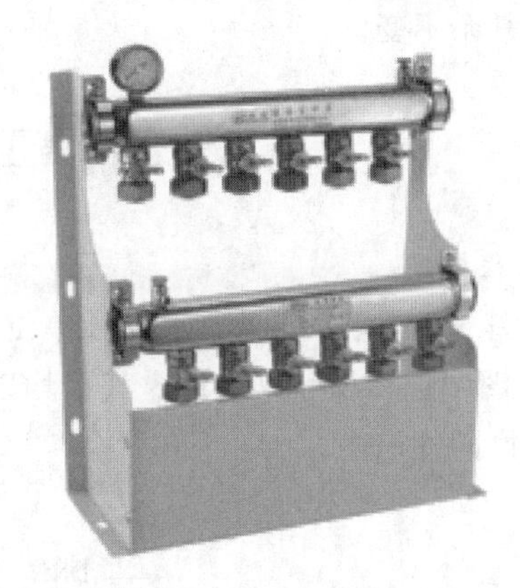

图 5.28 分水器实物图

(2) 减压阀、疏水阀用于蒸汽采暖系统，常安装在热力入口处。图 5.33 所示为供暖热力入口安装图。

2. 工程量计算规则

(1) 减压器、疏水器组成安装，以螺纹连接与焊接两种方式分列项目，以“组”为计量单位。

(2) 分水器安装，按不同支路数列项，以“个”为计算单位。

3. 定额应用中的注意事项

(1) 减压器、疏水器的组成安装是按《采暖通风标准图集》(N108) 编制的，定额中均按相应标准图集计算了其组成所需要的管材、管件、阀门、法兰等材料需用量，并综合了试压（冲洗）与组合管除锈涂底漆（防锈漆两道）。

(2) 分水器安装项目，适用于室内给水和采暖系统中采用铝塑复合管、聚乙烯与聚丙烯管材等的分水配件安装，定额内已综合了其支（托）架的配制与安装。

(3) 减压器组成安装选用定额子目时，其规格应以高压侧直径为准。

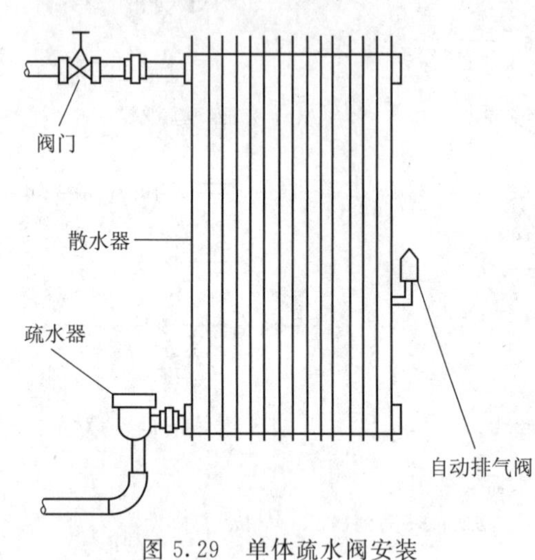

图 5.29 单体疏水阀安装

(4) 减压阀、疏水阀单体安装的，不能使用本章项目时，应按阀门安装相应项目计算。

【例 5.8】 图 5.29 所示为一蒸汽采暖散热器，在其下面安装了一个 DN20mm 螺纹连接的单体疏水器，问其应怎样套用定额？按照定额规定，单体疏水器不使用第八册第七章“疏水器组成安装”项目，应按阀门计算。所以，图中 DN20mm 的单体疏水器，依据《山东省安装工程消耗量定额》应套 8-527（螺纹阀子目）。

(5) 分水器安装时，如设计选用成品托架，可按外购成品价计算并将定额中型钢用量扣除，其余不变。

5.19 采暖工程施工图预算示例

1. 工程概况

(1) 图 5.30、图 5.31 所示为某单位食堂热水采暖工程，供水温度为 95℃，回水温度为 70℃。图中标高尺寸以米计，其余均以毫米计。墙厚为 240mm。所有阀门均为螺纹铜球阀，规格同管径。

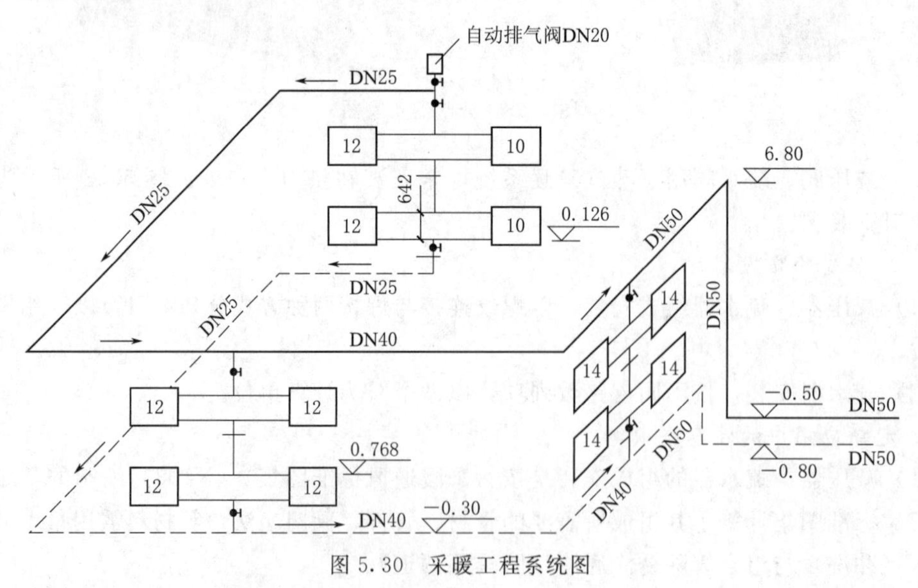

图 5.30 采暖工程系统图

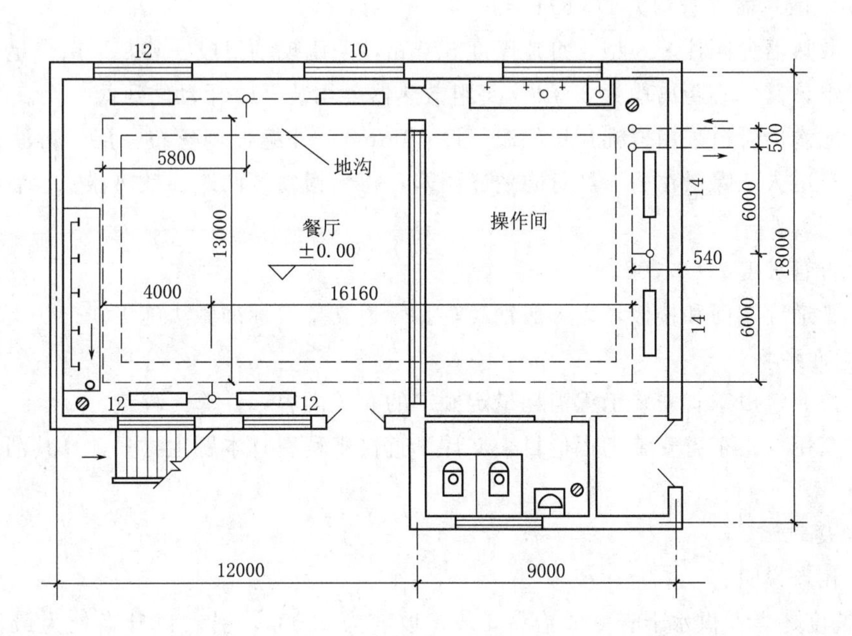

底层平面图

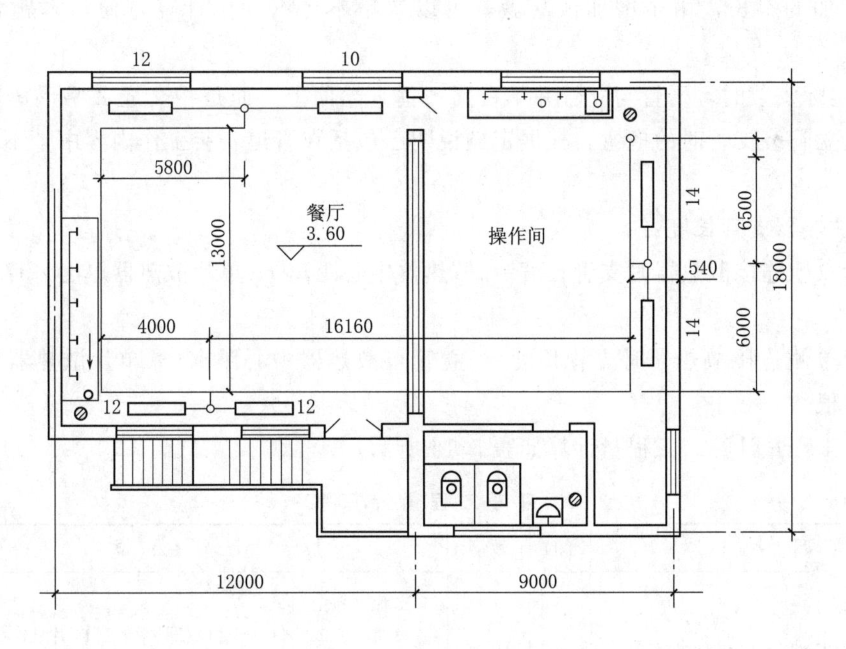

二层平面图

图 5.31 采暖工程平面图

(2) 管道采用焊接钢管，DN＜32mm 为螺纹连接，其余为焊接。立管管径均为 DN20mm，散热器支管均为 DN15mm。

(3) 散热器为四柱 813 型，每片厚度 57mm，采用现场组成安装，采用带足与不带足的组成一组，其中心距离均为 3.3m。每组散热器上均装 ϕ10 手动防风阀一个。

(4) 地沟内管道采用岩棉瓦块保温（厚 30mm)，外缠玻璃丝布一层，再涂沥青漆一道。地上管道人工除微锈后涂红丹防锈漆两遍，再涂银粉漆两遍。散热器安装后再涂银粉漆一遍。

(5) 干管坡度 $i=0.003$。

(6) 管道穿地面和楼板，设一般钢套管。管道支架按标准做法施工。

2. 本题要求

(1) 按照《山东省安装工程消耗量定额》的有关内容，计算工程量。

(2) 套用《山东省安装工程价目表》计算直接工程费（本题主材只计算其消耗量，暂不计主材费)。

3. 解题过程

(1) 几点说明。

1) 坡度考虑：供水干管一般抬头安装，坡度为 0.003，引入口升高处为最低，干管设置集气罐（或自动排气阀）处为最高点。计算立管高度，应取其平均值。水平干管因坡度增加的斜长，由于增加值甚微，可以忽略不计（为了计算方便，本题暂不考虑该坡度)。

2) 实际安装时，干管与立管并不在同一垂直立面上，而是相交成 Z 字形弯，此 Z 字形弯以及立管绕支管时的抱弯，根据定额说明已包括在管道安装工作内容中，不应另计工程量。

3) 散热器支管长度：

立管双侧连接散热器时支管长度=[散热器中心距离－(单片散热器厚度×片数)/2]×根数

立管单侧连接散热器时支管长度=[立管至散热器中心距离－(单片散热器厚度×片数)/2]×根数

(2) 工程量计算。工程量计算如表 5.16 所示。

表 5.16　　采暖工程量计算书

项目名称	单位	数量	计算公式
焊接钢管 DN15mm（螺纹连接）	m	31.16	支管（地上）： [3.3－0.057×(14+14)/2]×2×2(14 片 14 片) +[3.3－0.057×(12+12)/2]×2×2(12 片 12 片) +[3.3－0.057×(12+10)/2]×2×2(12 片 10 片)
焊接钢管 DN20mm（螺纹连接）	m	17.45	立管（地沟内)：0.3×3=0.9 立管（地上)：(6.8－0.642×2)×3=16.55

续表

项 目 名 称	单位	数量	计 算 公 式
焊接钢管 DN25mm（焊接）	m	46.10	供干（地上）：4+13.0+5.8=22.8 回干（地沟内）：4+13.0+5.8+0.5=23.3
焊接钢管 DN40mm（焊接）	m	44.32	供干（地上）：6.0+16.16=22.16 回干（地沟内）：6.0+16.16=22.16
焊接钢管 DN50mm（焊接）	m	24.38	(1.5+0.54+0.5)(供干地沟内)+[1.5+0.54+(0.8−0.3)+6.0](地沟内回干)=11.08 供干（地上）：6.8+6.5=13.3
铸铁 813 型散热器组成安装	片	148	14×4+12×6+10×2
DN20mm 截止阀（螺纹连接）	个	7	
DN20mm 自动排气阀	个	1	
ϕ10 手动放风阀	个	12	
一般钢套管 DN50mm	个	3	
一般钢套管 DN40mm	个	1	
一般钢套管 DN25mm	个	6	

注 在实际工程中，采暖工程与刷油绝热工程是分不开的。本题刷油绝热工程量计算。

(3) 计算直接工程费。套用现行的《山东省安装工程价目表》，计算直接工程费（见表 5.17）。

表 5.17 **安装工程预算（决）书**

工程编号： 工程名称： 年 月 日 共 页 第 页

定额编号	项目名称	单位	数量	主材用量	单价/元			合价/元		
					主材单价	省基价	其中人工费	主材费	省基价安装费	其中人工费
8-49	焊接钢管 DN15mm（螺纹连接）	10m	3.116	3.116 × 10.2 = 31.78m		81.21	53.09		253.05	165.43
8-50	焊接钢管 DN20mm（螺纹连接）	10m	1.745	1.745 × 10.2 = 17.80m		110.28	65.30		192.44	113.95
8-59	焊接钢管 DN25mm（焊接）	10m	4.61	4.61 × 10.2 = 47.02m		110.74	61.49		510.51	283.47
8-60	焊接钢管 DN40mm（焊接）	10m	4.432	4.432 × 10.2 = 45.21m		137.96	71.15		611.44	315.34
8-61	焊接钢管 DN50mm（焊接）	10m	2.438	2.438 × 10.2 = 24.87m		166.22	80.08		405.24	195.24
8-77	铸铁 813 型散热器组成安装	10片	14.8			92.42	31.16		1367.8	461.17

续表

定额编号	项目名称	单位	数量	主材用量	单价/元			合价/元		
					主材单价	省基价	其中人工费	主材费	省基价安装费	其中人工费
	第八册小计								3411.63	1570.83
	第六册小计								220.86	49.70
	合计								3632.49	1620.53
	采暖工程系统调整费	采暖工程人工费×15%：1620.53×15%（其中人工工资占20%）							243.08	48.62
	采暖工程直接工程费								3875.57	1669.15
措施	第八册脚手架搭拆费	第八册人工费×5%：1570.83×5%（其中人工工资占25%）							78.54	19.64
措施	第六册脚手架搭拆费	第六册人工费×7%：49.70×7%（其中人工工资占25%）							3.48	0.87
措施费	脚手架搭拆费合计								82.02	20.51

5.20 燃气工程量计算及定额应用示例

5.20.1 燃气工程计价定额内容说明

（1）室外管道安装。包括镀锌钢管（螺纹连接）、钢管（焊接）、承插燃气铸铁管（柔性机械接口）、塑料燃气管（热熔、电熔连接）。

（2）室内镀锌钢管（螺纹连接）。

（3）附件安装。包括铸铁抽水缸安装、碳钢抽水缸安装、调长器安装、调长器与阀门联装。

（4）燃气表安装。包括民用燃气表安装、公用燃气表安装。

（5）燃气加热设备安装。

（6）灶具安装。包括各类型灶具安装、砖砌灶燃气嘴。

5.20.2 燃气安装工程量计算规则

（1）室内外管道分界。燃气系统可分为市政管网系统、室外管网系统及室内燃气系统三部分，其划分界线是：室外管网和市政管网的分界点为两者的碰头点；室内管网和室外管网的分界有两种情况：①地下引入室内的管道以室内第一个阀门为界，如图5.32所示；②地上引入室内的管道以墙外三通为界，如图5.33所示。

（2）室外管道（包括生活用燃气管道、民用小区网管）和市政管道以两者的碰头点为界。

（3）各种管道安装包括以下各种内容：

1）厂内搬运，检查清扫，管道及管件安装、分段试压与吹扫。

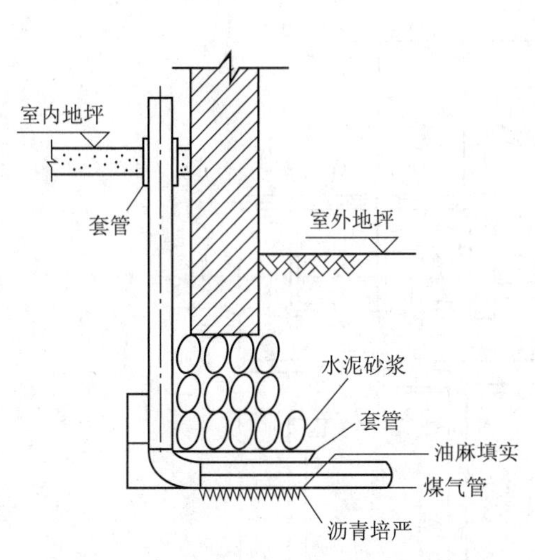

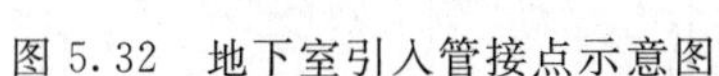
图 5.32　地下室引入管接点示意图

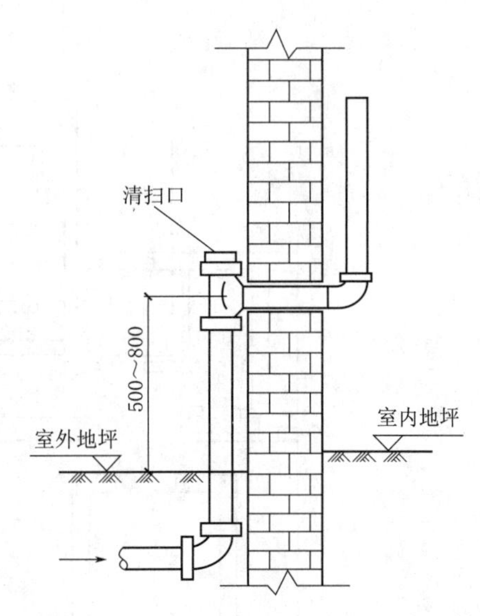

图 5.33　地上室外引入点示意图

2）碳钢管管件制作，包括机械煨弯、三通等。

3）室内管道托钩、角钢卡制作与安装。

4）室外钢管（焊接）除锈及涂底漆。

（4）钢管（焊接）安装项目适用于无缝钢管和焊接钢管。

（5）使用本定额时，下列项目另行计算：

1）阀门、法兰安装按本册第六章相应项目计算（调长器安装、调长器阀门联装、法兰燃气计量表安装除外）。

2）室外管道保温、埋地管道防腐绝缘，按设计规定使用第十一册另行计算。

3）埋地管道的土石方工程及排水工程，按建筑工程消耗量定额相应项目计算。

4）非同步施工的室外管道安装的打、堵洞眼，可按相应消耗定额另计。

5）室外管道带气碰头。

6）民用燃气表安装，定额内已含支（托）架制作、安装及涂漆；公用燃气表安装，其支架或支墩按实际另计。

（6）燃气承插铸铁管是以 N1 型和 X 型接口形式编制的。如果采用 N 型和 SMJ 型接口时，其人工乘以系数 1.05，安装 X 型 DN400 铸铁管接口时，人工乘以系数 1.08，每个接口增加螺栓 2.06 套。

（7）燃气输送压力大于 0.2MPa 时，燃气承插管安装定额中人工乘以系数 1.3。

5.20.3　燃气安装工程施工图预算示例

1. 工程概况

如图 5.34 和图 5.35 所示为山东省济南市某住宅室内燃气工程。燃气为天然气，燃气管道均采用镀锌钢管，螺纹连接，管道穿楼板、穿墙时设一般钢套管。阀门均采用 X13W-10 型，煤气表用角钢 L30×3 支架支撑，额定煤气用量为 2.0m^3/h。每户装 JZ 双眼灶台 1 个。住宅层高为 2.8m。

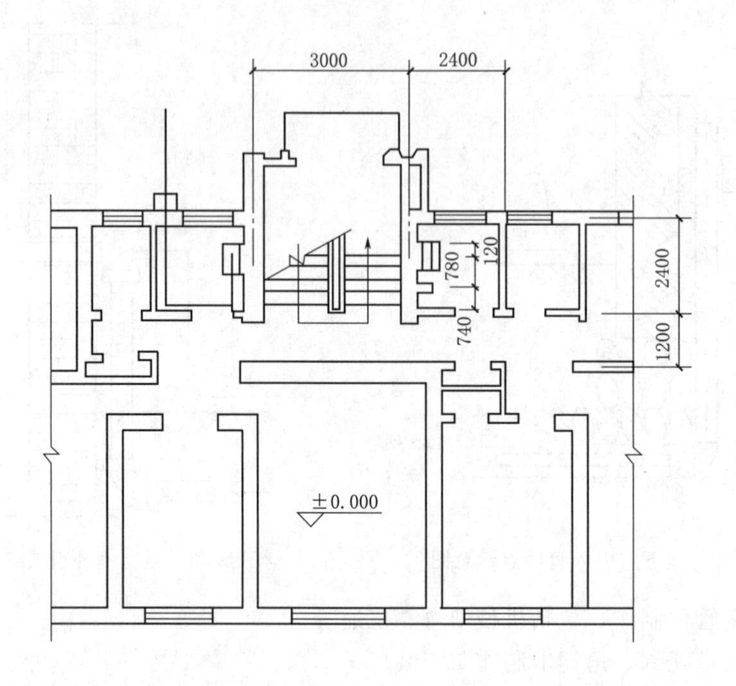

（a）一层平面图

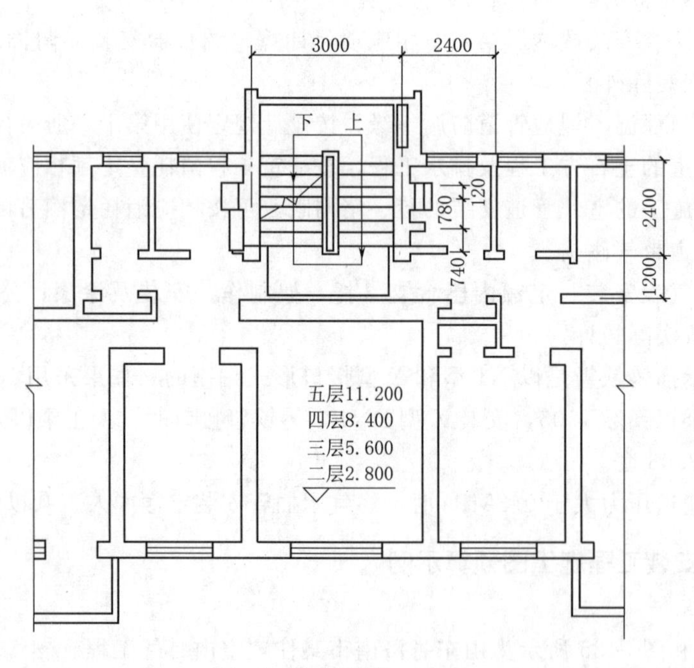

（b）二～五层平面图

图5.34　室内燃气管道平面图

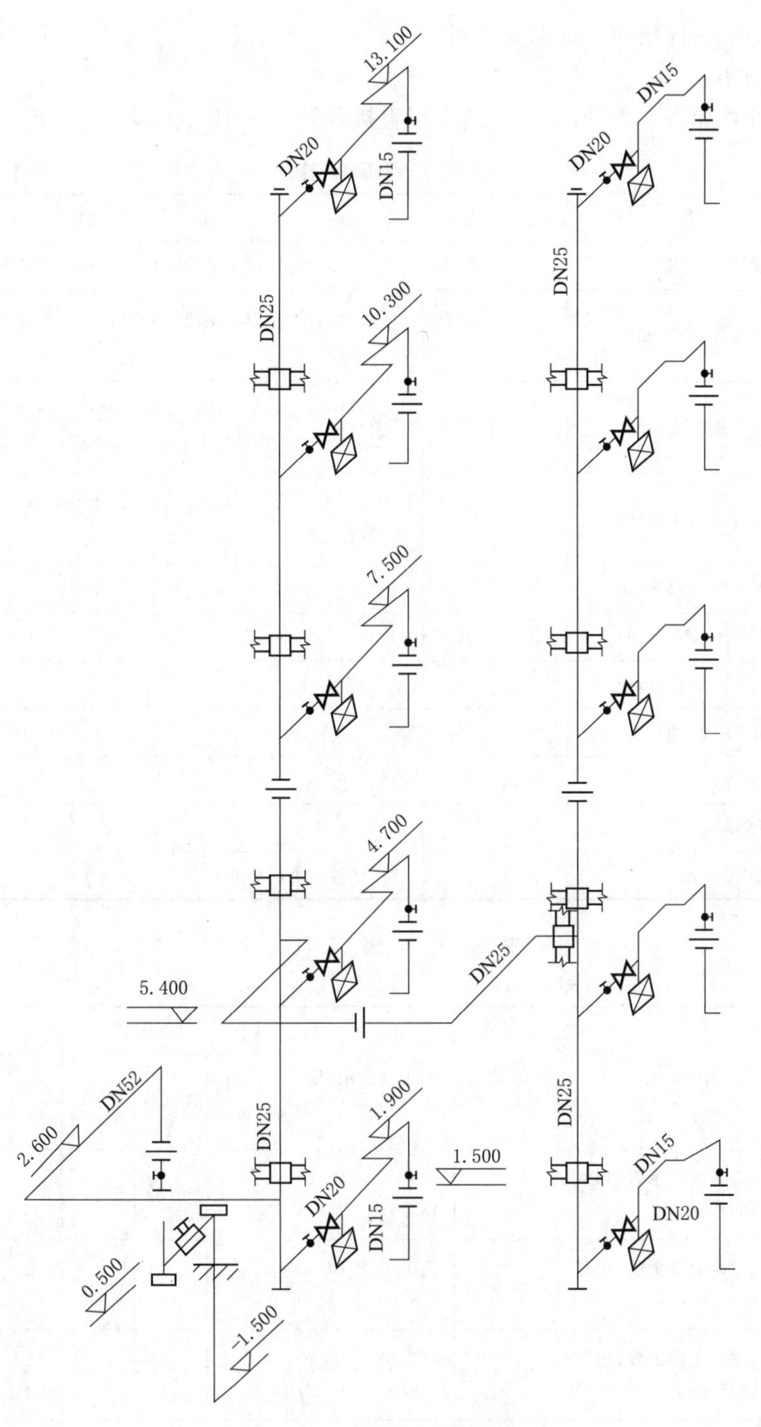

图 5.35 室内燃气管道系统图

2. 本题要求

(1) 按照《山东省安装工程消耗量定额》的有关内容，计算工程量。

(2) 套用《山东省安装工程价目表》，计算直接工程费（本题主材只计算其消耗量，暂不计主材费，不计刷油、保温等项目）。

3. 解题过程

工程量计算如表5.18所示，安装工程直接费如表5.19所示。

表5.18 燃气工程量计算书

项目名称	单位	数量	计算公式
镀锌钢管螺纹连接DN15mm	m	13.00	[(0.78+0.12)(水平长度)+(1.9−1.5)(垂直长度)]×10
镀锌钢管螺纹连接DN20mm	m	6.70	[0.74(煤气表中心距墙面净距)−0.07(立管中心距墙面距离)]×10
镀锌钢管螺纹连接DN25mm	m	28.31	(13.10−1.9)×2(每根立管长度)+3(水平管)+0.37(两半墙厚)+0.07×2(立管中心距墙面距离)+1.2×2(水平管)
镀锌钢管螺纹连接DN32mm	m	7.01	[(2.4+0.25+2.4−0.07×2)(水平长度)]×[(2.6−0.5)(垂直长度)]
旋塞阀X13W-10 DN15mm	个	10	
旋塞阀X13W-10 DN20mm	个	10	
旋塞阀X13W-10 DN32mm	个	1	
煤气表（型号2.0m³/h）	块	10	
JZ双眼灶台	台	10	
一般钢套管DN32mm	个	1	
一般钢套管DN25mm	个	10	穿楼板8个，穿墙2个

表5.19 安装工程预算（决）书

工程编号： 工程名称： 年 月 日 共 页 第 页

定额编号	项目名称	单位	数量	主材用量	单价/元			合价/元		
					主材单价	省基价	其中人工费	主材费	省基价（安装费）	其中人工费
8-820	燃气室内镀锌钢管（螺纹连接）DN15mm	10m	1.30	1.30×10.20=13.26m		96.32	60.96		125.22	79.25
8-821	燃气室内镀锌钢管（螺纹连接）DN20mm	10m	0.67	0.67×10.20=6.83m		97.14	61.04		65.08	40.90
8-822	燃气室内镀锌钢管（螺纹连接）DN25mm	10m	2.83	2.83×10.20=2.87m		112.15	67.40		317.38	190.72
8-823	燃气室内镀锌钢管（螺纹连接）DN32mm	10m	0.70	0.70×10.20=7.14m		128.74	73.16		90.12	51.21
8-876	民用灶具安装（型号JZ）	台	10			16.18	7.00		161.80	70.00
	燃气灶炉	台		10×1=10						

续表

定额编号	项目名称	单位	数量	主材用量	单价/元			合价/元		
					主材单价	省基价	其中人工费	主材费	省基价（安装费）	其中人工费
8-854	民用燃气表安装（型号2.0m^3/h）	块	10			33.88	18.84		338.80	188.40
	燃气计量表2.0m^3/h	块		10×1=10						
	燃气表接头	套		10×1=10						
8-526	螺纹阀门安装DN15mm	个	10			5.91	2.80		59.10	28.00
	旋塞阀X13W-10 DN15mm	个		10×1.01=10.1						
8-527	螺纹阀门安装DN20mm	个	10			6.53	2.80		65.30	28.00
	旋塞阀X13W-10 DN20mm	个		10×1.01=10.1						
8-528	螺纹阀门安装DN32mm	个	1			8.55	3.36		8.55	3.36
	旋塞阀X13W-10 DN32mm	个		1×1.01=1.01						
6-3011	一般钢套管DN25mm	个	10			17.47	3.95		174.70	39.50
6-3011	一般钢套管DN32mm	个	1			17.47	3.95		17.47	3.95
	第八册小计								1231.35	679.84
	第六册小计								192.17	43.45
	直接工程费								1423.52	723.29
措施	第八册脚手架搭拆费	第八册人工费×5%：679.84×5%（其中人工工资占25%）							33.99	8.50
措施	第六册脚手架搭拆费	第六册人工费×7%：43.45×7%（其中人工工资占25%）							3.04	0.76
措施费	脚手架搭拆费合计								37.03	9.26

练习题

一、单项选择题

1、排水管道室内外界线划分是以__________为界。

A. 建筑物外墙皮1.2m　　B. 出户第一个检查井

C. 外墙三通　　D. 入口处设阀门者以阀门

2、定额中镀锌钢管规格用__________表示。

A. 公称直径　　B. 公称内径　　C. 公称外径　　D. 外径×壁厚

3、PP-R管一般才有__________连接。

A. 螺纹连接　　B. 承插连接　　C. 热熔连接　　D. 黏结连接

4、在给排水和消防工程中，成品管卡、阻火圈安装、成品防火套管安装，按工作介质管道直径，区分不同规格以__________为计量单位。

A. 件　　B. 个　　C. 副　　D. 套

5、《江苏省安装工程计价定额》(2014版）的费用规定，脚手架搭拆费按人工费的5%计算，其中人工工资占__________。

A. 10%　　B. 15%　　C. 20%　　D. 25%

6、采暖工程系统调整费按采暖工程人工费的15%计算，其中人工工资占__________。

A. 10%　　B. 15%　　C. 20%　　D. 25%

7、设置于管道间、管廊内的管道、阀门、法兰、支架安装，人工乘以__________的系数。

A. 1.1　　B. 1.2　　C. 1.3　　D. 1.5

8、套管制作安装定额按照设计图示及施工验收相关规范，以__________为计量单位。

A. 只　　B. 套　　C. 个　　D. 组

二、判断题

1、管道安装项目中，除室内直埋塑料给水管项目中已包括管卡安装外，均不包括管道支架、管卡、托钩等的制作安装。(　　)

2、法兰阀门安装项目已包括法兰安装，不再另行计算。(　　)

3、普通水表、IC卡预付费水表安装项目中不包括水表前的阀门安装。(　　)

4、给排水管道均以施工图所示中心线长度以延长米计算，应扣除管件阀门、管件、附件及井类所占长度。(　　)

5、公称直径DN50与公称外径De63对应。(　　)

第6章 消防工程的计量与计价

本章要点

消火栓灭火系统、自动喷淋灭火系统、自动报警系统等的基本组成和工作原理，建筑消防系统计价定额的使用方法及工程量的计算规则，建筑消防系统工程量清单项目设置的内容。

学习目标

1. 了解室内消火栓灭火系统、自动喷淋系统、自动报警系统等的基本组成和工作原理。

2. 掌握建筑消防系统计价定额的内容及使用注意事项。

3. 熟悉建筑消防系统工程量的计算规则及计算方法，能熟练识读建筑消防系统工程的施工图并能熟练地计算。

4. 熟悉建筑消防系统工程量清单项目设置的内容，能独立编制建筑消防系统分部分项工程费清单。

6.1 《江苏省安装工程计价定额》第九册 计价定额使用总说明

(1) 第九册《消防工程》(以下简称“本定额”)适用于工业与民用建筑中的新建、扩建和整体更新改造工程。

(2) 下列内容执行其他册相应定额：

1) 电缆敷设、桥架安装、配管配线、接线盒、动力、应急照明控制设备、应急照明器具、电动机检查接线、防雷接地装置等安装，均执行第四册《电气设备安装工程》相应定额。

2) 阀门、法兰安装，各种套管的制作安装，不锈钢管和管件，铜管和管件及泵间管道安装，管道系统强度试验、严密性试验和冲洗等，执行第八册《工业管道工程》相应定额。

3) 消火栓管道、室外给水管道安装，管道支吊架制作、安装及水箱制作安装，执行第十册《给排水、采暖、燃气工程》相应项目。

4) 各种消防泵、稳压泵等机械设备安装及二次灌浆，执行第一册《机械设备安装工程》相应项目。

5）各种仪表的安装及带电讯号的阀门、水流指示器、压力开关、驱动装置及泄漏报警开关、消防水炮的接线、校线等，执行第六册《自动化控制仪表安装工程》相应项目。

6）泡沫液储罐、设备支架制作、安装等，执行第三册《静置设备与工艺金属结构制作安装工程》相应项目。

7）设备及管道除锈、刷油及绝热工程，执行第十一册《刷油、防腐蚀、绝热工程》相应项目。

（3）关于下列各项费用的规定：

1）脚手架搭拆费按人工费的5%计算，其中人工工资占25%。

2）高层建筑增加费（指高度在6层或20m以上的工业与民用建筑）按表6.1计算。

表6.1 高层建筑增加费表 %

层数	9层以下（30m）	12层以下（40m）	15层以下（50m）	18层以下（60m）	21层以下（70m）	24层以下（80m）	27层以下（90m）	30层以下（100m）	33层以下（110m）
按人工费的占比	10	15	19	23	27	31	36	40	44
其中人工工资占比	10	14	21	21	26	29	31	35	39
机械费占比	90	86	79	79	74	71	69	65	61
层数	36层以下（120m）	40层以下（130m）	42层以下（140m）	45层以下（150m）	48层以下（160m）	51层以下（170m）	54层以下（180m）	57层以下（190m）	60层以下（200m）
按人工费的占比	48	54	56	60	63	65	67	68	70
其中人工工资占比	41	43	46	48	51	53	57	60	63
机械费占比	59	57	54	52	49	47	43	40	37

3）安装与生产同时进行增加的费用，按人工费的10%计算。

4）在有害身体健康的环境中施工增加的费用，按人工费的10%计算。

5）超高增加费指操作物高度距离楼地面5m以上的工程，按其超过部分的定额人工费乘以表6.2所列系数。

表6.2 超高增加费表

标高（m以内）	8	12	16	20
超高系数	1.10	1.15	1.20	1.25

6.2 水灭火系统安装

6.2.1 水灭火系统安装计价定额的使用说明

（1）本章定额适用于工业和民用建（构）筑物设置的自动喷水灭火系统的管道、各种组件、消火栓、气压水罐的安装。

(2) 界线划分：

1) 室内外界线：以建筑物外墙皮1.5m为界，入口处设阀门者以阀门为界。

2) 设在高层建筑内的消防泵间管道与本章界线，以泵间外墙皮为界。

(3) 消防工程管道安装计价定额：

1) 包括工序内一次性水压试验。

2) 镀锌钢管法兰连接定额，管件是按成品、弯头两端是按接短管焊法兰考虑的，定额中包括了直管、管件、法兰等全部安装工序内容，但管件、法兰及螺栓的主材数量应按设计规定另行计算。

3) 定额也适用于镀锌无缝钢管的安装。

(4) 喷头、报警装置及水流指示器安装定额均按管网系统试压、冲洗合格后安装考虑的，定额中已包括丝堵、临时短管的安装、拆除及其摊销。

(5) 其他报警装置适用于雨淋、干湿两用及预作用报警装置。

(6) 温感式水幕装置安装定额中已包括给水三通至喷头、阀门间的管道、管件、阀门、喷头等全部安装内容，但管道的主材数量按设计管道中心长度另加损耗计算，喷头数量按设计数量另加损耗计算。

(7) 集热板的安装位置：当高架仓库分层板上方有孔洞、缝隙时，应在喷头上方设置集热板。

(8) 隔膜式气压水罐安装定额中地脚螺栓是按设备带有考虑的，定额中包括指导二次灌浆用工，但二次灌浆费用另计。

(9) 管网冲洗定额是按水冲洗考虑的，若采用水压气动冲洗法时，可按施工方案另行计算。定额只适用于自动喷水灭火系统。

(10) 本节不包括以下工作内容：

1) 阀门、法兰安装，各种套管的制作安装，泵房间管道安装及管道系统强度试验、严密性试验。

2) 消火栓管道、室外给水管道安装及水箱制作安装。

3) 各种消防泵、稳压泵安装及设备二次灌浆等。

4) 各种仪表的安装及带电讯号的阀门、水流指示器、压力开关、消防水炮的接线、校线。

5) 各种设备支架的制作安装。

6) 管道、设备、支架、法兰焊口除锈刷油。

7) 系统调试。

(11) 其他有关规定：

1) 设置于管道间、管廊内的管道，其定额人工乘以系数1.3。

2) 主体结构为现场浇筑采用钢模施工的工程：内外浇筑的定额人工乘以系数1.05，内浇外砌的定额人工乘以系数1.03。

6.2.2 水灭火系统安装计价定额的工程量计算规则

(1) 管道安装按设计管道中心长度，不扣除阀门、管件及各种组件所占长度以“延长米”计算。

主材数量应按定额用量计算，管件含量见表6.3。

表6.3　　镀锌钢管（螺纹连接）管件含量表　　单位：10m

项　目	名　称	公称直径（mm以内）						
		25	32	40	50	70	80	100
管件含量	四通	0.02	1.20	0.53	0.69	0.73	0.95	0.47
	三通	2.29	3.24	4.02	4.13	3.04	2.95	2.12
	弯头	4.92	0.98	1.69	1.78	1.87	1.47	1.16
	管箍		2.65	5.99	2.73	3.27	2.89	1.44
	小计	7.23	8.07	12.23	9.33	8.91	8.26	5.19

（2）镀锌钢管安装计价定额也适用于镀锌无缝钢管，其对应关系见表6.4。

表6.4　　镀锌无缝钢管对应尺寸表

公称直径/mm	15	20	25	32	40	50	70	80	100	150	200
无缝钢管外径/mm	20	25	32	38	45	57	76	89	108	159	219

（3）镀锌钢管法兰连接定额，管件是按成品、弯头两端是按接短管焊法兰考虑的，定额中包括直管、管件、法兰等全部安装工作内容，但管件、法兰及螺栓的主材数量应按设计规定另行计算。

（4）水喷淋（雾）喷头安装按有吊顶、无吊顶分别以“个”为计量单位。

（5）报警装置安装按成套产品以“组”为计量单位。干湿两用报警装置、电动雨淋报警装置、预作用报警装置等报警装置安装执行湿式报警装置安装定额，其人工乘以系数1.2，其余不变。报警装置安装包括装配管（除水力警铃进水管）的安装，水力警铃进水管并入消防管道工程量。其中：

1）湿式报警装置包括内容：湿式阀、蝶阀、装配管、供水压力表、装置压力表、试验阀、泄放试验阀、泄放试验管、试验管流量计、过滤器、延时器、水力警铃、报警截止阀、漏斗、压力开关等。

2）干湿两用报警装置包括内容：两用阀、蝶阀、装配管、加速器、加速器压力表、供水压力表、试验阀、泄放试验阀（湿式、干式）、挠性接头、泄放试验管、试验管流量计、排气阀、截止阀、漏斗、过滤器、延时器、水力警铃、压力开关等。

3）电动雨淋报警装置包括内容：雨淋阀、蝶阀、装配管、压力表、泄放试验阀、流量表、截止阀、注水阀、止回阀、电磁阀、排水阀、手动应急球阀、报警试验阀、漏斗、压力开关、过滤器、水力警铃等。

4）预作用报警装置包括内容：报警阀、控制蝶阀、压力表、流量表、截止阀、排放阀、注水阀、止回阀、泄放阀、报警试验阀、液压切断阀、装配管、供水检验管、气压开关、试压电磁阀、空压机、应急手动试压器、漏斗、过滤器、水力警铃等。

（6）温感式水幕装置安装，按不同型号和规格以“组”为计量单位，包括给水三通至喷头、阀门间的管道、管件、阀门、喷头等全部内容的安装，但给水三通至喷头、阀门间管道的主材数量按设计管道中心长度另加损耗计算，喷头数量按设计数量另加损耗计算。

（7）水流指示器、减压孔板安装，按不同规格均以“个”为计量单位。

（8）末端试水装置按不同规格均以“组”为计量单位。

（9）集热板制作安装均以“个”为计量单位。

（10）室内消火栓以“套”为计量单位，包括消火栓箱、消火栓、水枪、水龙头、水龙带接扣、自救卷盘、挂架、消防按钮；落地消火栓箱包括箱内手提灭火器；所带消防按钮的安装另行计算。

（11）组合式带自救卷盘室内消火栓安装，执行室内消火栓安装定额乘以系数1.2。

（12）室外消火栓以“套”为计量单位，安装方式分地上式、地下式；地上式消火栓安装包括地上式消火栓、法兰接管、弯管底座；地下式消火栓安装包括地下式消火栓、法兰接管、弯管底座或消火栓三通。

（13）消防水泵接合器安装，区分不同安装方式和规格以“套”为计量单位。包括法兰接管及弯头安装，接合器井内阀门、弯管底座、标牌等附件安装，如设计要求用短管时，其本身价值可另行计算，其余不变。

（14）减压孔板若在法兰盘内安装，其法兰计入组价中。

（15）消防水炮分不同规格、普通手动水炮、智能控制水炮，以“台”为计量单位。

（16）隔膜式气压水罐安装，区分不同规格以“台”为计量单位。出入口法兰和螺栓按设计规定另行计算。地脚螺栓是按设备带有考虑的，定额中包括指导二次灌浆用工，但二次灌浆费用应按相应定额另行计算。

（17）自动喷水灭火系统管网水冲洗，区分不同规格以“m”为计量单位。

（18）阀门、法兰安装、各种套管的制作安装、泵房间管道安装及管道系统强度试验、严密性试验执行第八册《工业管道工程》相应定额。

（19）消火栓管道、室外给水管道安装、管道支吊架制作安装及水箱制作安装，执行第十册《给排水、采暖、燃气工程》相应定额。

（20）各种消防泵、隐压泵等的安装及二次灌浆，执行第一册《机械设备安装工程》相应定额。

（21）各种仪表的安装、带电讯信号的阀门、水流指示器、压力开关、消防水炮的接线、校线，执行第六册《自动化控制仪表安装工程》相应定额。

（22）各种设备支架的制作安装等，执行第三册《静置设备与工艺金属结构制作安装工程》相应定额。

（23）管道、设备、支架、法兰焊口除锈刷油，执行第十一册《刷油、防腐蚀、绝热工程》相应定额。

（24）系统调试执行本册定额第五章相应定额。

6.2.3　水灭火系统安装清单、定额对照表

水灭火系统安装清单、定额对照表，如表6.5～表6.7所示。

表6.5　镀锌钢管（螺纹连接）安装清单、定额对照表

清单	编码	030901001	单位	m	工程量计算规则
	特征	1. 安装部位；2. 材质、规格；3. 连接形式；4. 钢管镀锌设计要求；5. 压力试验及冲洗设计要求；6. 钢管标识设计要求			按设计图示管道中心线以长度计算
	工作内容	管道及管件安装、钢管镀锌、压力试验、冲洗、管道标识			

续表

定额	第九册 第一章 9-1～9-7	单位	10m	工程量计算规则
	工作内容：切管、套丝、调直、上零件、管道安装、水压试验			按设计图示管道中心线以长度计算

表 6.6　　钢管沟槽连接清单、定额对照表

清单	编码	030901002	单位	m	工程量计算规则
	特征	1. 安装部位；2. 材质、规格；3. 连接形式；4. 钢管镀锌设计要求；5. 压力试验及冲洗设计要求；6. 钢管标识设计要求			按设计图示管道中心线以长度计算
	工作内容	管道及管件安装、钢管镀锌、压力试验、冲洗、管道标识			
定额	第九册 第一章 9-10～9-23		单位	10m	工程量计算规则
	工作内容：留（打）堵洞眼、切管、沟槽制作、管件及零件安装、水压试验				按设计图示管道中心线以长度计算

表 6.7　　镀锌钢管（法兰连接）清单、定额对照表

清单	编码	030901003	单位	m	工程量计算规则
	特征	1. 安装部位；2. 材质、规格；3. 连接形式；4. 钢管镀锌设计要求；5. 压力试验及冲洗设计要求；6. 钢管标识设计要求			按设计图示管道中心线以长度计算
	工作内容	管道及管件安装、钢管镀锌、压力试验、冲洗、管道标识			
定额	第九册 第一章 9-8～9-9		单位	10m	工程量计算规则
	工作内容：切管、坡口、调直、对口、焊接、法兰连接、调试、管道及管件安装、压力试验				按设计图示管道中心线以长度计算

【例 6.1】 图 6.1 所示为某建筑物室内消防系统安装工程的底层消防平面图，消防给水由室外消防水池及消防水泵供水，消防管道布置成环装。该建筑物每层均设有 3 套消火栓装置。

试计算其工程量，并列出清单工程量表（见表 6.8）。

表 6.8　　清单工程量计算表

序号	项目编码	项目名称	项目特征描述	计量单位	工程量
1	030901002001	消防栓钢管 DN100	1. 安装部位：室内；2. 类型、规格：消防栓钢管 DN100；3. 连接方式：螺栓	m	57.1
2	030901002002	消防栓钢管 DN80	1. 安装部位：室内；2. 类型、规格：消防栓钢管 DN80；3. 连接方式：螺栓	m	9
3	030901010001	室内消防栓双栓 DN65	1. 安装部位：室内；2. 类型、规格：消防栓 DN65 双栓	套	2
4	030901010002	试验消防栓单栓 DN65	1. 安装部位：室内；2. 类型、规格：消防栓 DN65 单栓	套	2
5	031006015001	25m^3 组合水箱	1. 安装部位：室内；2. 类型、规格：25m^3 组合水箱	台	2
6	030901012001	水泵接合器 DN100	1. 安装部位：室内；2. 类型、规格：水泵接合器 DN100 壁挂式	套	2

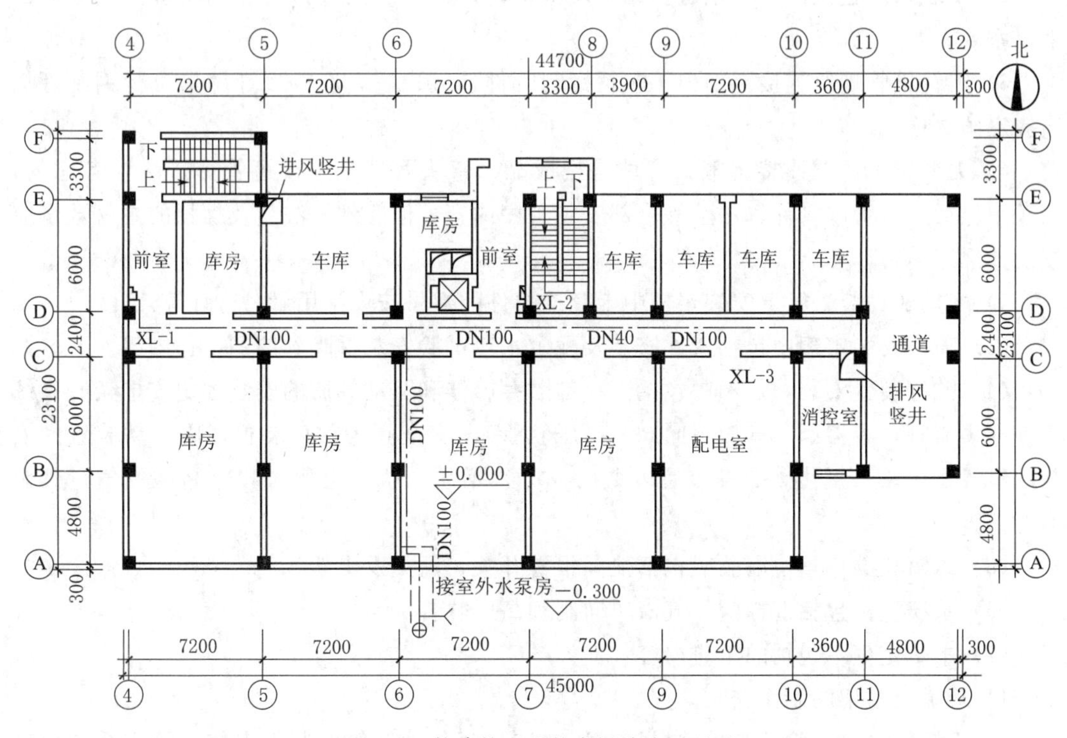

图 6.1 某建筑工程的底层消防平面图

解：管道铺设。

消防管：DN100 36.0+16.2+3.4+1.5=57.1m

消防管：DN80 3×3=9m

消防器材：

消火栓 DN65 3 套

消火栓箱 3 套

试验消火栓 1 套

$25m^3$ 组合水箱 1 套

水泵接合器 DN100 1 套

6.3 气体灭火系统安装

6.3.1 气体灭火系统安装计价定额的使用说明

(1) 本章定额适用于工业和民用建筑中设置的七氟丙烷灭火系统、IG541 灭火系统、二氧化碳灭火系统等的管道、管件、系统组件等的安装。

(2) 管道及管件安装定额：

1) 无缝钢管和钢制管件内外镀锌及场外运输费用另行计算。

2）安装螺纹连接的不锈钢管、铜管及管件时，按安装无缝钢管和钢制管件相应定额乘以系数1.2。

3）无缝钢管螺纹连接定额中不包括钢制管件连接内容，应按设计用量执行钢制管件连接定额。

4）无缝钢管法兰连接定额，管件是按成品、弯头两端是按接短管焊接法兰考虑的，定额中包括了直管、管件、法兰等全部安装工序内容，但管件、法兰及螺栓的主材数量应按设计规定另行计算。

5）气动驱动装置管道安装定额中卡套连接件的数量按设计用量另行计算。

(3) 喷头安装定额中包括管件安装及配合水压试验安装拆除丝堵的工作内容。

(4) 贮存装置安装，定额中包括灭火剂贮存容器和驱动气瓶的安装固定支框架、系统组件（集流管，容器阀，气液单向阀，高压软管），安全阀等贮存装置和阀驱动装置的安装及氮气增压。二氧化碳贮存装置安装时，不须增压，执行定额时扣除高纯氮气，其余不变。

(5) 二氧化碳称重检漏装置包括泄漏报警开关、配重及支架。

(6) 系统组件包括选择阀、气液单向阀和高压软管。

(7) 本章定额不包括的工作内容：

1）管道支吊架的制作安装。

2）不锈钢管、铜管及管件的焊接或法兰连接，各种套管的制作安装、管道系统强度试验、严密性试验和吹扫。

3）管道及支吊架的防腐刷油。

4）系统调试。

5）阀驱动装置与泄漏报警开关的电气接线。

6.3.2 气体灭火系统安装工程量计算规则

(1) 管道安装包括无缝钢管的螺纹连接、法兰连接、气动驱动装置管道安装及钢制管件的螺纹连接。

(2) 各种管道安装按设计管道中心长度，不扣除阀门、管件及各种组件所占长度，以“延长米”计算，主材数量应按定额用量计算。

(3) 钢制管件螺纹连接均按不同规格以“个”为计量单位。

(4) 无缝钢管螺纹连接不包括钢制管件连接内容，其工程量应按设计用量执行钢制管件连接定额。

(5) 无缝钢管法兰连接定额，管件是按成品、弯头两端是按接短管焊法兰考虑的，包括了直管、管件、法兰等预装和安装的全部工作内容，但管件、法兰及螺栓的主材数量应按设计规定另行计算。

(6) 螺纹连接的不锈钢管、铜管及管件安装时，按无缝钢管和钢制管件安装相应定额乘以系数1.2。

(7) 无缝钢管和钢制管件内外镀锌及场外运输费用另行计算。

(8) 气动驱动装置管道安装定额包括卡套连接件的安装，其本身价值按设计用量另行计算。

(9) 喷头安装均按不同规格以“个”为计量单位。

(10) 选择阀安装按不同规格和连接方式分别以“个”为计量单位。

(11) 贮存装置安装中包括灭火剂贮存容器、驱动气瓶、支框架、集流阀、容器阀、单向阀、高压软管和安全阀等贮存装置和阀驱动装置、减压装置、压力指示仪等。贮存装置安装按贮存容器和驱动气瓶的规格（L）以“套”为计量单位。

(12) 二氧化碳贮存装置安装时，不需增压，应扣除高纯氮气，其余不变。

(13) 二氧化碳称重检漏装置包括泄漏报警开关、配重、支架等，以“套”为计量单位。

(14) 系统组件包括选择阀、单向阀（含气、液）及高压软管。试验按水压强度试验和气压严密性试验，分别以“个”为计量单位。

(15) 无缝钢管、钢制管件、选择阀安装及系统组件试验均适用于卤代烷 1211 和 1301 灭火系统。二氧化碳灭火系统，按卤代烷灭火系统相应安装定额乘以系数 1.2。

(16) 无管网气体灭火系统以“套”为计量单位，由柜式预制灭火装置、火灾探测器、火灾自动报警灭火控制器等组成，具有自动控制和手动控制两种启动方式。无管网气体灭火装置安装，包括气瓶柜装置（内设气瓶、电磁阀、喷头）和自动报警控制装置（包括控制器、烟、温感、声光报警器、手动报警器、手/自动控制按钮）等。

(17) 不锈钢管、铜管及管件的焊接或法兰连接、各种套管的制作安装、管道系统强度试验、严密性试验和吹扫等均执行第八册《工业管道工程》相应定额。

(18) 管道及支吊架的防腐、刷油等执行第十一册《刷油、防腐蚀、绝热工程》相应定额。

(19) 系统调试执行本册定额第五章相应定额。

(20) 电磁驱动器与泄漏报警开关的电气接线等执行第六册《自动化控制仪表安装工程》相应定额。

6.3.3 气体灭火系统安装清单、定额对照表

气体灭火系统安装清单、定额对照表，如表 6.9、表 6.10 所示。

表 6.9 无缝钢管安装（螺纹连接）清单、定额对照表

清单	编码	030902001	单位	m	工程量计算规则
	特征	1. 介质；2. 材质、压力等级；3. 规格；4. 焊接方法；5. 钢管镀锌设计要求；6. 压力试验及吹扫设计要求；7. 管道标识设计要求			按设计图示管道中心线以长度计算
	工作内容	管道及管件安装、钢管镀锌、压力试验、吹扫、管道标识			
定额	第九册 第二章 9-94～9-101		单位	10m	工程量计算规则
	工作内容：切管、调直、车丝、清洗、管口连接、管道安装				按设计图示管道中心以线长度计算

表6.10 无缝钢管安装（法兰连接）清单、定额对照表

<table>
<tr><td rowspan="3">清单</td><td>编码</td><td>030902001</td><td>单位</td><td>m</td><td>工程量计算规则</td></tr>
<tr><td>特征</td><td colspan="3">1. 介质；2. 材质、压力等级；3. 规格；4. 焊接方法；5. 钢管镀锌设计要求；6. 压力试验及吹扫设计要求；7. 管道标识设计要求</td><td rowspan="2">按设计图示管道中心线以长度计算</td></tr>
<tr><td>工作内容</td><td colspan="3">管道及管件安装、钢管镀锌、压力试验、吹扫、管道标识</td></tr>
<tr><td rowspan="2">定额</td><td colspan="2">第九册　第二章　9-102～9-103</td><td>单位</td><td>10m</td><td>工程量计算规则</td></tr>
<tr><td colspan="4">工作内容：切管、调直、坡口、对口、焊接、法兰连接、管道与管件预装及安装</td><td>按设计图示管道中心以线长度计算</td></tr>
</table>

6.4 泡沫灭火系统安装

6.4.1 泡沫灭火系统安装计价定额的使用说明

（1）本定额适用于高、中、低倍数固定式或半固定式泡沫灭火系统的发生器及泡沫比例混合器安装。

（2）泡沫发生器及泡沫比例混合器安装中包括整体安装、焊法兰、单体调试及配合管道试压时隔离本体所消耗的人工和材料。但不包括支架的制作、安装和二次灌浆的工作内容。地脚螺栓按本体带有考虑。

（3）本章不包括的内容：

1）泡沫灭火系统的管道、管件、法兰、阀门、管道支架等的安装及管道系统水冲洗、强度试验、严密性试验。

2）泡沫喷淋系统的管道、组件、气压水罐安装。

3）消防泵等机械设备安装及二次灌浆。

4）泡沫液贮罐、设备支架制作安装。

5）油罐上安装的泡沫发生器及化学泡沫室。

6）除锈、刷油、保温。

6.4.2 泡沫灭火系统安装的工程量计算规则

（1）泡沫发生器及泡沫比例混合器安装中已包括整体安装、焊法兰、单体调试及配合管道试压时隔离本体所消耗的人工和材料，不包括支架的制作安装和二次灌浆的工作内容，其工程量应按相应定额另行计算。地脚螺栓按设备带来考虑。

（2）泡沫发生器安装均按不同型号以“台”为计量单位，法兰和螺栓按设计规定另行计算。

（3）泡沫比例混合器安装均按不同型号以“台”为计量单位，法兰和螺栓按设计规定另行计算。

（4）泡沫灭火系统的管道、管件、法兰、阀门、管道支架等的安装及管道系统水冲洗、强度试验、严密性试验等执行第八册《工业管道工程》相应定额。

（5）消防泵等机械设备安装及二次灌浆执行第一册《机械设备安装工程》相应定额。

（6）除锈、刷油、保温等执行第十一册《刷油、防腐蚀、绝热工程》相应定额。

（7）泡沫液贮罐、设备支架制作安装执行第三册《静置设备与工艺金属结构制作安装工程》相应定额。

（8）泡沫喷淋系统的管道组件、气压水罐等安装应执行本册第二章相应定额及有关规定。

（9）泡沫液充装是按生产厂在施工现场充装考虑的，若由施工单位充装时，可另行计算。

（10）油罐上安装的泡沫发生器及化学泡沫室执行第三册《静置设备与工艺金属结构制作安装工程》相应定额。

（11）泡沫灭火系统调试应按批准的施工方案另行计算。

6.4.3 泡沫灭火系统安装清单、定额对照表

泡沫灭火系统安装清单、定额对照表，如表 6.11～表 6.13 所示。

表 6.11　泡沫发生器安装清单、定额对照表

<table>
<tr><td rowspan="3">清单</td><td>编码</td><td>030903005</td><td>单位</td><td>台</td><td>工程量计算规则</td></tr>
<tr><td>特征</td><td colspan="3">1. 类型；2. 型号、规格；3. 二次灌浆材料</td><td rowspan="2">按设计图示数量计算</td></tr>
<tr><td>工作内容</td><td colspan="3">安装、调试、二次灌浆</td></tr>
<tr><td rowspan="2">定额</td><td colspan="2">第九册　第三章　9－137～9－141</td><td>单位</td><td>台</td><td>工程量计算规则</td></tr>
<tr><td colspan="4">工作内容：开箱检查、整体吊装、找正、找平、安装固定、切管、焊法兰、调试</td><td>按设计图示数量计算</td></tr>
</table>

表 6.12　压力储罐式泡沫比例混合器安装清单、定额对照表

<table>
<tr><td rowspan="3">清单</td><td>编码</td><td>030903007</td><td>单位</td><td>台</td><td>工程量计算规则</td></tr>
<tr><td>特征</td><td colspan="3">1. 类型；2. 型号、规格；3. 二次灌浆材料</td><td rowspan="2">按设计图示数量计算</td></tr>
<tr><td>工作内容</td><td colspan="3">安装、调试、二次灌浆</td></tr>
<tr><td rowspan="2">定额</td><td colspan="2">第九册　第三章　9－142～9－145</td><td>单位</td><td>台</td><td>工程量计算规则</td></tr>
<tr><td colspan="4">工作内容：开箱检查、整体吊装、找正、找平、安装固定、切管、焊法兰、调试</td><td>按设计图示数量计算</td></tr>
</table>

表 6.13　平衡压力式比例混合器安装清单、定额对照表

<table>
<tr><td rowspan="3">清单</td><td>编码</td><td>030903007</td><td>单位</td><td>台</td><td>工程量计算规则</td></tr>
<tr><td>特征</td><td colspan="3">1. 类型；2. 型号、规格；3. 二次灌浆材料</td><td rowspan="2">按设计图示数量计算</td></tr>
<tr><td>工作内容</td><td colspan="3">安装、调试、二次灌浆</td></tr>
<tr><td rowspan="2">定额</td><td colspan="2">第九册　第三章　9－146～9－148</td><td>单位</td><td>台</td><td>工程量计算规则</td></tr>
<tr><td colspan="4">工作内容：开箱检查、切管、坡口、焊法兰、整体安装、调试</td><td>按设计图示数量计算</td></tr>
</table>

6.5 火灾自动报警系统安装

6.5.1 火灾自动报警系统安装计价定额的使用说明

（1）本章包括探测器、按钮、模块（接口）、报警控制器、联动控制器、报警联动一

体机、重复显示器、警报装置、远程控制器、火灾事故广播、消防通信、报警备用电源、火灾报警控制微机（CRT）安装等项目。

（2）本章包括以下工作内容：

1）施工技术准备、施工机械准备、标准仪器准备、施工安全防护措施、安装位置的清理。

2）设备和箱、机及元件的搬运、开箱检查，清点，杂物回收，安装就位，接地，密封，箱、机内的校线、接线，挂锡、编码、测试、清洗、记录整理等。

（3）本章定额中均包括了校线、接线和本体调试。

（4）本章定额中箱、机是以成套装置编制的；柜式及琴台式安装均执行落地式安装相应项目。

（5）本章不包括以下工作内容：

1）设备支架、底座、基础的制作与安装。

2）构件加工制作。

3）电机检查、接线及调试。

4）事故照明及疏散指示控制装置安装。

6.5.2 火灾自动报警系统安装的工程量计算规则

（1）点型探测器包括火焰、烟感、温感、红外光束、可燃气体探测器等按线制的不同分为多线制与总线制，不分规格、型号、安装方式与位置，以“个”为计量单位。探测器安装包括了探头和底座的安装及本体调试。

（2）红外线探测器以“对”为计量单位。红外线探测器是成对使用的，在计算时一对为两只。定额中包括了探头支架安装和探测器的调试、对中。

（3）火焰探测器、可燃气体探测器按线制的不同分为多线制与总线制两种，计算时不分规格、型号，安装方式与位置，以“个”为计量单位。探测器安装包括了探头和底座的安装及本体调试。

（4）线形探测器的安装方式按环绕、正弦及直线综合考虑，不分线制及保护形式，以“m”为计量单位。定额中未包括探测器连接的一只模块和终端，其工程量应按相应定额另行计算。

（5）按钮包括消火栓按钮、手动报警按钮、气体灭火起/停按钮，以“个”为计量单位，按照在轻质墙体和硬质墙体上安装两种方式综合考虑，执行时不得因安装方式不同而调整。

（6）控制模块（接口）是指仅能起控制作用的模块（接口），亦称为中继器，依据其给出控制信号的数量，分为单输出和多输出两种形式。执行时不分安装方式，按照输出数量以“个”为计量单位。

（7）报警模块（接口）不起控制作用，只能起监视、报警作用，执行时不分安装方式，以“个”为计量单位。

（8）报警控制器按线制的不同分为多线制与总线制两种，其中又按其安装方式不同分为壁挂式和落地式。在不同线制、不同安装方式中按照“点”数的不同划分定额项目，以

“台”为计量单位。多线制“点”是指报警控制器所带报警器件（探测器、报警按钮等）的数量。总线制“点”是指报警控制器所带的有地址编码的报警器件（探测器、报警按钮、模块等）的数量。如果一个模块带数个探测器，则只能计为一点。

（9）联动控制器按线制的不同分为多线制与总线制两种，其中又按其安装方式不同分为壁挂式和落地式。在不同线制、不同安装方式中按照“点”数的不同划分定额项目，以“台”为计量单位。多线制“点”是指联动控制器所带联动设备的状态控制和状态显示的数量。总线制“点”是指联动控制器所带的有控制模块（接口）的数量。

（10）报警联动一体机按线制的不同分为多线制与总线制两种，其中又按其安装方式不同分为壁挂式和落地式。在不同线制、不同安装方式中按照“点”数的不同划分定额项目，以“台”为计量单位。多线制“点”是指报警联动一体机所带的有地址编码的报警器件与控制模块（接口）联动设备的状态控制和状态显示的数量。总线制“点”是指报警联动一体机所带的有地址编码的报警器件与控制模块（接口）的数量。

（11）重复显示器（楼层显示器）不分规格、型号、安装方式，按总线制与多线制划分，以“台”为计量单位。

（12）警报装置分为声光报警和警铃报警两种形式，均以“台”为计量单位。

（13）远程控制器按其控制回路数以“台”为计量单位。

（14）火灾事故广播中的功放机、录音机的安装按柜内及台上两种方式综合考虑，分别以“个”为计量单位。

（15）消防广播控制柜是指安装成套消防广播设备的成品机柜，不分规格、型号以“台”为计量单位。

（16）火灾事故广播中的扬声器不分规格、型号，按照吸顶式与壁挂式以“个”为计量单位。

（17）广播用分配器是指单独安装的消防广播用分配器（操作盘），以“台”为计量单位。

（18）消防通信系统中的电话交换机按“门”数不同以“台”为计量单位；通信分机、插孔是指消防专用电话分机与电话插孔，不分安装方式，分别以“部”“个”为计量单位。

（19）报警备用电源综合考虑了规格、型号，以“套”为计量单位。

（20）火灾报警控制微机（CRT）安装（CRT彩色显示装置安装），以“台”为计量单位。

（21）设备支架、底座、基础的制作与安装和构件加工制作均执行第四册《电气设备安装工程》相应定额。

（22）电机检查、接线及调试和事故照明及疏散指示控制装置安装均执行第四册《电气设备安装工程》相应定额。

6.5.3 火灾自动报警系统的清单、定额对照表

火灾自动报警系统的清单、定额对照表，如表6.14～表6.23所示。

表6.14 点型探测器清单、定额对照表

清单	编码	030904001	单位	个	工程量计算规则
	特征	1. 名称；2. 规格；3. 线型；4. 类型			按设计图示数量计算
	工作内容	底座安装、探头安装、校接线、编码、探测器调试			

续表

<table>
<tr><td rowspan="2">定额</td><td colspan="2">第九册　第四章　9-153～9-162</td><td>单位</td><td>个</td><td>工程量计算规则</td></tr>
<tr><td colspan="4">工作内容：校线、挂锡、安装底座、探头、编码、清洁、调试</td><td>按设计图示数量计算</td></tr>
</table>

表 6.15　　线型探测器清单、定额对照表

<table>
<tr><td rowspan="3">清单</td><td>编码</td><td>030904002</td><td>单位</td><td>m</td><td>工程量计算规则</td></tr>
<tr><td>特征</td><td colspan="3">1. 名称；2. 规格；3. 安装方式</td><td rowspan="2">按设计图示长度计算</td></tr>
<tr><td>工作内容</td><td colspan="3">探测器安装、接口模块安装、校接线、报警终端安装</td></tr>
<tr><td rowspan="2">定额</td><td colspan="2">第九册　第四章　9-163</td><td>单位</td><td>10m</td><td>工程量计算规则</td></tr>
<tr><td colspan="4">工作内容：拉锁固定、校线、挂锡、调测</td><td>按设计图示长度计算</td></tr>
</table>

表 6.16　　按钮安装清单、定额对照表

<table>
<tr><td rowspan="3">清单</td><td>编码</td><td>030904003</td><td>单位</td><td>个</td><td>工程量计算规则</td></tr>
<tr><td>特征</td><td colspan="3">1. 名称；2. 规格</td><td rowspan="2">按设计图示数量计算</td></tr>
<tr><td>工作内容</td><td colspan="3">安装、校接线、编码、调试</td></tr>
<tr><td rowspan="2">定额</td><td colspan="2">第九册　第四章　9-164</td><td>单位</td><td>个</td><td>工程量计算规则</td></tr>
<tr><td colspan="4">工作内容：校线、挂锡、调测、钻眼固定、安装、编码</td><td>按设计图示数量计算</td></tr>
</table>

表 6.17　　模块（接口）安装清单、定额对照表

<table>
<tr><td rowspan="3">清单</td><td>编码</td><td>030904008</td><td>单位</td><td>个</td><td>工程量计算规则</td></tr>
<tr><td>特征</td><td colspan="3">1. 名称；2. 规格；3. 类型；4. 输出形式</td><td rowspan="2">按设计图示数量计算</td></tr>
<tr><td>工作内容</td><td colspan="3">安装、校接线、编码、调试</td></tr>
<tr><td rowspan="2">定额</td><td colspan="2">第九册　第四章　9-165～9-167</td><td>单位</td><td>个</td><td>工程量计算规则</td></tr>
<tr><td colspan="4">工作内容：校线、固定、安装、功能检测、防潮和防尘处理、编码</td><td>按设计图示数量计算</td></tr>
</table>

表 6.18　　报警控制器安装清单、定额对照表

<table>
<tr><td rowspan="3">清单</td><td>编码</td><td>030904009</td><td>单位</td><td>台</td><td>工程量计算规则</td></tr>
<tr><td>特征</td><td colspan="3">1. 多线制；2. 总线制；3. 安装方式；4. 控制点数量；5. 显示器类型</td><td rowspan="2">按设计图示数量计算</td></tr>
<tr><td>工作内容</td><td colspan="3">本体安装、校接线、遥测绝缘电阻、排线、绑扎、导线标识、显示器安装、调试</td></tr>
<tr><td rowspan="2">定额</td><td colspan="2">第九册　第四章　9-168～9-179</td><td>单位</td><td>台</td><td>工程量计算规则</td></tr>
<tr><td colspan="4">工作内容：校线、固定、安装、挂锡、功能检测、防潮和防尘处理、编码</td><td>按设计图示数量计算</td></tr>
</table>

表 6.19　　联动控制器安装清单、定额对照表

<table>
<tr><td rowspan="3">清单</td><td>编码</td><td>030904010</td><td>单位</td><td>台</td><td>工程量计算规则</td></tr>
<tr><td>特征</td><td colspan="3">1. 多线制；2. 总线制；3. 安装方式；4. 控制点数量；5. 显示器类型</td><td rowspan="2">按设计图示数量计算</td></tr>
<tr><td>工作内容</td><td colspan="3">本体安装、校接线、遥测绝缘电阻、排线、绑扎、导线标识、显示器安装、调试</td></tr>
</table>

续表

定额	第九册　第四章　9-180～9-191	单位	台	工程量计算规则
	工作内容：校线、固定、安装、挂锡、功能检测、防潮和防尘处理、压线、标志			按设计图示数量计算

表 6.20　　报警联动一体机安装清单、定额对照表

清单	编码	030904017	单位	台	工程量计算规则
	特征	1. 规格、线制；2. 安装方式；3. 控制回路			按设计图示数量计算
	工作内容	本体安装、校接线、遥测绝缘电阻、排线、绑扎、导线标识、显示器安装、调试			
定额	第九册　第四章　9-192～9-199		单位	台	工程量计算规则
	工作内容：校线、固定、安装、挂锡、并线、功能检测、防潮和防尘处理、压线、标志、编码				按设计图示数量计算

表 6.21　　重复显示器、警报装置、远程控制器装清单、定额对照表

清单	编码	030904011	单位	台	工程量计算规则
	特征	1. 规格；2. 控制回路			按设计图示数量计算
	工作内容	安装、校接线、调试			
定额	第九册　第四章　9-200～9-205		单位	台、只	工程量计算规则
	工作内容：校线、固定、安装、挂锡、并线、功能检测、防潮和防尘处理、压线、标志				按设计图示数量计算

表 6.22　　火灾事故广播安装清单、定额对照表

清单	编码	030904014	单位	台	工程量计算规则
	特征	1. 规格、线制；2. 控制回路；3. 安装方式			按设计图示数量计算
	工作内容	安装、校接线、调试			
定额	第九册　第四章　9-206～9-212		单位	台、只	工程量计算规则
	工作内容：校线、固定、安装、挂锡、并线、功能检测、防潮和防尘处理、压线、标志				按设计图示数量计算

表 6.23　　消防通信系统、报警备用电源清单、定额对照表

清单	编码	030904016	单位	套	工程量计算规则
	特征	1. 名称；2. 容量；3. 安装方式			按设计图示数量计算
	工作内容	安装、调试			
定额	第九册　第四章　9-213～9-218		单位	台、个、部	工程量计算规则
	工作内容：校线、固定、安装、挂锡、并线、功能检测、防潮和防尘处理、压线				按设计图示数量计算

【例 6.2】 某购物商场第一层层高为 4.5m，吊顶高 4m，其火灾报警系统组成如图 6.2所示，区域报警器 AR 支挂式，板面尺寸 520mm×800mm，安装高度 1.5m。防火卷帘开关安装及消防按钮开关安装高度 1.5m。SS 及 ST 和地址解码器（注：用四总

线制)，配BV－4×1线，穿PVC20管，暗敷设在吊顶内。试计算其工程量（清单工程量）。

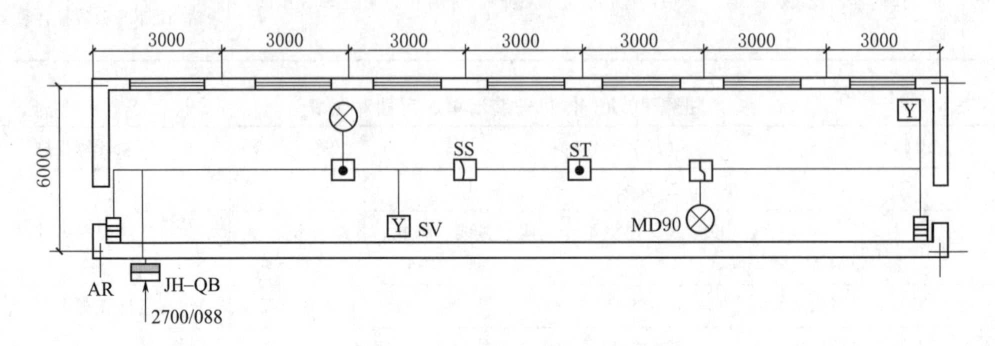

图6.2 某商场火灾报警系统图

解：清单工程量计算结果如表6.24所示。

表6.24 **清单工程量表**

序号	项目编码	项目名称	项目特征描述	计量单位	工程量
1	030904009001	火灾区域报警器	1. 安装部位：安装高度1.5m、AR闭关、支持式32点以下；2. 类型、规格：火灾区域报警器板面尺寸520mm×800mm	台	1
2	030404027001	防火卷帘门开关安装	1. 安装部位：本体安装；2. 类型、规格：快速自动开关（“A”以内1000）	台	2
3	030404034001	卷帘门开关暗敷	1. 安装部位：本体安装；2. 类型、规格：防爆开关暗敷	个	
4	030904003001	消防按钮安装	1. 安装部位：本体安装；2. 类型、规格：手动报警按钮	只	2
5	030411006001	按钮暗盒安装	1. 安装部位：本体安装；2. 类型、规格：按钮暗盒安装	个	2
6	030904001001	感温探测器安装	1. 安装部位：本体安装，有吊顶；2. 类型、规格：有吊顶	只	2
7	030904001002	感烟探测器安装	1. 安装部位：本体安装，有吊顶；2. 类型、规格：感烟探测器	只	2
8	030412001001	探测器显示灯（吸顶灯罩直径300mm以内）	1. 安装部位：本体安装，有吊顶；2. 类型、规格：探测器显示灯（吸顶灯罩直径300mm以内）	套	3
9	030411001001	电气配管PVC20吊顶内暗敷	1. 安装部位：吊顶内暗敷；2. 类型、规格：电气配管PVC20，砖、混凝土结构暗配刚性阻燃管公称口径20mm以内	m	34.5
10	030411003001	管内穿线BV－4×1.0	1. 安装部位：本体安装；2. 类型、规格：管内穿线BV－4×1.0，管内穿线照明线路导线截面4mm×10mm以内铜芯（吸顶灯罩直径300mm以内）	m	231.7

续表

序号	项目编码	项目名称	项目特征描述	计量单位	工程量
11	030904001003	探测器及显示灯头盒安装（火焰）	1. 安装部位：本体安装，有吊顶；2. 类型、规格：探测器及显示灯头盒安装（火焰）	只	6
12	030411006001	接线盒安装	1. 安装部位：本体安装、暗装；2. 类型、规格：接线盒安装	个	9
13	030411001002	塑料波纹管 ϕ20	1. 安装部位：本体安装；2. 类型、规格：塑料波纹管 ϕ20	m	3

6.6 消防系统调试

6.6.1 消防系统调试计价定额的使用说明

（1）本章包括自动报警系统装置调试，水灭火系统控制装置调试，防火控制装置调试（包括火灾事故广播、消防通讯、消防电梯系统装置调试，电动防火门、防火卷帘门、正压送风阀、排烟阀、防火阀控制系统装置调试），气体灭火系统装置调试等项目。

（2）系统调试是指消防报警和灭火系统安装完毕且联通，并达到国家有关消防施工验收规范、标准所进行的全系统的检测、调整和试验。

（3）自动报警系统装置包括各种探测器、手动报警按钮和报警控制器，灭火系统控制装置包括消火栓、自动喷水、卤代烷、二氧化碳等固定灭火系统的控制装置。

（4）气体灭火系统调试试验时采取的安全措施，应按施工组织设计另行计算。

（5）本章消防系统调试安装定额执行时，安装单位只调试，则定额基价乘以系数0.7。安装单位只配合检测、验收，基价乘以系数0.3。

6.6.2 消防系统调试的工程量计算规则

（1）消防系统调试包括：自动报警系统、水灭火系统、火灾事故广播、消防通讯系统、消防电梯系统、电动防火门、防火卷帘门、正压送风阀、排烟阀、防火阀控制装置、气体灭火系统装置。

（2）自动报警系统包括：各种探测器、报警器、报警按钮、报警控制器、消防广播、消防电话等组成的报警系统，按不同点数以“系统”为计量单位，其点数按多线制与总线制报警器的点数计算。

（3）水灭火系统控制装置、自动喷洒系统按水流指示器数量以“点（支路）”为计量单位，消火栓系统按消火栓启泵按钮数量以“点”为计量单位，消防水炮系统按水炮数量以“点”为计量单位。

（4）防火控制装置包括：电动防火门、防火卷帘门、正压送风阀、排烟阀、防火控制阀、消防电梯等防火控制装置；电动防火门、防火卷帘门、正压送风阀、排烟阀、防火控制阀等调试以“个”为计量单位，消防电梯以“部”为计量单位。

（5）气体灭火系统调试是由七氟丙烷、IG541、二氧化碳等组成的灭火系统；调试包括：模拟喷气试验、备用灭火器贮存容器切换操作试验，分别试验容器的规格（L），按气体灭火系统装置的瓶头阀以“点”为计量单位。试验容器的数量按调试、检验和验收所消耗的试验容器总数计算，试验介质不同时可以换算。气体试喷包含在模拟喷气试验中。

6.6.3 消防系统调试清单、定额对照表

消防系统调试清单、定额对照表，如表6.25、表6.26所示。

表6.25 自动报警系统装置调试清单、定额对照表

<table>
<tr><td rowspan="3">清单</td><td>编码</td><td>030905001</td><td>单位</td><td>系统</td><td>工程量计算规则</td></tr>
<tr><td>特征</td><td colspan="3">1. 点数；2. 线制</td><td rowspan="2">按系统计算</td></tr>
<tr><td>工作内容</td><td colspan="3">系统调试</td></tr>
<tr><td rowspan="2">定额</td><td colspan="2">第九册 第五章 9-220～9-226</td><td>单位</td><td>系统</td><td>工程量计算规则</td></tr>
<tr><td colspan="4">工作内容：技术和器具准备、检查接线、绝缘检查、程序装载或校对检查、功能测试、系统试验、记录整理</td><td>按系统计算</td></tr>
</table>

表6.26 水灭火系统控制装置调试清单、定额对照表

<table>
<tr><td rowspan="3">清单</td><td>编码</td><td>030905002</td><td>单位</td><td>点</td><td>工程量计算规则</td></tr>
<tr><td>特征</td><td colspan="3">系统形式</td><td rowspan="2">按控制装置的点数计算</td></tr>
<tr><td>工作内容</td><td colspan="3">调试</td></tr>
<tr><td rowspan="2">定额</td><td colspan="2">第九册 第五章 9-227～9-231</td><td>单位</td><td>系统</td><td>工程量计算规则</td></tr>
<tr><td colspan="4">工作内容：技术和器具准备、检查接线、绝缘检查、程序装载或校对检查、功能测试、系统试验、记录整理</td><td>按控制装置的点数计算</td></tr>
</table>

6.7 建筑消防工程施工图识图注意要点

（1）熟悉图纸，施工图纸是指导施工和工程计价的依据，看不懂图纸一事无成。

（2）熟悉设计和施工说明，设计和施工说明是对图纸的进一步解释和完善，必须看清楚。

（3）消防工程施工图大致由平面图和系统图组成，将平面图和系统图结合起来识读对整个消防系统有一个概括性的了解，然后再对消防系统的每一个功能分区具体分析，具体到每一个设备、每一个管段、每一个附件，这样由粗到细地对整个系统就有了一个比较清晰的把握。

粗读各层消防平面图首先要搞清楚两个问题：

（1）各层平面图中，哪些房间有消防器具和消防管道？消防控制室是如何布置的？楼地面标高是多少？有几种消防灭火系统？

（2）阅读消防系统图，弄清楚各管段的管径、坡度和标高；消防管道系统图应该从消防引入管开始，按照水流方向依次阅读。

练习题

一、单项选择题

1、室内消火栓安装定额不包括______。

A. 消火栓箱　　B. 水枪　　C. 水龙带　　D. 阀门

2、末端试水装置按设计图示数量计算，分规格以______为计量单位。

A. 组　　B. 件　　C. 套　　D. 个

3、消火栓系统中的管道阀门，应执行《江苏省安装工程消耗量定额》第______册。

A. 6　　B. 7　　C. 8　　D. 9

4、在给排水和消防工程中，成品管卡、阻火圈安装、成品防火套管安装，按工作介质管道直径，区分不同规格以______为计量单位。

A. 件　　B. 个　　C. 副　　D. 套

5、消火栓灭火系统按以______“点”计量单位。

A. 水枪规格　　B. 水龙带长度　　C. 消火栓套数　　D. 消火栓启泵按钮数量

二、简答题

1、室内消火栓给水系统由哪几部分组成，各个部分的工程量是如何计算的?

2、水灭火管道系统中的带电讯号的水流指示器、压力开关、泄漏报警开关等，如何套用定额?

3、《江苏省安装工程计价定额》(2014 版) 包括“消火栓箱体”的子目吗?

第7章

通风空调工程的计量与计价

本章要点

通风空调工程的基本概念以及常用设备及其工作原理，通风空调工程施工图的识读方法，通风空调工程的工程量计算规则，通风空调工程的计价定额使用方法，通风空调工程清单设置的内容以及通风空调工程分部分项工程量清单的编制方法。

学习目标

1. 了解通风空调工程的基本概念、常用设备及工作原理。

2. 掌握通风空调工程施工图的识读方法。

3. 掌握通风空调工程的工程量计算规则。

4. 熟悉通风空调工程消耗量定额的内容以及使用计价定额的注意事项。

5. 熟悉通风空调工程清单设置的内容，能独立编制通风空调工程分部分项工程量清单。

7.1 概　　述

7.1.1 通风空调工程的概念及分类

1. 概念

通风空调工程就是把室外的新鲜空气经过适当处理（如净化、加热等）后送进室内，把室内污浊的废气（经消毒、除害等）排到室外，从而保持室内空气的新鲜和洁净。

通风空调工程除具有空调功能以外，还能兼作通风功能，其优点就是能够改善居住生活空间环境与生产空间环境，缺点就是会消耗大量能源甚至污染环境。热泵和毛细管末端装置的出现，使通风空调工程节能、高效、安全、环保。

通风空调工程施工图由设计施工说明、平面图、剖面图、详图、系统图组成。

2. 分类

（1）自然通风（图7.1）。

（2）机械通风（图7.2）。

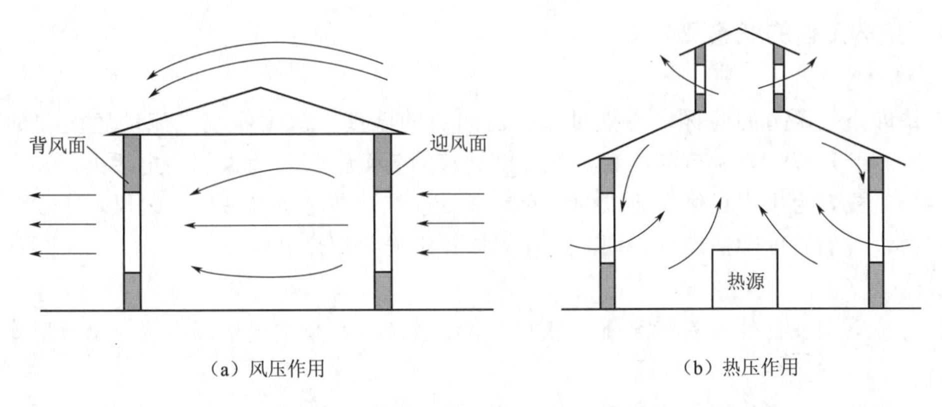

（a）风压作用　　（b）热压作用

图 7.1　风压作用和热压作用下的自然通风

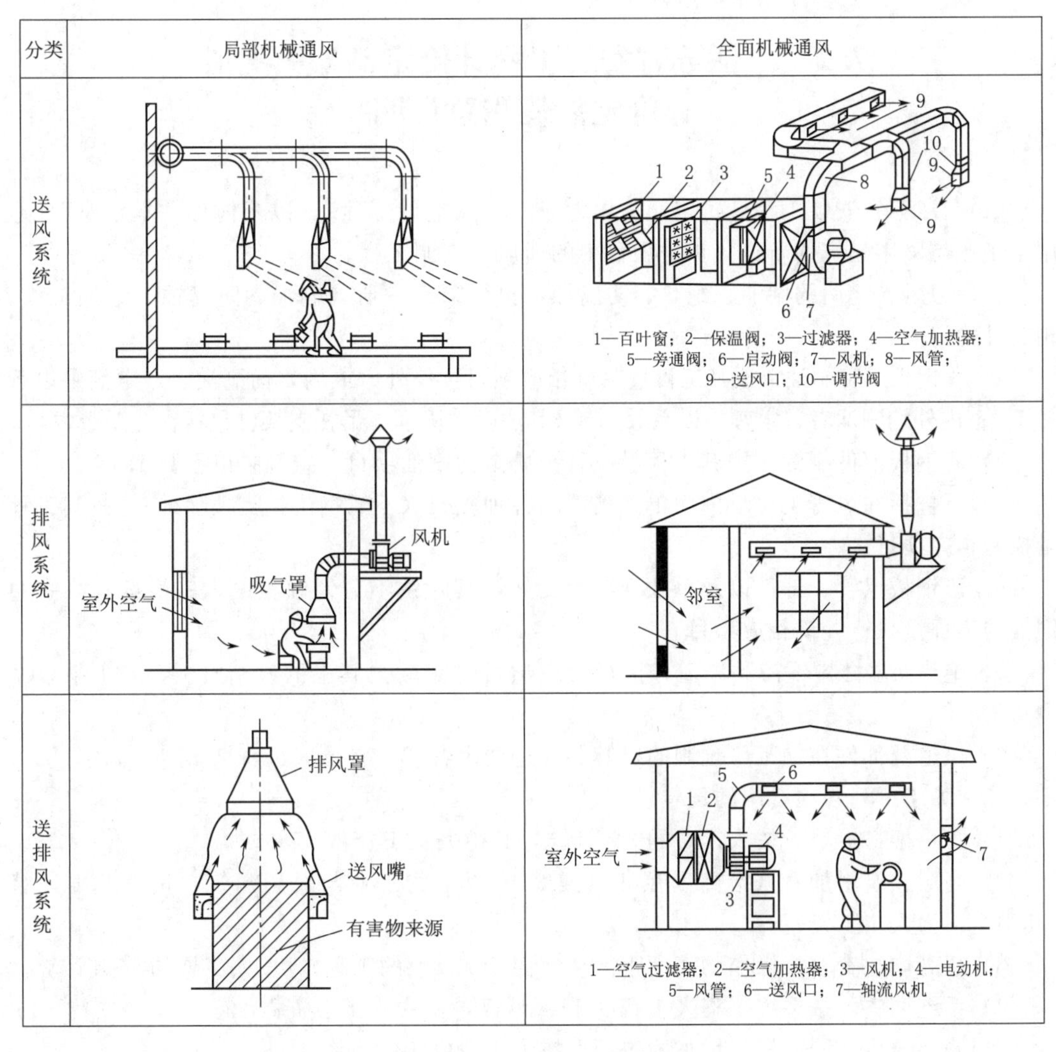

图 7.2　机械通风系统分类

7.1.2 空调工程的概念及分类

1. 概念

空调即空气调节的简称，是指对某一房间内的温度、湿度、空气流动速度和洁净度（简称“四度”）等进行调节与控制，并提供足够的新鲜空气，为人们的生活提供一个舒适的室内环境或者为生产提供所要求的空间环境。空气调节是更高一级的通风，不仅要保证送进室内空气的温度和洁净度，同时还要保持一定的干湿度和温度。

2. 分类

(1) 按空调设备的设置情况分为集中式空调系统、半集中式空调系统、全分散式空调系统。

(2) 按负担室内负荷所用的介质种类分为全空气系统、全水系统、空气-水系统、制冷剂系统。

7.2 《江苏省安装工程计价定额》第七册计价定额使用总说明

(1)《江苏省安装工程计价定额》第七册《通风空调工程》（以下简称“本定额”）适用于工业与民用建筑的新建、扩建项目中的通风、空调工程。

(2) 通风、空调的刷油、绝热、防腐蚀，执行第十一册《刷油、防腐蚀、绝热工程》相应计价定额：

1) 薄钢板风管刷油，按其工程量执行相应项目：仅外（或内）面刷油者，定额乘以系数1.2；内外均刷油者，定额乘以系数1.1（其法兰加固框、吊托支架已包括在此系数内）。

2) 薄钢板部件刷油，按其工程量执行金属结构刷油项目，定额乘以系数1.15。

3) 不包括在风管工程量内而单独列项的各种支架（不锈钢吊托支架除外），按其工程量执行相应项目。

4) 薄钢板风管、部件以及单独列项的支架，其除锈不分锈蚀程度，一律按其第一遍刷油的工程量执行轻锈相应项目。

5) 绝热保温材料不需黏结着，执行相应项目时需减去其中的黏结材料，人工乘以系数0.5。

6) 风道及部件在加工厂预制的，其场外运费由各省、自治区、直辖市自行制定。

(3) 关于下列各项费用的规定：

1) 脚手架搭拆费，按人工费的3%计算，其中人工工资占25%。

2) 高层建筑增加费（指高度在6层或20m以上的工业与民用建筑）按表7.1计算（其中全部为人工工资）。

3) 超高增加费（指操作物高度距离楼地面6m以上的工程），按人工费的15%计算。

4) 系统调整，按系统工程人工费的13%计算，其中人工工资占25%。

5) 安装与生产同时进行增加的费用，按人工费的10%计算。

6) 在有害身体健康的环境中施工增加的费用，按人工费的10%计算。

表 7.1　　高层建筑增加费表　　%

层数	9层以下(30m)	12层以下(40m)	15层以下(50m)	18层以下(60m)	21层以下(70m)	24层以下(80m)	27层以下(90m)	30层以下(100m)	33层以下(110m)
按人工费的占比	3	5	7	10	12	15	19	22	25
其中 人工工资占比	33	40	43	40	42	40	42	45	52
机械费占比	67	60	57	60	58	60	58	55	48
层数	36层以下(120m)	40层以下(130m)	42层以下(140m)	45层以下(150m)	48层以下(160m)	51层以下(170m)	54层以下(180m)	57层以下(190m)	60层以下(200m)
按人工费的占比	28	32	36	39	41	44	47	51	54
其中 人工工资占比	57	59	62	65	68	70	72	73	74
机械费占比	43	41	38	35	32	30	28	27	26

7.3 通风空调设备及部件制作安装

7.3.1 通风空调设备及部件制作安装计价定额的使用说明

1. 通风空调设备安装

(1) 工作内容：

1) 开箱检查设备、附件、底座螺栓。

2) 吊装、找平、找正、垫垫、灌浆、螺栓固定、装梯子。

(2) 通风机安装项目内包括电动机安装，其安装形式包括A型、B型、C型或D型，也适用不锈钢和塑料风机安装。

(3) 设备安装项目的基价中不包括设备费和应配备的地脚螺栓价值。

(4) 诱导器安装执行风机盘管安装项目。

(5) 风机盘管的配管执行第十册《给排水、采暖、燃气工程》相应项目。

2. 空调部件及设备支架制作安装

(1) 工作内容：

1) 金属空调器壳体：

① 制作：放样、下料、调直、钻孔、制作箱体、水槽，焊接、组合、试装。

② 安装：就位、找平、找正，连接、固定、表面清理。

2) 挡水板：

① 制作：放样、下料，制作曲板、框架、底座、零件，钻孔、焊接、成型。

② 安装：找平、找正，上螺栓、固定。

3) 滤水器、溢水盘：

① 制作：放样、下料、配制零件，钻孔、焊接、上网、组合成型。

② 安装：找平、找正，焊接管道、固定。

4）密闭门：

① 制作：放样、下料、制作门框、零件、开视孔，填料、铆焊、组装。

② 安装：找正、固定。

5）设备支架：

① 制作：放样、下料、调直、钻孔，焊接、成型。

② 安装：测位、上螺栓、固定、打洞、埋支架。

6）高、中、低效过滤器安装，净化工作台，风淋室安装：开箱、检查、配合钻孔、垫垫、口缝涂密封胶、试装、正式安装。过滤器安装项目中包括试装，如设计不要求试装者，其人工、材料、机械不变。

低效过滤器指 M－A 型、WL 型、LWP 型等系列。

中效过滤器指 ZKL 型、YB 型、W 型、M 型、ZX－1 型等系列。

高效过滤器指 GB 型、GS 型、JX－20 型等系列。

7）净化工作台指 XHK 型、BZK 型、SXP 型、SZP 型、SZX 型、SW 型、SZ 型、SXZ 型、TJ 型、CJ 型等系列。

8）洁净室安装以重量计算，执行分段组装式空调器安装项目。

9）本章定额是按空气洁净度 100000 级编制的。

(2) 清洗槽、浸油槽、晾干架、LWP 滤尘器支架制作安装执行设备支架项目。

(3) 风机减震台座执行设备支架项目，定额中不包括减震器用量，应依设计图纸按实计算。

(4) 玻璃挡水板执行钢板挡水板相应项目，其材料、机械均乘以系数 0.45，人工不变。

(5) 保温钢板密闭门执行钢板密闭门项目，其材料乘以系数 0.5，机械乘以系数 0.45，人工不变。

7.3.2 通风空调设备及部件制作安装的工程量计算规则

(1) 风机安装按设计不同型号以“台”为计量单位。

(2) 整体式空调机组安装，空调器按不同重量和安装方式以“台”为计量单位；分段组装式空调器，按重量以“kg”为计量单位。

(3) 风机盘管安装按安装方式不同以“台”为计量单位。

(4) 空气加热器、除尘设备安装重量不同以“台”为计量单位。

(5) 高、中、低效过滤器、净化工作台安装以“台”为计量单位，风淋室安装按不同重量以“台”为计量单位。

(6) 挡水板制作安装按空调器断面面积计算。

(7) 钢板密闭门制作安装以“个”为计量单位。

(8) 电加热器外壳制作安装按图示尺寸以“kg”为计量单位。

【例 7.1】 某通风系统采用 δ 为 2mm 不锈钢薄钢板圆形渐缩风管均匀送风，风管大头直径 D 为 900mm、小头直径 d 为 500mm、管长 L 为 100m，试计算风管工程量（分别列出清单和定额工程量表，见表 7.2 和表 7.3）。

（1）清单工程量。

不锈钢板通风管道：管道的平均直径 $D=(900+500)/2=700$mm；

工程量$=3.14Ld=3.14\times100\times0.7=219.8\text{m}^2$。

表 7.2 清单工程量计算表

项目编码	项目名称	项目特征描述	计量单位	工程量
030702003001	不锈钢板通风管道	圆形通风管道，钢板厚度为 2mm	m^2	219.8

（2）定额工程量：圆形不锈钢板通风管道制作和安装 21.98（$10m^2$）。

表 7.3 定额工程量计算

定额编号	项目名称	计量单位	工程量
7-114	薄钢板圆形风管制作（$\delta=2$mm 以内焊接）直径 1120mm 以下	$10m^2$	21.98
7-115	薄钢板圆形风管安装（$\delta=2$mm 以内焊接）直径 1120mm 以下	$10m^2$	21.98

7.4 通风管道制作安装

7.4.1 通风管道制作安装计价定额的使用说明

1. 薄钢板通风管道制作安装

（1）工作内容：

1）风管制作：放样、下料、卷圆、折方、轧口、咬口，制作直管、管件、法兰、吊托支架，钻孔、铆焊、上法兰、组对。

2）风管安装：找标高、打支架墙洞、配合预留孔洞、埋设吊托支架，组装、风管就位、找平、找正，制垫、垫垫、上螺栓、紧固。

（2）整个通风系统设计采用渐缩管均匀送风者，圆形风管按平均直径，矩形风管按平均周长执行相应规格项目其人工乘以系数 2.5。

（3）镀锌薄钢板风管项目中的板材是按镀锌薄钢板编制的，如设计要求不用镀锌薄钢板者，板材可以换算，其他不变。

（4）风管导流叶片不分单叶片和香蕉形双叶片均执行同一项目。

（5）如制作空气幕送风管时，按矩形风管平均周长执行相应风管规格项目，其人工乘以系数 3，其余不变。

（6）薄钢板通风管道制作安装项目中，包括弯头、三通、变径管、天圆地方等管件及法兰、加固框和吊托支架的制作用工，但不包括过跨风管落地支架，落地支架执行设备支架项目。

(7) 薄钢板风管项目中的板材，如设计要求厚度不同者可以换算，但人工、机械不变。

(8) 软管接头使用人造革而不使用帆布者可以换算。

(9) 项目中的法兰垫料如设计要求使用材料品种不同者可以换算，但人工不变。使用泡沫塑料者每千克橡胶板换算为泡沫塑料 0.125kg，使用闭孔乳胶海绵者每千克橡胶板换算为闭孔乳胶海绵 0.5kg。

(10) 柔性软风管适用于由金属、涂塑化纤织物、聚酯、聚乙烯、聚氯乙烯薄膜、铝箔等材料制成的软风管。

(11) 柔性软风管安装按图示中心线长度以"m"为单位计算；柔性软风管阀门安装以"个"为单位计算。

2. 净化通风管道制作安装

(1) 工作内容：

1) 风管制作：放样、下料、折方、轧口、咬口，制作直管、管件、法兰、吊托支架，钻孔、铆焊、上法兰、组对，口缝外表面涂密封胶、风管内表面清洗、风管两端封口。

2) 风管安装：找标高、找平、找正、配合预留孔洞、打支架墙洞、埋设支吊架，风管就位、组装、制垫、垫垫、上螺栓、紧固，风管内表面清洗、管口封闭、法兰口涂密封胶。

3) 部件制作：放样、下料、零件、法兰、预留预埋，钻孔、铆焊、制作、组装、擦洗。

4) 部件安装：测位、找平、找正，制垫、垫垫、上螺栓、清洗。

(2) 净化通风管道制作安装项目中包括弯头、三通、变径管、天圆地方等管件及法兰、加固框和吊托支架，不包括过跨风管落地支架。落地支架执行设备支架项目。

(3) 净化风管项目中的板材，如设计厚度不同者可以换算，人工、机械不变。

(4) 圆形风管执行本章矩形风管相应项目。

(5) 风管涂密封胶是按全部口缝外表面涂抹考虑的，如设计要求口缝不涂抹而只在法兰处涂抹者，每 $10m^2$ 风管应减去密封胶 1.5kg 和人工 0.37 工日。

(6) 风管及部件项目中，型钢未包括镀锌费，如设计要求镀锌时，另加镀锌费。

3. 不锈钢板通风管道制作安装

(1) 工作内容：

1) 不锈钢风管制作：放样、下料、卷圆、折方，制作管件、组对焊接、试漏、清洗焊口。

2) 不锈钢风管安装：找标高、清理墙洞、风管就位、组对焊接、试漏、清洗焊口、固定。

3) 部件制作：下料、平料、开孔、钻孔，组对、铆焊、攻丝、清洗焊口、组装固定，试动、短管、零件、试漏。

4) 部件安装：制垫、垫垫、找平、找正、组对、固定、试动。

(2) 矩形风管执行本章圆形风管相应项目。

(3) 不锈钢吊托支架执行本章相应项目。

(4) 风管凡以电焊考虑的项目，如需使用手工氩弧焊者，其人工乘以系数1.238，材料乘以系数1.163，机械乘以系数1.673。

(5) 风管制作安装项目中包括管件，但不包括法兰和吊托支架；法兰和吊托支架应单独列项计算执行相应项目。

(6) 风管项目中的板材如设计要求厚度不同者可以换算，人工、机械不变。

4. 铝板通风管道制作安装

(1) 工作内容：

1) 铝板风管制作：放样、下料、卷圆、折方，制作管件、组对焊接、试漏，清洗焊口。

2) 铝板风管安装：找标高、清理墙洞、风管就位、组对焊接、试漏、清洗焊口、固定。

3) 部件制作：下料、平料、开孔、钻孔，组对、焊铆、攻丝、清洗焊口、组装固定，试动、短管、零件、试漏。

4) 部件安装：制垫、垫垫、找平、找正、组对、固定、试动。

(2) 风管凡以电焊考虑的项目，如需使用手工氩弧焊者，其人工乘以系数1.154，材料乘以系数0.852，机械乘以系数9.242。

(3) 风管制作安装项目中包括管件，但不包括法兰和吊托支架；法兰和吊托支架应单独列项计算执行相应项目。

(4) 风管项目中的板材如设计要求厚度不同者可以换算，人工、机械不变。

5. 塑料通风管道制作安装

(1) 工作内容：

1) 塑料风管制作：放样、锯切、坡口、加热成型制作法兰、管件，钻孔、组合焊接。

2) 塑料风管安装：就位、制垫、垫垫、法兰连接、找正、找平、固定。

(2) 风管项目规格表示的直径为内径，周长为内周长。

(3) 风管制作安装项目中包括管件、法兰、加固框，但不包括吊托支架，吊托支架执行相应项目。

(4) 风管制作安装项目中的主体，板材（指每$10m^2$定额用量为$11.6m^2$者），如设计要求厚度不同者可以换算，人工、机械不变。

(5) 项目中的法兰垫料如设计要求使用品种不同者可以换算，但人工不变。

(6) 塑料通风管道胎具材料摊销费的计算方法：塑料风管管件制作的胎具摊销材料费，未包括在定额内，按以下规定另行计算；风管工程量在$30m^2$以上的，每$10m^2$风管的胎具摊销木材为$0.06m^3$，按地区预算价格计算胎具材料摊销费；风管工程量在$30m^2$以下的，每$10m^2$风管的胎具摊销木材为$0.09m^3$，按地区预算价格计算胎具材料摊销费。

6. 玻璃钢通风管道制作安装

(1) 工作内容：

1) 风管：找标高、打支架墙洞、配合预留孔洞、吊托支架制作及埋没、风管配合修补、黏结、组装就位、找平、找正、制垫、垫垫、上螺栓、紧固。

2) 部件：组对、组装、就位、找正、制垫、垫垫、上螺栓、紧固。

(2) 玻璃钢通风管道安装项目中，包括弯头、三通、变径管、天圆地方等管件的安装及法兰、加固框和吊托架的制作安装，不包括过跨风管落地支架。落地支架执行设备支架项目。

(3) 本定额玻璃钢风管及管件按计算工程量加损耗外加工订做，其价值按实际价格；风管修补应由加工单位负责，其费用按实际价格发生，计算在主材费内。

(4) 定额内未考虑预留铁件的制作的埋设，如果设计要求用膨胀螺栓安装吊托支架者，膨胀螺栓可按实际调整，其余不变。

7. 复合型风管制作安装

(1) 工作内容：

1) 复合型风管制作：放样、切割、开槽、成型、粘合、制作管件、钻孔、组合。

2) 复合型风管安装：就位、制垫、垫垫、连接、找正、找平、固定。

(2) 风管项目规格表示的直径为内径，周长为内周长。

(3) 风管制作安装项目中包括管件、法兰、加固框、吊托支架。

7.4.2 通风管道制作安装的工程量计算规则

(1) 风管制作安装以施工图规格不同按展开面积计算，不扣除检查孔、测定孔、送风口、吸风口等所占面积。

1) 圆管：

$$F=\pi DL$$

式中：F 为圆形风管展开面积，m^2；D 为圆形风管直径，m；L 为管道中心线长度，m。

2) 矩形风管：

$$F=2(A+B)L$$

式中：F 为矩形风管展开面积，m^2；A 为矩形风管的长度，m；B 为矩形风管的宽度，m；L 为矩形。

按圆形风管周长乘以管道中心线长度计算。

(2) 风管长度一律以中心线长度为准（主管与支管以其中心线交点划分），包括弯头、三通、变径管、天圆地方等管件的长度，但不得包括部件所占长度。直径和周长以尺寸为准展开，咬口重叠部分已包括在定额内，不得另行增加。

(3) 风管导流叶片制作安装按叶片的面积计算。

(4) 整个通风系统设计采用渐缩管均匀送风者，圆形风管按平均直径、矩形风管按平均周长计算。

(5) 塑料风管、复合型材料风管制作安装定额所列规格直径为内径，周长为内周长。

(6) 柔性软风管安装，按管道中心线长度以"m"为计量单位，柔性软风管阀门安装以"个"为计量单位。

(7) 软管（帆布接口）制作安装，按尺寸以"m^2"为计量单位。

(8) 风管检查孔重量，按本定额附录二"国标通风部件标准重量表"计算。

(9) 风管测定孔制作安装，按其型号以"个"为计量单位。

(10) 薄钢板通风管道、净化通风管道、玻璃钢通风管道、复合型材料通风管道的制作安装中已包括法兰、加固框和吊托支架，不得另行计算。

(11) 不锈钢通风管道、铝板通风管道的制作安装中不包括法兰和吊托支架，可按相应定额以“kg”为计量单位另行计算。

(12) 塑料通风管道制作安装，不包括吊托支架，可按相应定额以“kg”为计量单位另行计算。

【例7.2】 某公司办公楼空调系统需要安装20个175mm×175mm的铝合金方形散流器，试求其安装工程量，(分别列出清单和定额工程量表，见表7.4和表7.5)。

解：(1) 清单工程量：铝合金散流器20个。

表7.4　清单工程量计算表

项目编码	项目名称	项目特征描述	计量单位	工程量
030703011001	铝合金散流器	规格为175mm×175mm；形式为方形散流器	个	20

(2) 定额工程量：铝合金散流器20个。

表7.5　定额工程量计算

定额编号	项目名称	计量单位	工程量
7-401换	铝合金散流器周长1000mm以下	个	20

7.5 通风管道部件制作安装

7.5.1 通风管道部件制作安装计价定额的使用说明

1. 调节阀制作安装工作内容

(1) 调节阀制作：放样、下料、制作短管、阀板、法兰、零件，钻孔、铆焊、组合成型。

(2) 调节阀安装：号孔、钻孔、对口、校正，制垫、垫垫、上螺栓、紧固、试动。

2. 风口制作安装工作内容

(1) 风口制作：放样、下料、开孔，制作零件、外框、叶片、网框、调节板、拉杆、导风板、弯管、天圆地方、扩散管、法兰，钻孔、铆焊、组合成型。

(2) 风口安装：对口、上螺栓、制垫、垫垫、找正、找平，固定、试动、调整。

(3) 铝制孔板风口如需电化处理时，另加电化费。

3. 风帽制作安装工作内容

(1) 风帽制作：放样、下料、咬口，制作法兰、零件，钻孔、铆焊、组装。

(2) 风帽安装：安装、找正、找平，制垫、垫垫、上螺栓、固定。

4. 罩类制作安装工作内容

(1) 罩类制作：放样、下料、卷圆，制作罩体、来回弯、零件、法兰，钻孔、铆焊、组合成型。

(2) 罩类安装：埋设支架、吊装、对口、找正，制垫、垫垫、上螺栓，固定配重环及钢丝绳、试动调整。

5. 消声器制作安装工作内容

（1）消声器制作：放样、下料、钻孔，制作内外套管、木框架、法兰，铆焊、粘贴，填充消声材料，组合。

（2）消声器安装：组对、安装、找正、找平，制垫、垫垫、上螺栓、固定。

7.5.2 通风管道部件制作安装的工程量计算规则

（1）标准部件的制作，按其成品重量以“kg”为计量单位，根据设计型号、规格，按本册定额附录二“国标通风部件标准重量表”计算重量，非标准部件按图示成品重量计算。部件的安装按图示规格尺寸（周长或直径）以“个”为计量单位，分别执行相应定额。

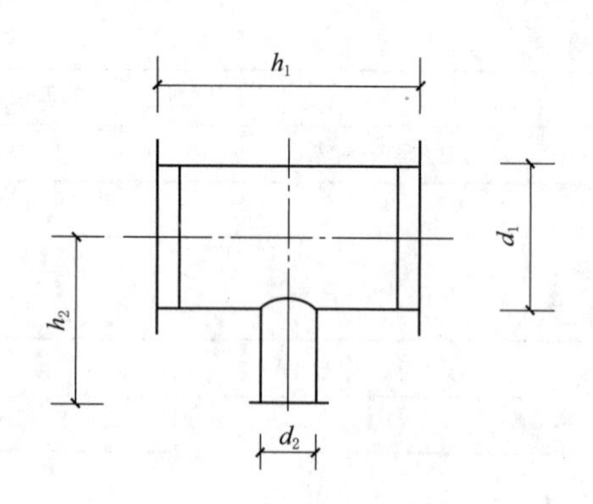

图7.3 正插三通示意图

（2）钢百叶窗及活动金属百叶风口的制作以“m^2”为计量单位，安装按规格尺寸以“个”为计量单位。

（3）风帽筝绳制作安装按图示规格、长度，以“kg”为计量单位。

（4）风帽泛水制作安装按图示展开面积以“m^2”为计量单位。

【例7.3】 计算如图7.3所示不锈钢板风管正插三通的工程量，其中 $h_1=1900$mm，$d_1=900$mm，$d_2=320$mm，$h_2=1100$mm。

解：（1）定额工程量（见表7.6）。

正插三通展开面积 $S_1=3.14\times d_1h_1=3.14\times0.9\times1.9=5.37(m^2)$

$$S_2=3.14\times d_2h_2=3.14\times0.32\times1.1=1.11(m^2)$$

表7.6 定额工程量计算

定额编号	项目名称	计量单位	工程量
7-158	不锈钢板风管制作，2000mm$<C\leqslant$3200mm	$10m^2$	0.537
7-159	不锈钢板风管安装，2000mm$<C\leqslant$3200mm	$10m^2$	0.537
7-152	不锈钢板风管制作，800mm$<C\leqslant$2000mm	$10m^2$	0.111
7-153	不锈钢板风管安装，800mm$<C\leqslant$2000mm	$10m^2$	0.111

（2）清单工程量（见表7.7，同定额工程量）。

表7.7 清单工程量计算表

项目编码	项目名称	项目特征描述	计量单位	工程量
030702003001	不锈钢板风管制作安装	圆形风管：$D=900$mm	m^2	5.37
030702003002	不锈钢板风管制作安装	圆形风管：$D=320$mm	m^2	1.11

【例 7.4】 计算如图 7.4 所示铝板风管斜插三通的工程量，其中 $D=400$mm，$d=150$mm，$h_1=2000$mm，$h_2=2100$mm。

解：(1) 定额工程量（见表 7.8）。

斜插三通展开面积

$S_1=3.14\times Dh_1=3.14\times 0.4\times 2.0=2.51(\mathrm{m}^2)$

$S_2=3.14\times dh_2=3.14\times 0.15\times 2.1=0.99(\mathrm{m}^2)$

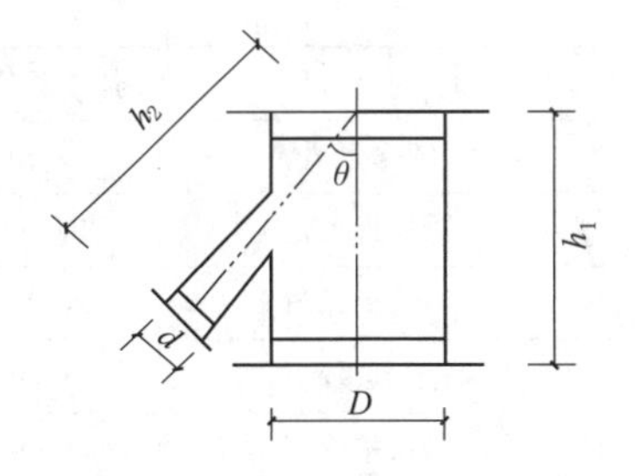

图 7.4 斜插三通示意图

表 7.8 **定额工程量计算**

定额编号	项目名称	计量单位	工程量
7-168	铝板圆形风管制作，200mm<$D\leqslant$320mm	$10\mathrm{m}^2$	0.251
7-169	铝板圆形风管安装，200mm<$D\leqslant$320mm	$10\mathrm{m}^2$	0.251
7-166	铝板圆形风管制作，$D\leqslant$200mm	$10\mathrm{m}^2$	0.099
7-167	铝板圆形风管安装，$D\leqslant$200mm	$10\mathrm{m}^2$	0.099

(2) 清单工程量（见表 7.9，同定额工程量）。

表 7.9 **清单工程量计算表**

项目编码	项目名称	项目特征描述	计量单位	工程量
030702004001	铝板风管制作安装	圆形风管：$D=400$mm	m^2	2.51
030702004002	铝板风管制作安装	圆形风管：$D=150$mm	m^2	0.99

7.6 附 录

附录包括风管、部件板材损耗率表（表 7.10）、型钢及其他材料损耗率表（表 7.11）、国际通风部件标准重量表（表 7.12）、除尘设备重量表（表 7.13）。

表 7.10 **风管、部件板材损耗率表**

序号	项 目	损耗率/%	备 注	序号	项 目	损耗率/%	备 注
钢板部分				11	矩形风口	13.00	综合厚度
1	咬口通风管	13.80	综合厚度	12	单面送吸风口	20.00	δ0.7～0.9
2	焊接通风管	8.00	综合厚度	13	双面送吸风口	16.00	δ0.7～0.9
3	圆形阀门	14.00	综合厚度	14	单双面送吸风口	8.00	δ1.0～1.5
4	方、矩形阀门	8.00	综合厚度	15	带调节板活动百叶送风口	13.00	综合厚度
5	风管插板式风口	13.00	综合厚度	16	矩形空气分布器	14.00	综合厚度
6	网式风口	13.00	综合厚度	17	旋转吹风口	12.00	综合厚度
7	单、双、三层百叶风口	13.00	综合厚度	18	圆形、方形直片散流器	45.00	综合厚度
8	连动百叶风口	13.00	综合厚度	19	流线型散流器	45.00	综合厚度
9	钢百叶窗	13.00	综合厚度	20	135 型单层双层百叶风口	13.00	综合厚度
10	活动箅板式风口	13.00	综合厚度	21	135 型带导流片百叶风口	13.00	综合厚度

续表

序号	项目	损耗率/%	备注	序号	项目	损耗率/%	备注
22	圆伞形风帽	28.00	综合厚度	46	塑料圆形风管	16.00	综合厚度
23	锥形风帽	26.00	综合厚度	47	塑料矩形风管	16.00	综合厚度
24	筒形风帽	14.00	综合厚度	48	圆形蝶阀（外框短管）	16.00	综合厚度
25	筒形风帽滴水盘	35.00	综合厚度	49	圆形蝶阀（阀板）	31.00	综合厚度
26	风帽泛水	42.00	综合厚度	50	矩形蝶阀	16.00	综合厚度
27	风帽筝绳	4.00	综合厚度	51	插板阀	16.00	综合厚度
28	升降式排气罩	18.00	综合厚度	52	槽边侧吸罩、风罩调节阀	22.00	综合厚度
29	上吸式侧吸罩	21.00	综合厚度	53	整体槽边侧吸罩	22.00	综合厚度
30	下吸式侧吸罩	22.00	综合厚度	54	条缝槽边抽风罩（各型）	22.00	综合厚度
31	上、下吸式圆形回转罩	22.00	综合厚度	55	塑料风帽（各种类型）	22.00	综合厚度
32	手煅炉排气罩	10.00	综合厚度	56	插板式侧面风口	16.00	综合厚度
33	升降式回转排气罩	18.00	综合厚度	57	空气分布器类	20.00	综合厚度
34	整体、分组、吹吸侧边侧吸罩	10.15	综合厚度	58	直片式散流器	22.00	综合厚度
35	各型风罩调节阀	10.15	综合厚度	59	圆形蝶阀（阀板）	31.00	综合厚度
36	皮带防护罩	18.00	综合厚度	60	矩形蝶阀	16.00	综合厚度
37	皮带防护罩	9.35	综合厚度	净化部分			
38	电动机防雨罩	33.00	δ1～1.5	61	净化风管	14.90	综合厚度
39	电动机防雨罩	10.60	δ4以上	62	净化铝板风口类	38.00	综合厚度
40	中、小型零件	21.00	综合厚度	不锈钢板部分			
41	泥心烘炉排气罩	12.50	综合厚度	63	不锈钢板通风管道	8.00	
42	各式消声器	13.00	综合厚度	64	不锈钢圆形法兰	150.00	δ4～10
43	空调设备	13.00	δ1以下	65	不锈钢板风口类	8.00	δ1～3
44	空调设备	8.00	δ1.5～3	铝板部分			
45	设备支架	4.00	综合厚度	66	铝板通风管道	8.00	
塑料部分				67	铝板圆形法兰	150.00	δ4～12

表 7.11　　型钢及其他材料损耗率表

序号	项目	损耗率/%	序号	项目	损耗率/%	序号	项目	损耗率/%
1	型钢	4.0	7	铆钉	10.0	13	气焊条	2.5
2	安装用螺栓（M12以下）	4.0	8	开口销	6.0	14	氧气	18.0
3	安装用螺栓（M12以上）	2.0	9	橡胶板	15.0	15	乙炔气	18.0
4	螺母	6.0	10	石棉橡胶板	15.0	16	管材	4.0
5	垫圈（ϕ12以下）	6.0	11	石棉板	15.0	17	镀锌铁丝网	20.0
6	自攻螺钉、木螺钉	4.0	12	电焊条	5.0	18	帆布	15.0

续表

序号	项　目	损耗率/%	序号	项　目	损耗率/%	序号	项　目	损耗率/%
19	玻璃板	20.0	27	油毡	10.0	35	不锈钢电焊条、焊丝	5.0
20	玻璃棉、毛毡	5.0	28	铁丝	1.0	36	铝焊粉	20.0
21	泡沫塑料	5.0	29	混凝土	5.0	37	铝型材	4.0
22	方木	5.0	30	塑料焊条	6.0	38	铝带母螺栓	4.0
23	玻璃丝布	15.0	31	塑料焊条（编网格用）	25.0	39	铝铆钉	10.0
24	矿棉、卡普隆纤维	5.0	32	不锈钢型材	4.0	40	铝焊条、焊丝	3.0
25	泡钉、鞋钉、圆钉	10.0	33	不锈钢带母螺栓	4.0			
26	胶液	5.0	34	不锈钢铆钉	10.0			

表 7.12　　国标通风部件标准重量表

名称	带调节板活动百叶风口		单层百叶风口		双层百叶风口		三层百叶风口	
图号	T202-1		T202-2		T202-2		T202-3	
序号	尺寸 A×B	kg/个	尺寸 A×B	kg/个	尺寸 A×B	kg/个	尺寸 A×B	kg/个
1	300×150	1.45	200×150	0.88	200×150	1.73	250×180	3.66
2	350×175	1.79	300×150	1.19	300×150	2.52	290×180	4.22
3	450×225	2.47	300×185	1.40	300×185	2.85	330×210	5.14
4	500×250	2.94	330×240	1.70	330×240	3.48	370×210	5.84
5	600×300	3.6	400×240	1.94	400×240	4.46	410×250	6.41
6	—	—	470×285	2.48	470×285	5.66	450×280	8.01
7	—	—	530×330	3.05	530×330	7.22	490×320	9.04
8	—	—	550×375	3.59	550×375	8.01	570×320	10.10
名称	连动百叶风口		矩形送风口		矩形空气分布器		地上矩形空气分布器	
图号	T202-4		T203		T206-1		T206-2	
序号	尺寸 A×B	kg/个	尺寸 A×B	kg/个	尺寸 A×B	kg/个	尺寸 A×B	kg/个
1	200×150	1.49	60×52	2.22	300×150	4.95	300×150	8.72
2	250×195	1.88	80×69	2.84	400×200	6.61	400×200	12.51
3	300×195	2.06	100×87	3.36	500×250	10.32	500×250	14.44
4	300×240	2.35	120×104	4.46	600×300	12.42	600×300	22.19
5	350×240	2.55	140×121	5.40	700×350	17.71	700×350	27.17
6	350×285	2.83	160×139	6.29	—	—	—	—
7	400×330	3.52	180×156	7.36	—	—	—	—
8	500×330	4.07	200×173	8.65	—	—	—	—
9	500×375	4.50	—	—	—	—	—	—

续表

名称	风管插板式送吸风口		旋转吹风口		地上旋转吹风口			
图号	矩形 T208-1		圆形 T208-2		T209-1		T209-2	
序号	尺寸 $B\times C$	kg/个	尺寸 $B\times C$	kg/个	尺寸 $D=A$	kg/个	尺寸 $D=A$	kg/个
1	200×120	0.8	160×80	0.62	250	1.09	250	13.20
2	240×160	1.20	180×90	0.68	280	11.76	280	15.49
3	320×240	1.95	200×100	0.79	320	14.67	320	18.92
4	400×320	2.96	220×110	0.90	360	17.86	360	22.82
5	—	—	240×120	1.01	400	20.68	400	26.25
6	—	—	280×140	1.27	450	25.21	450	31.77
7	—	—	320×160	1.50	—	—	—	—
8	—	—	360×180	1.79	—	—	—	—
9	—	—	400×200	2.10	—	—	—	—
10	—	—	440×220	2.39	—	—	—	—
11	—	—	500×250	2.94	—	—	—	—
12	—	—	560×280	3.53	—	—	—	—

名称	圆形直片散流器		方形直片散流器		流线型散流器	
图号	CT211-1		CT211-2		CT211-4	
序号	尺寸 ϕ	kg/个	尺寸 $A\times A$	kg/个	尺寸 D	kg/个
1	120	3.01	120×120	2.34	160	3.97
2	140	3.29	160×160	2.73	200	5.45
3	180	4.39	200×200	3.91	250	7.94
4	220	5.02	250×250	5.29	320	10.28
5	250	5.54	320×320	7.43	—	—
6	280	7.42	400×400	8.89	—	—
7	320	8.22	500×500	12.23	—	—
8	360	9.04	—	—	—	—
9	400	10.88	—	—	—	—
10	450	11.98	—	—	—	—
11	500	13.07	—	—	—	—

名称	单面送吸风口				双面送吸风口			
图号	Ⅰ型 T212-1		Ⅱ型 T212-1		Ⅰ型 T212-2		Ⅱ型 T212-2	
序号	尺寸 $A\times A$	kg/个	尺寸 D	kg/个	尺寸 $A\times A$	kg/个	尺寸 D	kg/个
1	120×120	2.01	100	1.37	120×120	2.07	100	1.54
2	160×160	2.93	120	1.85	160×160	2.75	120	1.97
3	200×200	4.01	140	2.23	200×200	3.63	140	2.32

续表

名称	单面送吸风口				双面送吸风口			
图号	Ⅰ型 T212－1		Ⅱ型 T212－1		Ⅰ型 T212－2		Ⅱ型 T212－2	
序号	尺寸 $A \times A$	kg/个	尺寸 D	kg/个	尺寸 $A \times A$	kg/个	尺寸 D	kg/个
4	250×250	7.12	160	2.68	250×250	5.83	160	2.76
5	320×320	10.84	180	3.14	320×320	8.20	180	3.20
6	400×400	15.68	200	3.73	400×400	11.19	200	3.65
7	500×500	23.08	220	5.51	500×500	15.50	220	5.17
8	—	—	250	6.68	—	—	250	6.18
9	—	—	280	8.08	—	—	280	7.42
10	—	—	320	10.27	—	—	320	9.06
11	—	—	360	12.52	—	—	360	10.74
12	—	—	400	14.93	—	—	400	12.81
13	—	—	450	18.20	—	—	450	15.26
14	—	—	500	22.01	—	—	500	18.36

名称	活动箅板式回风口		网式风口				空气加热器上通阀	
图号	T261		三面 T262		矩形 T262		T101－1	
序号	尺寸 $A \times B$	kg/个	尺寸 $A \times B$	kg/个	尺寸 $A \times B$	kg/个	尺寸 $A \times B$	kg/个
1	235×200	1.06	250×200	5.27	200×150	0.56	650×250	13.00
2	325×200	1.39	300×200	5.95	250×200	0.73	1200×250	19.68
3	415×200	1.73	400×200	7.95	350×250	0.99	1100×300	19.71
4	415×250	1.97	500×250	10.97	450×300	1.27	1800×300	25.87
5	505×250	2.36	600×250	13.03	550×350	1.81	1200×400	23.16
6	595×250	2.71	620×300	14.19	600×400	2.05	1800×400	28.19
7	535×300	2.80	—	—	700×450	2.44	—	33.78
8	655×300	3.35	—	—	800×500	2.83	—	—
9	775×300	3.70	—	—	—	—	—	—
10	655×400	4.08	—	—	—	—	—	—
11	775×400	4.75	—	—	—	—	—	—
12	895×400	5.42	—	—	—	—	—	—

名称	空气加热器旁通阀											
图号	T101－2											
序号	尺寸 SRZ		kg/个	尺寸 SRZ		kg/个	尺寸 SRZ		kg/个	尺寸 SRZ		kg/个
1	5×5 (DZX)	1 型	11.32	10×6 (DZX)	1 型	18.14	10×6 (DZX)	1 型	18.14	15×10 (DZX)	1 型	25.09
2		2 型	13.98		2 型	22.45		2 型	22.45		2 型	31.70
3		3 型	14.72		3 型	22.73		3 型	22.91		3 型	30.74
4		4 型	18.20		4 型	27.99		4 型	27.99		4 型	37.81

续表

名称	空气加热器旁通阀											
图号	T101-2											
序号	尺寸 SRZ		kg/个	尺寸 SRZ		kg/个	尺寸 SRZ		kg/个	尺寸 SRZ		kg/个
5	10×5 (DZX)	1型	18.14	15×6 (DZX)	1型	25.09	15×7 (DZX)	1型	25.09	17×10 (DZX)	1型	28.65
6		2型	22.45		2型	31.70		2型	31.70		2型	35.97
7		3型	22.73		3型	30.74		3型	30.74		3型	35.10
8		4型	27.99		4型	37.81		4型	37.81		4型	42.86
9	6×6 (DZX)	1型	12.42	7×7 (DZX)	1型	13.95	17×7 (DZX)	1型	28.65	12×6 (DZX)	1型	21.46
10		2型	15.62		2型	17.48		2型	35.97		2型	26.73
11		3型	16.21		3型	17.95		3型	35.10		3型	26.61
12		4型	20.08		4型	22.07		4型	42.96		4型	32.61

名称	圆形瓣式启动阀				圆形蝶阀（拉链式）			
图号	T301-5				非保温 T302-1		保温 T302-2	
序号	尺寸 φ_A	kg/个	尺寸 φ_{A1}	kg/个	尺寸 D	kg/个	尺寸 D	kg/个
1	400	15.06	900	54.80	200	3.63	200	3.85
2	420	16.02	910	53.25	220	3.93	220	4.17
3	450	17.59	1000	63.93	250	4.40	250	4.67
4	455	17.37	1040	65.48	280	4.90	280	5.22
5	500	20.23	1170	72.57	320	5.78	320	5.92
6	520	20.31	1200	82.68	360	6.53	360	6.68
7	550	22.23	1250	86.50	400	7.34	400	7.55
8	585	22.94	1300	89.16	450	8.37	450	8.51
9	600	29.67	—	—	500	13.22	500	11.32
10	620	28.35	—	—	560	16.07	560	13.78
11	650	30.21	—	—	630	18.55	630	15.65
12	715	35.37	—	—	700	22.54	700	19.32
13	750	38.29	—	—	800	26.62	800	22.49
14	780	41.55	—	—	900	32.91	900	28.12
15	800	42.38	—	—	1000	37.66	1000	31.77
16	840	43.21	—	—	1120	45.21	1120	38.42

表7.13　　除尘设备重量表

名称	CLG 多管除尘器		CLS 水膜除尘器		CLT/A 旋风式除尘器			
图号	T501		T503		T505			
序号	型号	kg/个	尺寸 φ	kg/个	尺寸 φ	kg/个	尺寸 φ	kg/个
1	9管	300	315	83	300单筒	106	450三筒	927
2	12管	400	443	110	300双筒	216	450四筒	1053

续表

名称	CLG 多管除尘器		CLS 水膜除尘器		CLT/A 旋风式除尘器			
图号	T501		T503		T505			
序号	型号	kg/个	尺寸 φ	kg/个	尺寸 φ	kg/个	尺寸 φ	kg/个
3	16 管	500	570	190	350 单筒	132	450 六筒	1749
4	—	—	634	227	350 双筒	280	500 单筒	276
5	—	—	730	288	350 三筒	540	500 双筒	584
6	—	—	793	337	350 四筒	615	500 三筒	1160
7	—	—	888	398	400 单筒	175	500 四筒	1320
8	—	—	—	—	400 双筒	358	500 六筒	2154
9	—	—	—	—	400 三筒	688	550 单筒	339
10	—	—	—	—	400 四筒	805	550 双筒	718
11	—	—	—	—	400 六筒	1428	550 三筒	1394
12	—	—	—	—	450 单筒	213	550 四筒	1603
13	—	—	—	—	450 双筒	449	550 六筒	2672

名称	CLT/A 旋风除尘器				XLP 旋风器			卧式旋风水膜除尘器		
图号	T505				单侧 B 型 94T415			CT531		
序号	尺寸 φ	kg/个	尺寸 φ	kg/个	尺寸 φ	X 型/(kg/个)	Y 型/(kg/个)	尺寸 L/型号		kg/个
1	600 单筒	432	750 单筒	645	300A 型	52	41	檐板脱水	1420/1	193
2	600 双筒	887	750 双筒	1456	300B 型	46	35		1430/2	231
3	600 三筒	1706	750 三筒	2708	420A 型	94	76		1680/3	310
4	600 四筒	2059	750 四筒	3626	420B 型	83	65		1980/4	405
5	600 六筒	3524	750 六筒	5577	540A 型	151	122		2285/5	503
6	650 单筒	500	800 单筒	878	540B 型	134	105		2620/6	621
7	650 双筒	1062	800 双筒	1915	700A 型	252	203		3140/7	969
8	650 三筒	2050	800 三筒	3356	700B 型	222	173		3850/8	1224
9	650 四筒	2609	800 四筒	4411	820A 型	346	278		4115/9	1604
10	650 六筒	4156	800 六筒	6462	820B 型	309	342		4740/10	2481
11	700 单筒	564	—	—	940A 型	450	366		5320/11	2926
12	700 双筒	1244	—	—	940B 型	397	312	旋风脱水	3150/7	893
13	700 三筒	2400	—	—	1060A 型	601	460		3820/8	1125
14	700 四筒	3189	—	—	1060B 型	498	393		4235/9	1504
15	700 六筒	4883	—	—	—	—	—		4760/10	2264
16	—	—	—	—	—	—	—		5200/11	2636

续表

名称	CLK扩散式除尘器		CCJ/A机组式除尘器		MC脉冲式除尘器	
图号	CT533		CT534		CT536	
序号	尺寸D	kg/个	型号	kg/个	型号	kg/个
1	150	31	CCJ/A-5	791	24-Ⅰ	904
2	200	49	CCJ/A-7	956	36-Ⅰ	1172
3	250	71	CCJ/A-10	1196	48-Ⅰ	1328
4	300	98	CCJ/A-14	2426	60-Ⅰ	1633
5	350	136	CCJ/A-20	3277	72-Ⅰ	1850
6	400	214	CCJ/A-30	3954	84-Ⅰ	2106
7	450	266	CCJ/A-40	4989	96-Ⅰ	2264
8	500	330	CCJ/A-60	6764	120-Ⅰ	2702
9	600	583	—	—	—	—
10	700	780	—	—	—	—
名称	XCX型旋风除尘器		XNX型旋风除尘器		XP型旋风除尘器	
图号	CT537		CT538		T501	
序号	尺寸φ	kg/个	尺寸φ	kg/个	尺寸φ	kg/个
1	200	20	400	62	200	20
2	300	36	500	95	300	39
3	400	63	600	135	400	66
4	500	97	700	180	500	102
5	600	139	800	230	600	141
6	700	184	900	288	700	193
7	800	234	1000	456	800	250
8	900	292	1100	546	900	307
9	1000	464	1200	646	1000	379
10	1100	553	—	—	—	—
11	1200	653	—	—	—	—
12	1300	761	—	—	—	—

注 1. 除尘器均不包括支架重量。

2. 除尘器中分X型、Y型或Ⅰ型、Ⅱ型者，其重量按同一型号计算，不再细分。

练习题

一、单项选择题

1、中央空调系统中的核心组成部分是______。

A. 空气处理设备　B. 空气洗涤设备　C. 空气净化设备　D. 空气加热处理设备

2、整体式空调机组安装，以______为计量单位。

A. 台　B. 组　C. 套　D. 个

3、风机盘管系统为______。

A. 半集中式空调系统　B. 集中式空调系统

C. 分散式空调系统　D. 局部空调机系统

4、风管长度一律以施工图中心线长度为准，不包括______的长度。

A. 弯头　B. 三通　C. 变径管　D. 阀门

5、通风系统采用渐缩管均匀送风时，圆形风管采用______计算工程量。

A. 大头直径　B. 小头直径　C. 平均直径　D. 平均面积

二、简答题

1、通风工程系统由什么组成？

2、空调工程系统由什么组成？

3、通风工程系统施工图由哪些内容组成？

第8章

刷油、防腐蚀、绝热工程的计量与计价

本章要点

设备构件的除锈工程、设备构件的刷油工程、防腐蚀涂料工程、喷镀（涂）工程、绝热工程等。分部、分项工程的计量与计价计算方法。

学习目标

1. 了解刷油、防腐蚀、绝热工程的概念。

2. 掌握刷油、防腐蚀、绝热工程的安装工程造价的构成。

3. 熟悉刷油、防腐蚀、绝热工程的组成、计量与计价的计算方法，并掌握其计算方法。

8.1 《江苏省安装工程计价定额》第十一册计价定额使用总说明

（1）《江苏省安装工程计价定额》第十一册《刷油、防腐蚀、绝热工程》（以下简称“本定额”）适用于新建、扩建项目中的设备、管道、金属结构等的刷油、防腐蚀、绝热工程。

（2）一般钢结构（包括吊、支、托架，梯子，栏杆，平台）、管廊钢结构以“100kg”为单位，大于400mm的型钢及H型钢制钢结构以“10m^2”为单位。

（3）关于下列各项费用的规定：

1）脚手架搭拆费，按下列系数计算，其中人工工资占25%：

刷油工程：按人工费的8%；

防腐蚀工程：按人工费的12%；

绝热工程：按人工费的20%。

除锈工程的脚手架搭拆费计算应分别随刷油工程或防腐蚀工程计算，即刷油工程的脚手架搭拆费的计算基数中应包括除锈工程发生的人工费；防腐蚀工程的脚手架搭拆费的计算基数中应包括除锈工程发生的人工费。

2）超高降效增加费，以设计标高±0.00m为准，当安装高度超过±6.00m时，人工和机械分别乘以表8.1的系数。

表 8.1　　超高降效增加费系数表

20m 以内	30m 以内	40m 以内	50m 以内	60m 以内	70m 以内	80m 以内	80m 以上
0.30	0.40	0.50	0.60	0.70	0.80	0.90	1.00

3）厂区外 1～10km 施工增加的费用，按超过部分的人工和机械乘以系数 1.10 计算。

4）安装与生产同时增加的费用，按人工费的 10%计算。

5）在有害身体健康的环境中施工增加的费用，按人工费的 10%计算。

6）高层建筑增加费按主体工程（通风空调、消防、给排水、采暖、电气等）的高层建筑增加费相应规定计取。

(4) 本册工程量计算公式如下：

1）除锈、刷油工程。

设备筒体、管道表面积计算公式：

$$S=\pi\times D\times L \tag{8.1}$$

式中：π 为圆周率；D 为设备或管道直径；L 为设备筒体高或管道延长米。

计算设备筒体、管道表面积时已包括各种管件、阀门、法兰、人孔、管口凹凸部分，不再另外计算。

2）防腐蚀工程。

设备筒体、管道表面积计算公式同公式（8.1）。

阀门表面积计算式：

$$S=\pi\times D\times 2.5D\times K\times N \tag{8.2}$$

式中：D 为直径；K 为 1.05；N 为阀门个数。

弯头表面积计算式：

$$S=\pi\times D\times 1.5D\times K\times 2\pi\times N/B \tag{8.3}$$

式中：D 为直径；K 为 1.05；N 为弯头个数。

B 值取定为：90°弯头 $B=4$；45°弯头 $B=8$。

法兰表面积计算式：

$$S=\pi\times D\times 1.5D\times K\times N \tag{8.4}$$

式中：D 为直径；K 为 1.05；N 为法兰个数。

设备和管道法兰翻边防腐蚀工程量计算式：

$$S=\pi\times (D+A)\times A \tag{8.5}$$

式中：D 为直径；A 为法兰翻边宽。

3）绝热工程。

设备筒体或管道绝热、防潮和保护层计算公式：

$$V=\pi\times (D+1.033\delta)\times 1.033\delta \tag{8.6}$$

$$S=\pi\times (D+2.1\delta+0.0082)\times L \tag{8.7}$$

式中：D 为直径；1.033、2.1 为调整系数；δ 为绝热层厚度；L 为设备筒体或管道长；

0.0082为捆扎线直径或钢带厚。

伴热管道绝热工程量计算式：

① 单管伴热或双管伴热（管径相同，夹角小于90°时）：

$$D'=D_1+D_2+(10\sim20\text{mm}) \tag{8.8}$$

式中：D'为伴热管道综合值；D_1为主管道直径；D_2为伴热管道直径；（10～20mm）为主管道与伴热管道之间的间隙。

② 双管伴热（管径相同，夹角大于90°时）：

$$D'=D_1+1.5D_2+(10\sim20\text{mm}) \tag{8.9}$$

③ 双管伴热（管径不同，夹角小于90°时）：

$$D'=D_1+D_2+(10\sim20\text{mm}) \tag{8.10}$$

式中：D'为伴热管道综合值；D_1为主管道直径。

将上述D'计算结果分别代入式（8.7）、式（8.8）计算出伴热管道的绝热层、防潮层和保护层工程量。

设备封头绝热、防潮和保护层工程量计算式：

$$V=[(D+1.033\delta)/2]\times2\pi\times1.033\delta\times1.5\times N \tag{8.11}$$

$$S=[(D+2.1\delta)/2]\times2\pi\times1.5\times N \tag{8.12}$$

阀门绝热、防潮和保护层计算公式：

$$V=\pi(D+1.033\delta)\times2.5D\times1.033\delta\times1.05\times N \tag{8.13}$$

$$S=\pi(D+2.1\delta)\times2.5D\times1.05\times N \tag{8.14}$$

法兰绝热、防潮和保护层计算公式：

$$V=\pi(D+1.033\delta)\times1.5D\times1.033\delta\times1.05\times N \tag{8.15}$$

$$S=\pi(D+2.1\delta)\times1.5D\times1.05\times N \tag{8.16}$$

弯头绝热、防潮和保护层计算公式：

$$V=\pi(D+1.033\delta)\times1.5D\times2\pi\times1.033\delta\times N/B \tag{8.17}$$

$$S=\pi(D+2.1\delta)\times1.5D\times2\pi\times N/B \tag{8.18}$$

拱顶罐封头绝热、防潮和保护层计算公式：

$$V=2\pi r\times(h+1.033\delta)\times1.033\delta \tag{8.19}$$

$$S=2\pi r\times(h+2.1\delta) \tag{8.20}$$

（5）计量单位：

1）刷油工程和防腐蚀工程中设备、管道以“m^2”为计量单位。一般金属结构和管廊钢结构以“kg”为计量单位；H型钢制结构（包括大于400mm以上的型钢）以“m^2”为计量单位。

2）绝热工程中绝热层以“m^3”为计量单位，防潮层、保护层以“m^2”为计量单位。

3）计算设备、管道内壁防腐蚀工程量时，当壁厚大于等于10mm时，按其内径计算；当壁厚小于10mm时，按其外径计算。

8.2 除 锈 工 程

8.2.1 除锈工程计价定额的使用说明

（1）本章定额适用于金属表面的手工、动力工具、干喷射除锈及化学除锈工程。

（2）各种管件、阀件及设备上人孔、管口凸凹部分的除锈已综合考虑在定额内。

（3）手工、动力工具除锈分轻、中、重三种，区分标准为：

1）轻锈：部分氧化皮开始破裂脱落，红锈开始发生。

2）中锈：部分氧化皮破裂脱落，呈堆粉状，除锈后用肉眼能见到腐蚀小凹点。

3）重锈：大部分氧化皮脱落，呈片状锈层或凸起的锈斑，除锈后出现麻点或麻坑。

（4）喷射除锈标准：

1）Sa 3 级：除净金属表面上油脂、氧化皮、锈蚀产物等一切杂物，呈现均一的金属本色，并有一定的粗糙度。

2）Sa 2.5 级：完全除去金属表面的油脂、氧化皮、锈蚀产物等一切杂物，可见的阴影条纹、斑痕等残留物不得超过单位面积的5%。

3）Sa 2 级：除去金属表面上的油脂、锈皮、疏松氧化皮、浮锈等杂物，允许有附紧的氧化皮。

（5）本章定额中钢结构划分为一般钢结构、管廊钢结构、H 型钢制钢结构（包括大于400mm 以上各种型钢）三个档次。一般钢结构包括：梯子、栏杆、支吊架、平台等；H 型钢制钢结构包括各种 H 型钢及规格大于 400mm 以上各种型钢组成的钢结构；管廊钢结构包括除一般钢结构和 H 型钢结构及规格大于 400mm 以上各类型钢，余下部分的钢结构。

8.2.2 除锈工程工程量计算规则

（1）喷射除锈按 Sa 2.5 级标准确定。若变更级别标准，如 Sa 3 级按人工、材料、机械乘以系数 1.1；Sa 2 级或 Sa 1 级乘以系数 0.9 计算。

（2）本章定额不包括除微锈（标准：氧化皮完全紧附，仅有少量锈点），发生时其工程量执行轻锈定额乘以系数 0.2。

（3）因施工需要发生的二次除锈，其工程量另行计算。

8.3 刷 油 工 程

8.3.1 刷油工程计价定额使用说明

（1）本章定额适用于金属面、管道、设备、通风管道、金属结构与玻璃布面、石棉布面、玛蹄脂面、抹灰面等刷（喷）油漆工程。

（2）金属面刷油不包括除锈工作内容。

（3）各种管件、阀门和设备上人孔、管口凹凸部分的刷油已综合考虑在定额内，不得另行计算。

8.3.2 刷油工程工程量计算规则

(1) 本章定额按安装地点就地刷（喷）油漆考虑，如安装前管道集中刷油，人工乘以系数0.7（暖气片除外）。

(2) 标志色环等零星刷油，执行本章定额相应项目，其人工乘以系数2.0。

(3) 本章定额主材与稀干料可换算，但人工与材料量不变。

8.3.3 除锈、刷油工程清单、计价定额的对照

除锈、刷油工程清单、计价定额的对照，如表8.2所示。

表8.2 除锈、刷油工程清单、计价定额的对照表

<table>
<tr><td rowspan="3">清单</td><td>编码</td><td>031201001～031201009</td><td>单位</td><td>m、m^2、kg</td><td>工程量计算规则</td></tr>
<tr><td>特征</td><td colspan="3">1. 除锈级别；2. 油漆品种；3. 涂刷遍数、漆膜厚度；4. 标志色方式</td><td rowspan="2">1. 以"m^2"计，按设计图示表面积计算；2. 以"m"计量，按设计图示长度计算</td></tr>
<tr><td>工作内容</td><td colspan="3">除锈、调配油漆</td></tr>
<tr><td rowspan="2">定额</td><td colspan="2">第十一册 第一章 11-1～11-50；
第二章 11-51～11-300</td><td>单位</td><td>$10m^2$
100kg</td><td>工程量计算规则</td></tr>
<tr><td colspan="4">工作内容：1. 除锈、除尘；2. 调配涂刷</td><td>1. 按设计图示表面积计算；2. 按金属结构的理论质量计算</td></tr>
</table>

【例8.1】 某安装工程采用管道外径为133mm的无缝钢管，管道上有轻锈，管道长度为160m；管道除锈后刷两遍防锈漆。试计算管道除锈、刷油工程量（列出清单和定额工程量表）。

解：(1) 管道除锈工程量：$S=3.14DL=3.14\times0.133\times160=66.82m^2$

(2) 管道刷油工程量：根据计算公式，管道刷防锈漆第一遍，第二遍工程量同管道除锈工程量。

工程量见表8.3和表8.4。

表8.3 定额工程量计算表

定额编号	项目名称	计量单位	工程量
11-1	管道手工除锈，轻锈	$10m^2$	6.682
11-53	管道刷油，防锈漆，第一遍	$10m^2$	6.682
11-54	管道刷油，防锈漆，第二遍	$10m^2$	6.682

注 刷油工程的工作内容已包括除锈工作，所以只列出清单项，工程量请注意单位的换算。

表8.4 清单工程量计算表

项目编码	项目名称	项目特征描述	计量单位	工程量
031201001001	管道刷油	轻锈，刷二道防锈漆	m^2	66.82

8.4 防腐蚀涂料工程

8.4.1 防腐蚀涂料工程计价定额使用说明

(1) 本章定额适用于设备、管道、金属结构等各种防腐涂料工程。

（2）本章定额不包括除锈工作内容。

（3）本章定额聚合热固化是采用蒸汽及红外线间接聚合固化考虑的，如采用其他方法，应按施工方案另行计算。

（4）如采用本章定额未包括的新品种涂料，应按相近定额项目执行，其人工、机械消耗量不变。

8.4.2 防腐蚀涂料工程工程量计算规则

（1）本章定额不包括热固化内容，应按相应项目另行计算。

（2）涂料配比与实际设计配合比不同时，应根据设计要求进行换算，但人工、机械消耗量不变。

（3）本章定额过氯乙烯涂料是按喷涂施工方法考虑的，其他涂料均按刷涂考虑。若发生喷涂施工时，其人工乘以系数 0.3，材料乘以系数 1.16，增加喷涂机械台班耗量。

8.4.3 防腐蚀涂料工程清单、定额对照表

防腐蚀涂料工程清单、定额对照，如表 8.5 所示。

表 8.5　　防腐蚀涂料工程清单、定额对照表

<table>
<tr><td rowspan="3">清单</td><td>编码</td><td>031202001～031202010</td><td>单位</td><td>m、m^2、kg</td><td>工程量计算规则</td></tr>
<tr><td>特征</td><td colspan="3">1. 除锈级别；2. 涂刷品种；3. 分层内容；4. 涂刷次数、漆膜厚度</td><td rowspan="2">1. 以“m^2”计，按设计图示表面积计算；2. 以“m”计量，按设计图示长度计算；3. 以“kg”计量，按金属结构的理论质量计算</td></tr>
<tr><td>工作内容</td><td colspan="3">除锈、调配涂刷</td></tr>
<tr><td rowspan="2">定额</td><td colspan="2">第十一册　第一章　11-1～11-50；
第三章　11-589～11-608</td><td>单位</td><td>$10m^2$
100kg</td><td>工程量计算规则</td></tr>
<tr><td colspan="4">工作内容：刷油工作包括调配刷涂，不包括除锈工作</td><td>1. 按设计图示表面积计算；
2. 按金属结构的理论质量计算</td></tr>
</table>

【例 8.2】 某安装工程管道，采用外径为 133mm 的钢管，管道长度为 100m，上装有 5 个阀门，采用聚氨酯漆防腐，涂刷底漆两遍，中间漆、面漆各刷一遍，试计算防腐涂料工程量（列出清单和定额工程量表）。

解：（1）定额工程量（表 8.6）。

管道除锈工程量：$S=3.14DL=3.14\times0.133\times100=41.76m^2$

防腐涂料工程量计算中，应加上阀门的面积：

$$S_{总}=S_{管}+S_{阀门}=41.76+3.14\times D\times2.5D\times K$$
$$=41.76+3.14\times0.133\times2.5\times0.133\times1.05=41.91m^2$$

因此，涂刷底漆面积为 $41.91m^2$，中间漆面积为 $41.91m^2$，面漆面积为 $41.91m^2$。

表 8.6　　定额工程量计算表

定额编号	项目名称	计量单位	工程量
11-1	管道手工除锈，轻锈	$10m^2$	4.176

续表

定额编号	项 目 名 称	计量单位	工程量
11-589	管道防腐蚀涂料，底漆两遍	$10m^2$	4.191
11-591	管道防腐蚀涂料，中间漆一遍	$10m^2$	4.191
11-592	管道防腐蚀涂料，面漆一遍	$10m^2$	4.191

（2）清单工程量（表8.7）。

防腐蚀涂料工程的工作内容已包括除锈工作，所以只列出一个清单项。

表8.7 清单工程量计算

项目编码	项 目 名 称	项目特征描述	计量单位	工程量
031202002001	管道防腐蚀	轻锈，刷聚氨酯涂料，底漆两遍，中间漆一遍，面漆一遍	m^2	41.91

8.5 手工糊衬玻璃钢工程

8.5.1 手工糊衬玻璃钢工程计价定额使用说明

（1）本章定额适用于碳钢设备手工糊衬玻璃钢和塑料管道玻璃钢增强工程。

（2）施工工序：材料运输、填料干燥过筛、设备表面清洗、塑料管道表面打毛、清洗、胶液配制、刷涂、腻子配制、刮涂、玻璃丝布脱脂、下料、贴衬。

（3）本章施工工序不包括金属表面除锈，发生时应根据其工程量执行本册定额第一章“除锈工程”相应项目。

（4）塑料管道玻璃钢增强所用玻璃布幅宽是按200～250mm考虑的。

8.5.2 手工糊衬玻璃钢工程工程量计算规则

（1）如因设计要求或施工条件不同，所用胶液配合比、材料品种与本章定额不同时，应按本章各种胶液中树脂用量为基数进行换算。

（2）玻璃钢聚合是按间接聚合法考虑的，如因需要采用其他方法聚合时，应按施工方案另行计算。

（3）本章定额是按手工糊衬方法考虑的，不适用于手工糊制或机械成型的玻璃钢制品工程。

8.6 橡胶板及塑料板衬里工程

8.6.1 橡胶板及塑料板衬里工程计价定额使用说明

（1）本章定额适用于金属管道、管件、阀门、多孔板、设备的橡胶板衬里和金属表面的软聚氯乙烯塑料板衬里工程。

（2）本章定额橡胶板及塑料板用量包括：

1）有效面积需用量（不扣除人孔）。

2）搭接面积需用量。

3）法兰翻边及下料时的合理损耗量。

（3）本章定额不包括除锈工作内容。

8.6.2 橡胶板及塑料板衬里工程工程量计算规则

（1）热硫化橡胶板的硫化方法，按间接硫化处理考虑，需要直接硫化处理时，其人工乘以系数 1.25，所需材料和机械费用按施工方案另行计算。

（2）本章定额中塑料板衬里工程，搭接缝均按胶接考虑，若采用焊接时，其人工乘以系数 1.8，胶浆用量乘以系数 0.5，聚氯乙烯塑料焊条用量为 5.19kg/10m^2。

（3）带有超过总面积 15%衬里零件的贮槽、塔类设备，其人工乘以系数 1.4。

8.7 衬铅及搪铅工程

8.7.1 衬铅及搪铅工程计价定额使用说明

（1）本章定额适用于金属设备、型钢等表面衬铅、搪铅工程。

（2）铅板焊接采用氢氧焰；搪铅采用氧乙炔焰。

（3）本章不包括金属表面除锈，发生时按本册定额第一章“除锈工程”相应项目计算。

8.7.2 衬铅及搪铅工程工程量计算规则

（1）设备衬铅不分直径大小，均按安装在滚动器上施工考虑的，若设备安装后进行挂衬铅板施工时，其人工乘以系数 1.39，材料、机械损耗率不变。

（2）设备、型钢表面衬铅，铅板厚度按 3mm 考虑，若铅板厚度大于 3mm 时，其人工乘以系数 1.29，材料、机械损耗率另行计算。

8.8 喷镀(涂)工程

喷镀（涂）工程计价定额使用说明：

（1）本章定额适用于金属管道、设备、型钢等表面气喷镀工程及塑料和水泥砂浆的喷涂工程。

（2）施工工具：喷镀采用国产 SQP－1（高速、中速）气喷枪；喷塑采用塑料粉末喷枪。

（3）喷镀和喷塑采用氧乙炔焰。

（4）本章不包括除锈工作内容。

8.9 耐酸砖、板衬里工程

8.9.1 耐酸砖、板衬里工程计价定额使用说明

（1）本章定额适用于各种金属设备的耐酸砖、板衬里工程。

(2) 树脂耐酸胶泥包括环氧树脂、酚醛树脂、呋喃树脂、环氧酚醛树脂、环氧呋喃树脂耐酸胶泥等。

(3) 调制胶泥不分机械和手工操作，均执行本计价定额。

(4) 定额工序中不包括金属设备表面除锈，发生时应执行本册定额第一章相应项目。

(5) 衬砌砖、板按规范进行自然养护考虑，若采用其他方法养护，其工程量应按施工方案另行计算。

8.9.2 耐酸砖、板衬里工程工程量计算规则

(1) 采用勾缝方法施工时，勾缝材料按相应项目树脂胶泥用量的10%计算，人工按相应项目人工的10%计算。

(2) 衬砌砖、板按规范进行自然养护考虑，若采用其他方法养护，按施工方案另行计算。

(3) 胶泥搅拌是按机械搅拌考虑的，若采用其他方法时不得调整。

(4) 立式设备人孔等部位发生旋拱施工时，每10m^2 应增加木材0.01m^3，铁钉0.20kg。

8.10 绝 热 工 程

8.10.1 绝热工程计价定额使用说明

(1) 本章定额适用于设备、管道、通风管道的绝热工程。

(2) 伴热管道、设备绝热工程量计算方法是：主绝热管道或设备的直径加伴热管道的直径、再加10～20mm的间隙作为计算的直径，即：$D=D_{主}+d_{伴}+(10\sim20\text{mm})$。

(3) 仪表管道绝热工程，应执行本章定额相应项目。

(4) 管道绝热工程，除法兰、阀门外，其他管件均已考虑在内；设备绝热工程，除法兰、人孔外，其封头已考虑在内。

(5) 聚氨酯泡沫塑料发泡工程，是按现场直喷无模具考虑的，若采用有模具浇筑法施工，其模具制作安装应依据施工方案另行计算。

(6) 矩形管道绝热需要加防雨坡度时，其人工、材料、机械损耗率应另行计算。

(7) 卷材安装应执行相同材质的板材安装项目，其人工、铁线消耗量不变，但卷材用量损耗率按3.1%考虑。

(8) 复合成品材料安装应执行相同材质瓦块（或管壳）安装项目，复合材料分别安装时应按分层计算。

(9) 绝热工程保温材料品种可划分为纤维类制品、泡沫塑料类制品、毡类制品及硬质材料类制品，纤维类制品包括矿棉、岩棉、玻璃棉、超细玻璃棉、泡沫石棉制品、硅酸铝制品等；泡沫类制品包括聚苯乙烯泡沫塑料、聚氨酯泡沫塑料等；毡类制品包括岩棉毡、矿棉毡、玻璃棉毡制品；硬质材料类制品包括珍珠岩制品、泡沫玻璃类制品。

8.10.2 绝热工程工程量计算规则

(1) 依据规范要求，保温厚度大于100mm、保冷厚度大于80mm时应分层施工，工

程量分层计算。但是如果设计要求保温厚度小于100mm、保冷厚度小于80mm，并需分层施工时，也应分层计算工程量。

（2）镀锌铁皮的规格按1000mm×2000mm和900mm×1800mm，厚度0.8mm以下综合考虑，若采用其他规格铁皮时，可按实际调整。厚度大于0.8mm时，其人工乘以系数1.2；卧式设备保护层安装，其人工乘以系数1.05。此项也适用于铝皮保护层，主材可以换算。

（3）设备和管道绝热均按现场安装后绝热施工考虑，若先绝热后安装时，其人工乘以系数0.9。

（4）采用不锈钢薄板保护层安装时，其人工乘以系数1.25，钻头用量乘以系数2.0，机械台班乘以系数1.15。

8.11　管道补口补伤工程

管道补口补伤工程计价定额使用说明如下：

（1）本章适用于金属管道的补口补伤的防腐工程。

（2）管道补口补伤防腐涂料有环氧煤沥青漆、氯磺化聚乙烯漆、聚氨酯漆、无机富锌漆。

（3）本章定额项目均采用手工操作。

（4）管道补口每个口取定为：ϕ426以下（含ϕ426）管道每个口补口长度为400mm；ϕ426以上管道每个口补口长度为600mm。

（5）各类涂料涂层厚度：

1）氯磺化聚乙烯漆厚0.3～0.4mm。

2）聚氨酯漆厚0.3～0.4mm。

3）环氧煤沥青漆涂层厚度：普通级厚0.3mm，包括底漆一遍、面漆两遍；加强级厚0.5mm，包括底漆一遍、面漆三遍及玻璃布一层；特加强级厚0.8mm，包括底漆一遍、面漆四遍及玻璃布两层。

（6）本章定额施工工序包括了补伤，但不含表面除锈，发生时执行本册第一章“除锈工程”相应项目。

8.12　阴极保护及牺牲阳极

阴极保护及牺牲阳极计价定额使用说明如下：

（1）本章适用于长输管道工程阴极保护、牺牲阳极工程。

（2）阴极保护恒电位仪安装包括本身设备安装、设备之间的电器连接线路安装。若通电点、均压线塑料电缆长度超出定额用量的10%，可以按实调整。牺牲阳极和接地装置安装已综合考虑了立式和平埋设，不得因埋设方式不同而进行调整。

(3) 牺牲阳极定额中，每袋装入镁合金、铝合金、锌合金的数量按设计图纸确定。

8.13 附 录

附录包括主要材料损耗率表（表8.8）。

表8.8 主要材料损耗率表

序号	名 称	损耗率/%	序号	名 称	损耗率/%
1	保温瓦块（管道）	8.0	18	矿棉席（设备）	2.0
2	保温瓦块（设备）	5.0	19	玻璃棉毡（管道）	5.0
3	微孔硅酸钙（管道）	5.0	20	玻璃棉毡（设备）	3.0
4	微孔硅酸钙（设备）	5.0	21	超细玻璃棉毡（管道）	4.5
5	聚苯乙烯泡沫塑料瓦（管道）	2.0	22	超细玻璃棉毡（设备）	4.5
6	聚苯乙烯泡沫塑料瓦（设备）	20.0	23	牛毛毡（管道）	4.0
7	聚苯乙烯泡沫塑料瓦（风道）	6.0	24	牛毛毡（设备）	3.0
8	泡沫玻璃（管道）	8～15瓦块/20板	25	麻刀、白灰（管道）	6.0
9	泡沫玻璃（设备）	8瓦块/20板	26	麻刀、白灰（设备）	3.0
10	聚氨酯泡沫（管道）	3瓦块/20板	27	石棉灰、麻刀、水泥（管道）	6.0
11	聚氨酯泡沫（设备）	3瓦块/20板	28	石棉灰、麻刀、水泥（设备）	3.0
12	软木瓦（管道）	3.0	29	玻璃布	6.42
13	软木瓦（设备）	12.0	30	塑料布	6.42
14	软木瓦（风道）	6.0	31	油毡纸	7.65
15	岩棉瓦块（管道）	3.0	32	铁皮	5.32
16	岩板（设备）	3.0	33	铁丝网	5.0
17	矿棉瓦块（管道）	3.0			

练习题

一、单项选择题

1、蒸汽采暖系统中设疏水器的作用是______。

A. 排除空气　B. 排出蒸汽　C. 阻止凝结水通过　D. 疏水阻汽

2、采暖系统中有热补偿作用的辅助设备是______。

A. 疏水器　B. 伸缩器　C. 减压器　D. 除污器

3、能表示出供暖系统的空间布置情况、散热器与管道空间连接形式，设备、管道附件等空间关系的是______。

A. 系统图　B. 平面图　C. 详图　D. 设计说明

4、某安装工程采暖管道要求除锈刷底漆后用玻璃棉保温（厚度35mm）外缠玻璃丝布一层，再涂沥青漆一遍，在计算工程量时，其中玻璃丝布的单位是______。

A. m B. 10m C. m^2 D. m^3

二、简答题

1、何为通风工程系统？

2、如何识读刷油、防腐蚀、绝热工程？

3、请分别写出刷油、防腐蚀、绝热工程的工程量的计算规则。

第9章

建筑智能化工程的计量与计价

本章要点

计算机网络系统设备安装工程、综合布线系统工程、建筑设备监控系统工程、电源与电子设备防雷接地装置的安装工程、停车场管理系统设备安装工程和楼宇安全防范系统设备的安装工程等的计量与计价计算方法。

学习目标

1. 了解计算机网络系统设备安装等智能化工程的概念。

2. 掌握我国现行智能化系统设备安装工程的构成及计量和计价的方法。

3. 熟悉停车场管理系统、楼宇安全防范系统等智能化系统设备安装的组成及造价的计量和计价的方法。

9.1 《江苏省安装工程计价定额》第五册计价定额使用总说明

(1)《江苏省安装工程计价定额》(2014版)第五册《建筑智能化工程》(以下简称“本定额”)适用于智能大厦、智能小区新建和扩建项目中的智能化系统设备的安装调试工程。

(2) 下列内容执行其他相应定额:

1) 电源线、控制电缆敷设、电缆托架铁件制作、电线槽安装、桥架安装、电线管敷设、接线箱及盒、电缆沟工程、电缆保护管敷设,执行《江苏省安装工程计价定额》中的第四册《电气设备安装工程》相关定额。

2) 通信工程中的立杆工程、天线基础、土石方工程、建筑物防雷及接地系统工程执行《江苏省安装工程计价定额》中的第四册《电气设备安装工程》和其他相关定额。

(3) 关于下列各项费用的规定:

1) 高层建筑(指高度在6层或20m以上的民用建筑)增加的费用按表9.1计取(以人工费为基础)。

2) 本定额中的操作高度(指操作物高度距楼地面的距离)均按5m以下编制,若超过5m,其超过部分的人工工日乘以表9.2所列系数。

3) 脚手架使用费按单位工程人工费为基础的4%计算,其中人工工资占25%。

表 9.1 高层建筑增加费表 %

层数	9层以下(30m)	12层以下(40m)	15层以下(50m)	18层以下(70m)	21层以下(70m)	24层以下(80m)
按人工费的占比	1	2	4	6	8	10
层数	27层以下(90m)	30层以下(100m)	33层以下(110m)	36层以下(120m)	39层以下(130m)	42层以下(140m)
按人工费的占比	13	16	19	22	25	28
层数	45层以下(150m)	48层以下(160m)	51层以下(170m)	54层以下(180m)	57层以下(190m)	60层以下(200m)
按人工费的占比	31	34	37	40	43	46

表 9.2 超高系数表

操作高度	10m以下	20m以下	20m以上
超高系数	1.25	1.40	1.60

4）安装与生产同时进行增加的费用，按工程总人工费的10%计算。

5）在有害身体健康的环境中施工增加的费用，按工程总人工费的10%计算。

6）为配合业主或认证单位验收测试而发生的费用，在合同中协商确定。

7）本册定额的设备、天线、铁塔安装工程按成套购置考虑，包括构件、标准件、附件和设备内部连线。

8）本定额中的工作内容已说明了主要的施工工序，次要工序虽未说明，但均已包括在内。

9.2 计算机网络系统设备安装工程

9.2.1 计算机网络系统设备安装工程计价定额使用说明

(1) 本章定额包括计算机（微机及附属设备）和网络系统设备，适用于楼宇、小区智能化系统中计算机网络系统设备的安装、调试工程。

(2) 本章有关缆线敷设定额执行第二章有关定额。电源、防雷接地定额执行第六章有关定额。本定额不包括支架、基座制作和机柜的安装，发生时，执行《江苏省安装工程计价定额》中的第四册《电气设备安装工程》相关定额。

(3) 试运行超过1个月，每增加1天，则综合工日、仪器仪表台班的用量分别按增加3%计列。

9.2.2 计算机网络系统设备安装工程工程量计算规则

(1) 计算机网络终端和附属设备安装，以"台"计算。

(2) 网络系统设备、软件安装、调试，以"台（套）"计算。

(3) 局域网交换机系统功能调试，以"系统"计算。

(4) 网络调试、系统试运行、验收测试，以"系统"计算。

9.2.3 计算机网络系统设备安装工程清单、计价定额对照表

计算机网络系统设备安装工程清单、计价定额对照，如表9.3～表9.5所示。

表9.3 计算机网络系统工程之终端与附属设备清单、计价定额对照表

清单	编码	030501001～030501005	单位	台	工程量计算规则
	特征	1. 名称；2. 类别；3. 规格、路数容量、通道数；4. 安装方式			按设计图示数量计算
	工作内容	1. 本体安装；2. 单体调试；3. 接电源线、保护地线、功能底线			
定额	第五册 第一章 5-1～5-25，5-36～5-67		单位	台	工程量计算规则
	工作内容：技术准备、开箱检查、定位安装、互联、检测调试、交验				按设计图示数量计算

表9.4 计算机网络系统工程之互联电缆清单、计价定额对照表

清单	编码	030501006	单位	条	工程量计算规则
	特征	1. 名称；2. 类别；3. 规格			按设计图示数量计算
	工作内容	制作、安装			
定额	第五册 第一章及跨册定额相关子目		单位	100m	工程量计算规则
	工作内容：1. 检测线缆、穿放线缆、做标记、封堵出口；2. 跨册定额：敷设线管、线槽、桥架、设备基础、土石方等				按设计图示数量加线缆预留长度计算

表9.5 计算机网络系统工程之网络系统设备安装、调试清单、计价定额对照表

清单	编码	030501007～030501017	单位	台套	工程量计算规则
	特征	1. 名称；2. 类别；3. 规格、传输速率、堆叠单元量、功能；4. 层数			按设计图示数量计算
	工作内容	本体安装、单体调试			
定额	第五册 第一章 5-30～5-38，5-44～5-59		单位	台套 系统	工程量计算规则
	工作内容：1. 安装：技术准备、开箱检查、清洁、定位安装、互联、接口检查、设备加电、交验；2. 软件：技术准备、软件安装、软件功能检测、调试；3. 调试：技术准备、子网调整、IP调整、域名设置、服务器分配、端口设置、指标测试；4. 系统试运行：按规范要求，测试各项指标的稳定性、可靠性、土工文档资料等				按设计图示数量计算

【例9.1】 某工程学院电教大楼计算机网络系统工程安装有集线器28台，均为网络普通型集线器，试计算其工程量（分别计算清单和定额工程量）。

解：（1）清单工程量（表9.6）：集线器，单位：台，数量：28台。

表9.6 清单工程量计算表

项目编码	项目名称	项目特征描述	计量单位	工程量
030501008001	集线器安装、调试	网络普通型集线器	台	28

（2）定额工程量（表9.7）：集线器，单位：台，数量：28台。

表9.7 定额工程量计算

定额编号	项目名称	计量单位	工程量
5-36	集线器安装、调试	台	28

9.3 综合布线系统工程

9.3.1 综合布线系统工程计价定额使用说明

（1）本章定额包括：双绞线、光缆、电话线和广播线的敷设、布放和测试工程。

（2）本章不包括的内容：钢管、PVC管、桥架、线槽敷设工程、管道工程、杆路工程、设备基础工程和埋式光缆的填挖土工程，若发生时，执行《江苏省安装工程计价定额》中的第四册《电气设备安装工程》定额和有关土建工程定额。

（3）本章双绞线布放定额是按六类以下（含六类）系统编制的，六类以上的布线系统工程所用定额子目的综合工日的用量按增加20%计列。

（4）在已建天棚内敷设线缆时，所用定额子目的综合工日的用量按增加80%计列。

9.3.2 综合布线系统工程工程量计算规则

（1）双绞线缆、光缆、电话线和广播线的敷设、穿放、明布放以“m”计算。电缆敷设按单根延长米计算，如一个架上敷设3根各长100m的电缆，应按300m计算，依此类推。电缆附加及预留的长度是电缆敷设长度的组成部分，应计入电缆长度工程量之内。电缆进入建筑物预留长度2m，电缆进入沟内或吊架上引上（下）预留1.5m，电缆中间接头盒预留长度两端各留2m。

（2）制作跳线以“条”计算，卡接双绞线以“条”计算，跳线架、配线架安装以“块”计算。

（3）安装各类信息插座、光缆终端盒和跳块打接以“个”计算。

（4）双绞线缆测试以“链路”或“信息点”计算，光纤测试以“链路”或“芯”计算。

（5）光纤连接以“芯”（磨制法以“端口”）计算。

（6）布放尾纤以“根”计算。

（7）室外架设架空光缆以“m”计算。

（8）光缆接续以“头”计算。

（9）制作光缆成端接头以“套”计算。

（10）成套电话组线箱、机柜、机架、抗震底座安装以“台（个）”计算。

（11）安装电话出线口、中途箱、电话电缆架空引入装置以“个”计算。

9.3.3 综合布线系统工程清单、计价定额对照

综合布线系统工程清单、计价定额，如表9.8所示。

表9.8 综合布线系统工程：柜机、机架清单、计价定额对照表

<table>
<tr><td rowspan="3">清单</td><td>编码</td><td>030502001</td><td>单位</td><td>台</td><td>工程量计算规则</td></tr>
<tr><td>特征</td><td colspan="3">1. 名称；2. 规格；3. 材质；4. 安装方式</td><td rowspan="2">按设计图示数量计算</td></tr>
<tr><td>工作内容</td><td colspan="3">本体安装、相关固定件的连接</td></tr>
<tr><td rowspan="2">定额</td><td colspan="2">第五册 第二章 5-187～5-189</td><td>单位</td><td>台</td><td>工程量计算规则</td></tr>
<tr><td colspan="4">工作内容：开箱检查、清洁搬运、安装固定、附件安装、接地等</td><td>按设计图示数量计算</td></tr>
</table>

【例9.2】 某职业技术学院电教教学楼综合布线中安装有6个机柜，柜高1.8m，试计算机柜工程量（分别计算清单和定额工程量）。

解：（1）清单工程量（表9.9）：柜机6台。

表9.9 清单工程量计算

项目编码	项目名称	项目特征描述	计量单位	工程量
030502001001	机柜	综合布线机柜，落地安装	台	6

（2）定额工程量（表9.10）：机柜、机架、抗震底座安装，数量：6台。

表9.10 定额工程量计算

定额编号	项目名称	计量单位	工程量
5-187	安装机柜、机架落地式	台	6
5-189	抗震底座安装	个	6

9.4 建筑设备监控系统安装工程

9.4.1 建筑设备监控系统安装工程计价定额使用说明

（1）本章定额适用于楼宇建筑设备监控系统安装调试工程，其中包括多表远传系统、楼宇自控系统。

（2）本章定额不包括设备的支架、支座制作，发生时，执行《江苏省安装工程计价定额》中的第四册《电气设备安装工程》相关定额。

（3）有关线缆布放按第二章综合布线工程执行。

（4）全系统调试费，按人工费的30%计取。

9.4.2 建筑设备监控系统安装工程工程量计算规则

（1）基表及控制设备、第三方设备通信接口安装、抄表采集系统安装与调试，以“个”计算。

（2）中心管理系统调试、控制网络通信设备安装、控制器安装、流量计安装与调试，以“台”计算。

(3) 楼宇自控中央管理系统安装、调试，以“系统”计算。

(4) 楼宇自控用户软件安装、调试，以“套”计算。

(5) 温（湿）度传感器、压力传感器、电量变送器和其他传感器及变送器，以“支”计算。

(6) 阀门及电动执行机构安装、调试，以“个”计算。

9.4.3 建筑设备监控系统安装工程清单、计价定额对照表

建筑设备监控系统安装工程清单、计价定额对照，如表9.11所示。

表9.11　　楼宇控制系统之控制网络设备清单、计价定额对照

<table>
<tr><td rowspan="3">清单</td><td>编码</td><td>030503002～030503005</td><td>单位</td><td>台套</td><td>工程量计算规则</td></tr>
<tr><td>特征</td><td colspan="3">1. 名称；2. 规格；3. 类别；4. 控制点数量；5. 控制器；6. 模块体积</td><td rowspan="2">按设计图示数量计算</td></tr>
<tr><td>工作内容</td><td colspan="3">本体安装、标识、软件安装、连接、控制器、单体调试、联调联试、接地、控制模块组装</td></tr>
<tr><td rowspan="2">定额</td><td colspan="2">第五册　第三章　5-221～5-231，5-232～5-248，5-249～5-261</td><td>单位</td><td>台个</td><td>工程量计算规则</td></tr>
<tr><td colspan="4">工作内容：开箱检查、现场就位安装、连接、软件功能检测、调试、设备绝缘测试及外科接地</td><td>按设计图示数量计算</td></tr>
</table>

【例9.3】 某商住楼建筑设备自动化系统中安装有风机盘管温控器68台，作用于风机盘管空调系统，试计算其工程量（清单和定额工程量）。

解：(1) 清单工程量（表9.12）：控制器，数量：68台。

表9.12　　清单工程量计算表

项目编码	项目名称	项目特征描述	计量单位	工程量
030503003001	控制器	风机盘管温控器	台	68

(2) 定额工程量（表9.13）：风机盘管温控器，数量：68台。

表9.13　　定额工程量计算表

定额编号	项目名称	计量单位	工程量
5-245	风机盘管温控器安装、调试	台	68

9.5 有线电视系统设备安装工程

9.5.1 有线电视系统设备安装工程计价定额使用说明

(1) 本章定额适用于有线广播电视、卫星电视、闭路电视系统设备的安装调试工程。

(2) 本章天线在楼顶上吊装，是按照楼顶距地面20m以下考虑的，楼顶距地面高度超过20m的吊装工程，按照本册说明的高层建筑施工增加费计取。

9.5.2 有线电视系统设备安装工程工程量计算规则

(1) 电视共用天线安装、调试，以“副”计算。

（2）敷设天线电缆，以“m”计算。

（3）制作天线电缆接头，以“头”计算。

（4）电视墙安装、前端射频设备安装、调试，以“套”计算。

（5）卫星地面站接收设备、光端设备、有线电视系统管理设备、播控设备安装、调试，以“台”计算。

（6）干线设备、分配网络安装、调试，以“个”计算。

9.6 扩声、背景音乐系统设备安装工程

9.6.1 扩声、背景音乐系统设备安装工程计价定额使用说明

（1）本章定额包括扩声和背景音乐系统设备安装调试工程。

（2）调音台种类表示程式为“1＋2/3/4”：“1”为调音台输入路数；“2”为立体声输入路数；“3”为编组输出路数；“4”为主输出路数。

（3）有关布线定额按第二章综合布线系统工程的定额执行。

（4）本章设备按成套购置考虑。

（5）扩声全系统联调费，按人工费的30％计取。

（6）背景音乐全系统联调费，按人工费的30％计取。

9.6.2 扩声、背景音乐系统设备安装工程工程量计算规则

（1）扩声系统设备安装、调试，以“台”计算。

（2）扩声系统设备试运行，以“系统”计算。

（3）背景音乐系统设备安装、调试，以“台”计算。

（4）背景音乐系统联调、试运行，以“系统”计算。

9.7 电源与电子设备防雷接地装置安装工程

9.7.1 电源与电子设备防雷接地装置安装工程计价定额使用说明

（1）本章定额适用于弱电系统设备自主配置的电源，包括开关电源。

（2）有关建筑电力电源、蓄电池、不间断电源布放电源线缆，按《江苏省安装工程计价定额》中的第四册《电气设备安装工程》相关定额计列。

（3）电子设备、防雷接地系统：

1）本章防雷、接地定额适用于电子设备防雷、接地安装工程。建筑防雷、接地定额执行《江苏省安装工程计价定额》中的第四册《电气设备安装工程》有关定额。

2）本章防雷、接地装置按成套供应考虑。

9.7.2 电源与电子设备防雷接地装置安装工程工程量计算规则

（1）开关电源安装、调试、整流器、其他配电设备安装，以“台”计算。

（2）天线铁塔防雷接地装置安装，以“处”计算。

(3) 电子设备防雷接地装置、接地模块安装，以“个”计算。

(4) 电源避雷器安装，以“台”计算。

9.8 停车场管理系统设备安装工程

9.8.1 停车场管理系统设备安装工程计价定额使用说明

(1) 本章设备按成套购置考虑，在安装时如需配套材料，由设计按实计列。

(2) 有关摄像系统设备安装、调试，按本册第八章有关定额执行。

(3) 有关电缆布放按本册第二章有关定额执行。

(4) 本章全系统联调包括：车辆检测识别设备系统，出/入口设备系统、显示和信号设备系统、监控管理中心设备系统。

(5) 全系统联调费，按人工费的30%计取。

9.8.2 停车场管理系统设备安装工程工程量计算规则

(1) 车辆检测识别设备、出入口设备、显示和信号设备、监控管理中心设备安装、调试，以“套”计算。

(2) 分系统调试和全系统联调，以“系统”计算。

9.8.3 停车场管理系统设备安装工程清单、计价定额对照

停车场管理系统设备安装工程清单、计价定额对照，如表9.14所示。

表9.14 停车场管理系统设备安装、调试清单、计价定额对照表

<table>
<tr><td rowspan="3">清单</td><td>编码</td><td>030507001～030507019</td><td>单位</td><td>台套
系统</td><td>工程量计算规则</td></tr>
<tr><td>特征</td><td colspan="3">1. 名称；2. 规格；3. 类别；4. 安装方式</td><td rowspan="2">按设计图示数量计算</td></tr>
<tr><td>工作内容</td><td colspan="3">本体安装、单体调试、系统调试和试运行</td></tr>
<tr><td rowspan="2">定额</td><td colspan="2">第五册 第七章 5-644～5-685</td><td>单位</td><td>台套
系统</td><td>工程量计算规则</td></tr>
<tr><td colspan="4">工作内容：1. 技术准备、开箱检查、器材搬运、定位切槽、下线灌封、安装固定、性能检查、开通试验、调试、保护、清场；2. 系统调试：全系统互联、调试、试运行</td><td>按设计图示数量计算</td></tr>
</table>

【例9.4】 某商住楼地下车库安装停车场管理设备一套，试计算其工程量（清单和定额工程量）。

解：(1) 清单工程量（表9.15）：停车场管理设备，1套。

表9.15 清单工程量计算表

项目编码	项目名称	项目特征描述	计量单位	工程量
030507016001	停车场管理设备	地下车库，室内安装	套	1

(2) 定额工程量（表9.16）：停车场管理软件安装，数量：1套；停车场管理系统调试，数量：1套。

表 9.16 定额工程量计算表

定额编号	项目名称	计量单位	工程量
5-683	监控管理中心设备安装	套	1
5-684	停车场管理软件安装	套	1
5-685	停车场管理系统调试	系统	1

9.9 楼宇安全防范系统设备安装工程

9.9.1 楼宇安全防范系统设备安装工程计价定额使用说明

(1) 本章定额适用于新建楼宇安全防范系统设备安装工程，楼宇安全防范系统工程包括：入侵报警、出入口控制、电视监控设备安装系统工程。

(2) 本章设备按成套购置考虑。

(3) 安全防范全系统联调费，按人工费的35%计取。

9.9.2 楼宇安全防范系统设备安装工程工程量计算规则

(1) 入侵报警器（室内外、周界）设备安装工程，以“套”计算。

(2) 出入口控制设备安装工程，以“台”计算。

(3) 电视监控设备安装工程，以“台”（显示装置以“m^2”）计算。

(4) 分系统调试、系统集成调试，以“系统”计算。

9.10 住宅小区智能化系统设备安装工程

9.10.1 住宅小区智能化系统设备安装工程计价定额使用说明

(1) 本章定额适用于新建住宅小区智能化系统设备安装工程。住宅小区智能化设备安装工程包括：家居控制系统设备安装、家居智能化系统设备调试、小区智能化系统设备调试、小区智能化系统试运行。

(2) 有关综合布线、通信设备、计算机网络、家居三表、有线电视设备、背景音乐设备、防雷接地设备、停车场设备、安全防范设备等的安装、调试参照本册相应定额子目。

(3) 本章设备按成套购置考虑。

9.10.2 住宅小区智能化系统设备安装工程工程量计算规则

(1) 住宅小区智能化设备安装工程，以“台”计算。

(2) 住宅小区智能化设备系统调试，以“套”（管理中心调试以“系统”）计算。

(3) 小区智能化系统试运行、测试，以“系统”计算。

9.11 附　录

材料损耗率如表9.17所示。

表9.17　材料损耗率

序号	主要材料	损耗率/%	序号	主要材料	损耗率/%
1	各类线缆	2.00	11	接头盒保护套	1.00
2	拉线材料（包括钢绞线、镀锌铁丝）	2.00	12	各类插头、插座	1.00
3	塑料护口	1.00	13	开关	1.00
4	跳线连接器	1.00	14	紧固件（包括螺栓、螺母、垫圈、弹簧垫圈）	2.00
5	信息插座底盒或接线盒	1.00	15	木螺钉、铆钉	4.00
6	光纤护套	1.00	16	板材（包括钢板、镀锌薄钢板）	5.00
7	光纤连接盘	1.00	17	管材、管件（包括无缝、焊接钢管、塑料管及电线管）	3.00
8	光纤连接器材	1.00	18	绝缘子类	2.00
9	磨制光纤连接器材	1.00	19	位号牌、标志牌、线号套管	5.00
10	光缆接头盒	1.00	20	电缆卡子、电缆挂钩、电缆托板	1.00

练习题

1、建筑智能化系统设备安装工程如何分类？各个系统的组成内容是什么？

2、弱电工程清单计价与定额计价的工程量计算规则有何不同？

3、请举例说明综合布线系统的工程量计算与传统的计算的不同点与相同点。

4、智能建筑一般控制哪些建筑设备？用什么装置或元器件进行控制？如何计算其工程量？

参 考 文 献

［1］ 中华人民共和国住房与城乡建设部．建筑工程工程量清单计价规范：GB 50500—2013. 北京：中国计划出版社，2013.

［2］ 中华人民共和国住房与城乡建设部．通用安装工程工程量清单计价规范：GB 50856—2013. 北京：中国计划出版社，2013.

［3］ 江苏省住房与建设厅．江苏省建设工程费用定额（2014 年）营改增后调整内容 苏建价（2016）154 号．南京：江苏省住房与建设厅，2016.

［4］ 冯刚．安装工程计量与计价．北京：北京大学出版社，2018.

［5］ 孙光远，常爱萍，陈健玲．安装工程计量与计价．长沙：中南大学出版社，2016.

［6］ 刘源全，刘卫斌．建筑设备．北京：北京大学出版社，2017.

［7］ 景星蓉，吴心伦．安装工程识图与预算快速入门．北京：中国建筑工业出版社，2016.